高 等 学 校 计 算 机 专 业 系 列 教 材

C++程序设计

佟强　汪波　黄浩 编著

清华大学出版社
北京

内 容 简 介

C++语言是在C语言基础上开发的一种集面向对象程序设计、过程化程序设计和函数式程序设计于一体的程序设计语言,是C语言的超集。C++语言功能丰富、性能高效,在系统级编程和性能敏感的应用中有着不可或缺的存在意义。本书面向程序设计语言的初学者,不需要C语言基础,从零起点介绍C和C++程序设计。本书通过大量短小精悍的程序详细而全面地讲解C++的基本概念和技术。本书每章末尾针对知识点设计了实践性强的习题,帮助读者巩固基础知识和提升程序设计能力。

本书实例导向、内容全面、文字精练,重要知识点配有图解,可用作高等学校相关专业程序设计基础课程的教材,也适合计算机爱好者阅读参考。

版权所有,侵权必究。举报: 010-62782989,beiqinquan@tup.tsinghua.edu.cn。

图书在版编目(CIP)数据

C++程序设计 / 佟强,汪波,黄浩编著. -- 北京:清华大学出版社,2024.12.
(高等学校计算机专业系列教材). -- ISBN 978-7-302-67739-0

I. TP312.8

中国国家版本馆CIP数据核字第2024391VZ7号

责任编辑:龙启铭
封面设计:何凤霞
责任校对:王勤勤
责任印制:曹婉颖

出版发行:清华大学出版社
网　　址:https://www.tup.com.cn,https://www.wqxuetang.com
地　　址:北京清华大学学研大厦A座　　　　邮　编:100084
社 总 机:010-83470000　　　　　　　　　　邮　购:010-62786544
投稿与读者服务:010-62776969,c-service@tup.tsinghua.edu.cn
质量反馈:010-62772015,zhiliang@tup.tsinghua.edu.cn
课件下载:https://www.tup.com.cn,010-83470236

印 装 者:三河市君旺印务有限公司
经　　销:全国新华书店
开　　本:185mm×260mm　　　印　张:20.25　　　字　数:491千字
版　　次:2024年12月第1版　　　　　　　　　　印　次:2024年12月第1次印刷
定　　价:59.00元

产品编号:070620-01

前言

　　C++是一种广泛使用的计算机程序设计语言,由C语言扩展升级而来,支持多种程序设计范式:过程化程序设计、面向对象程序设计、函数式程序设计。C++的设计目标是提供一种高效、灵活和可移植的程序设计语言,既能支持系统级程序设计,又能支持应用级程序设计。

　　1985年,C++的第一个版本发布,它包含了类、继承和虚函数等面向对象程序设计的特性。接下来的几年里,C++逐渐流行起来,并在各个领域得到广泛应用。之后,C++经历了多个版本的演变和改进,每个版本都引入了新的特性和功能。

　　1998年,C++标准委员会发布了C++98标准,为C++定义了一套正式的语法和语义规范,完善了C++的功能和特性。此后,C++标准在2011年、2014年、2017年、2020年相继进行了更新,分别发布了C++11、C++14、C++17和C++20标准,增加了许多新的功能和特性。

　　C++作为一种通用的程序设计语言,具有丰富的功能和高效的执行性能,经过多年的演变和改进,在目前的软件市场仍然具有无可比拟的优势。C++在系统级程序设计和性能敏感的应用中表现出色,并对其他程序设计语言有着深远的影响。

本书特色

　　(1) 快速上手:本书第1章讲解条件语句if,第2章讲解循环语句,迅速带领读者进入C++程序设计的大门,开启程序设计思维训练的新天地。运算符和数据类型的讲解分别位于第4章和第5章。这样的章节顺序使得读者可以快速上手C++编程。

　　(2) 实例导向:本书通过大量程序设计实例深入浅出地讲解C++的语法。程序设计需要一个能力培养占主导的学习氛围,能力、知识、素质培养是三位一体的。本书通过实例教学、实战化的习题来达到提升程序设计能力的目的。

　　(3) 内容全面:C++是从C语言发展而来的,又经过几十年的发展,语法特性极其丰富。本书继往开来,合理取舍,将C语言和C++的常用知识点进行了全面、细致的讲解。本书内容融会贯通,在讲解当前章节内容时,会提前使用后续章节的知识,并通过简单的介绍让读者提前学会。

　　(4) 可灵活剪裁:本书依据语法知识点做了细致的章节划分,读者不必从前往后依次学习全部章节的内容,教师亦可以根据授课学时数灵活地选取要讲解的内容。

（5）文字精练：在能够让读者学会的前提下，本书尽量用通俗易懂的方法和精练的语言叙述复杂的概念。本书的核心内容是代码实例，针对每个实例，本书都进行了详细讲解。

（6）知识点图解：针对仅凭文字讲解不易理解的知识点，本书通过图解的方式帮助读者更好地理解它们，如字符指针数组、指向指针数组的指针、浅拷贝、虚拟继承等。

本书内容

第1章条件语句：程序设计的三种语句是顺序语句、条件语句和循环语句。本章介绍编写分支结构程序的条件语句——if语句。

第2章循环语句：循环语句是在一定条件下重复执行某段代码的流程结构。本章介绍while循环、do-while循环、for循环，以及循环的嵌套。

第3章语句进阶：介绍多分支的条件语句——switch语句、立即开始下一次循环的continue语句、跳出循环语句或switch语句的break语句。

第4章运算符：介绍C++内置的多种运算符，即自增运算符、自减运算符、条件运算符、逗号运算符、算术运算符、关系运算符、逻辑运算符、位运算符、赋值运算符、"*"运算符、"&"运算符、"∷"作用域运算符、sizeof运算符，以及运算符的优先级与结合性。

第5章数据类型：C++提供的基本数据类型有整型、浮点型、布尔型、空类型、空指针类型，字符型属于整数类型的子类型。用户自定义的构造类型包括枚举、数组、结构、联合、类、位域。本章介绍枚举，还介绍ASCII码、指针、引用、强制类型转换运算符，以及使用typedef关键词为已有的数据类型定义别名。

第6章函数：函数是对要解决的问题的某个过程的抽象，是构成程序的基本单位。函数为代码复用提供技术上的支持。本章介绍函数声明与函数定义、形式参数与实际参数、函数重载、默认实参、递归函数，并探索函数调用的原理。

第7章函数进阶：首先介绍变量的作用域，然后介绍函数参数传递的三种方法（值传递、地址传递、引用传递），最后介绍内联函数以及C++项目的分离编译。

第8章数组：数组是数据和对象组织的主要手段，是组织运算的有力工具。本章介绍数组在内存中的存储结构，定义数组、初始化数组和访问数组元素的方法，利用指针变量访问数组的元素，以及如何把数组传递给函数。

第9章排序与查找：排序与查找是一维数组的典型应用，是训练程序设计逻辑的算法实例。本章介绍冒泡排序、插入排序、选择排序，以及折半查找算法。

第10章字符串：C字符串使用空字符标记字符串的结束。一维字符数组可用于存储字符串。字符指针是指向字符型数据的指针。字符指针数组是元素为字符指针的指针数组。命令行参数和环境变量是操作系统传递给主函数的参数，都是指向字符指针数组的指针。本章介绍了如何求字符串长度、复制字符串、连接字符串、比较字符串、切分字符串。

第11章指针进阶：指针是C语言精华的部分，通过灵活地运用指针，可以写出独具匠心、构思巧妙的程序。本书第5章介绍了指针的概念，第6~10章介绍了指针的多种用法。本章介绍指针的进阶内容，包括动态内存分配、指针数组、指向指针的指针、函数指针。

第12章结构与联合：结构是C语言中一种用户自定义的构造类型。结构由多个不同数据类型的成员构成，而位域允许将数据成员的二进制位划分为多个区域。联合是所有成员占用同一段内存的用户构造类型。本章还介绍了字节对齐、结构数组、结构指针数组。

第 13 章面向对象：在开发大型软件系统时，需要面对很多挑战。面向对象的软件开发方法是构建大型软件系统行之有效的方法。与面向过程的软件开发方法不同，面向对象方法以数据为主线，将数据和操作封装在对象中，通过消息请求对象主动执行内部操作来改变其私有数据。C++ 在 C 语言的基础上增加了面向对象程序设计。本章介绍面向对象的特点、定义和使用类、构造函数、析构函数、this 指针、类的静态成员。

第 14 章类与对象的语法：介绍对象数组、对象指针数组、友元函数与友元类、const 关键词修饰对象、类的分离编译。

第 15 章继承：类的继承是一种实现代码复用的方法。通过继承机制，可以利用已有的数据类型来定义新的数据类型，从已有类产生新类的过程也称为类的派生。本章介绍基类与派生类、继承方式、派生类对象的构造、多继承。

第 16 章多态性：向不同类型的对象发送同一个消息，不同对象会做出不同的响应，这就是多态性。多态性分为两类，即静态多态性和动态多态性。静态多态性是编译时的多态，而动态多态性是运行时的多态。虚函数是 C++ 运行时多态的基础。本章核心内容包括虚函数与多态性、虚析构函数、纯虚函数与抽象类。

第 17 章模板：模板是 C++ 泛型程序设计的基础，泛型程序设计即以一种独立于任何特定类型的方式编写代码。本章介绍模板的概念、函数模板、类模板，以及如何继承类模板和将类模板对象作为函数参数。

第 18 章运算符重载：C++ 支持运算符重载，通过重载运算符可以将类的实例作为运算数，可以使用成员函数或非成员函数重载运算符。本章介绍运算符重载的规则以及重载各种运算符的方法。

第 19 章输入输出：输入是指从输入流提取数据传送给应用程序。输出是指应用程序将数据送给输出流。本章介绍 C 语言的文件函数和 C++ 的输入输出流。

第 20 章异常处理：C 语言使用函数返回值表示错误，C++ 对错误处理进行了扩展，支持使用异常机制来处理程序中发生的错误。本章介绍抛出异常和捕获异常的方法、声明函数抛出异常、C++ 预先定义的异常类，以及如何实现用户自定义异常。

开发环境

本书使用编译工具 CMake 来控制可执行文件的生成，以下 CMake 构建脚本用于将每个源文件都编译生成一个可执行文件。

```
file(GLOB_RECURSE SRC_LIST $ {CMAKE_CURRENT_SOURCE_DIR}/ * .cpp)
#获取全部.cpp 文件
foreach(SrcFullName ${SRC_LIST})
    string(FIND ${SrcFullName} "/" StartIndex REVERSE)    #查找最后的斜杠
    string(FIND ${SrcFullName} ".cpp" EndIndex REVERSE)    #查找最后的句点
    math(EXPR StartIndex ${StartIndex}+ 1)         #文件名开始位置是最后斜杠的下标+ 1
    math(EXPR Len ${EndIndex}-${StartIndex})    #计算不含扩展名的文件名长度
    string(SUBSTRING ${SrcFullName} ${StartIndex} ${Len} SrcFile) #提取文件名
    message("${SrcFullName} -> ${SrcFile}.exe")
    add_executable(${SrcFile} "${SrcFile}.cpp")
```

```
    if(CMAKE_VERSION VERSION_GREATER 3.12)
        set_property(TARGET ${SrcFile} PROPERTY CXX_STANDARD 20)
    endif()
endforeach()
```

在集成开发环境 Visual Studio 2022 下，打开本书提供的 CMake 项目，单击工具栏上的【调试当前文档】就可以运行本书的每个实例。

编 者

2024 年 9 月

目录

第1章 条件语句 /1

1.1 语句入门 …………………………………………………………… 1
    1.1.1 第一个 C 程序 ……………………………………………… 1
    1.1.2 第一个 C++ 程序 …………………………………………… 2
    1.1.3 顺序语句 …………………………………………………… 3
1.2 条件语句 if ………………………………………………………… 3
    1.2.1 只有 if 语句块 ……………………………………………… 3
    1.2.2 增加 else 语句块 …………………………………………… 5
    1.2.3 否定分支进一步判断 ………………………………………… 6
1.3 非零即为真 …………………………………………………………… 8
习题 …………………………………………………………………………… 9

第2章 循环语句 /10

2.1 while 循环 …………………………………………………………… 10
2.2 do-while 循环 ………………………………………………………… 14
2.3 for 循环 ……………………………………………………………… 18
2.4 循环嵌套 ……………………………………………………………… 21
习题 …………………………………………………………………………… 24

第3章 语句进阶 /26

3.1 switch 语句 …………………………………………………………… 26
3.2 continue 语句 ………………………………………………………… 29
3.3 break 语句 …………………………………………………………… 32
习题 …………………………………………………………………………… 36

第4章 运算符 /37

4.1 自增自减运算符 ……………………………………………………… 37
4.2 条件运算符 …………………………………………………………… 39
4.3 逗号运算符 …………………………………………………………… 41
4.4 基本运算符 …………………………………………………………… 42
    4.4.1 算术运算符 ………………………………………………… 43

	4.4.2	关系运算符 ········· 44
	4.4.3	逻辑运算符 ········· 45
	4.4.4	位运算符 ·········· 47
	4.4.5	赋值运算符 ········· 48

4.5 优先级与结合性 ············ 50
4.6 * 与 & 的作用 ············· 52
4.7 作用域运算符 ············· 53
4.8 sizeof 运算符 ············· 54
习题 ··················· 55

第 5 章 数据类型 /57

5.1 数据类型概述 ············· 57
5.2 指针和引用 ·············· 58
5.3 ASCII 码 ··············· 60
5.4 整数 ················· 64
5.5 浮点数 ················ 68
5.6 bool 类型 ··············· 70
5.7 void 类型 ··············· 71
5.8 enum 枚举 ··············· 73
5.9 typedef ················ 74
5.10 类型转换 ··············· 75
习题 ··················· 80

第 6 章 函数 /82

6.1 函数声明与函数定义 ·········· 82
6.2 形式参数与实际参数 ·········· 85
6.3 函数调用的原理 ············ 87
6.4 函数重载 ··············· 88
6.5 默认实参 ··············· 91
6.6 递归函数 ··············· 93
习题 ··················· 95

第 7 章 函数进阶 /97

7.1 变量的作用域 ············· 97
    7.1.1 程序的内存结构 ········· 97
    7.1.2 全局变量 ············ 98
    7.1.3 命名空间变量 ·········· 100
    7.1.4 局部变量 ············ 101
    7.1.5 静态局部变量 ·········· 103

  7.1.6 文字常量区 ··················· 104
  7.1.7 堆内存 ······················ 105
 7.2 指针和传地址 ····················· 106
 7.3 引用和传别名 ····················· 107
 7.4 内联函数 ······················· 108
 7.5 分离编译 ······················· 110
 习题 ··························· 113

第8章 数组 /116

 8.1 一维数组的定义和初始化 ················ 116
 8.2 一维数组和指针 ···················· 120
 8.3 二维数组的定义和初始化 ················ 122
 8.4 二维数组和指针 ···················· 126
 8.5 多维数组 ······················· 129
 习题 ··························· 130

第9章 排序与查找 /132

 9.1 排序算法 ······················· 132
  9.1.1 冒泡排序 ···················· 132
  9.1.2 插入排序 ···················· 134
  9.1.3 选择排序 ···················· 135
 9.2 查找算法 ······················· 136
 习题 ··························· 139

第10章 字符串 /141

 10.1 字符数组 ······················ 141
 10.2 const 修饰字符指针 ·················· 145
 10.3 字符指针数组 ···················· 146
 10.4 命令行参数与环境变量 ················ 147
 10.5 字符串函数 ····················· 150
 习题 ··························· 156

第11章 指针进阶 /157

 11.1 动态内存分配 ···················· 157
  11.1.1 malloc 和 free ·················· 157
  11.1.2 new 和 delete ·················· 158
 11.2 指针数组与指向指针的指针 ·············· 161
  11.2.1 指针数组 ··················· 161
  11.2.2 指向指针的指针 ················ 162

11.2.3　指向指针数组的指针 ·· 163
11.3　函数指针 ··· 166
11.3.1　函数指针定义 ·· 167
11.3.2　typedef 函数指针类型 ·· 168
11.3.3　函数指针数组 ·· 169
习题 ·· 170

第 12 章　结构与联合　　/172

12.1　定义结构 ··· 172
12.2　使用结构变量 ··· 176
12.3　字节对齐 ··· 178
12.4　位域 ·· 179
12.5　结构数组和结构指针数组 ··· 180
12.6　联合 ·· 181
习题 ·· 182

第 13 章　面向对象　　/183

13.1　面向对象基础 ··· 183
13.1.1　面向对象的特点 ·· 183
13.1.2　定义和使用类 ··· 184
13.1.3　成员变量与成员函数 ·· 190
13.2　对象的创建与销毁 ·· 192
13.2.1　构造函数 ··· 192
13.2.2　初始化列表 ·· 194
13.2.3　析构函数 ··· 196
13.2.4　拷贝构造函数 ··· 199
13.2.5　浅拷贝与深拷贝 ·· 201
13.3　对象与类的关系 ·· 204
13.3.1　this 指针 ··· 204
13.3.2　类的静态成员 ··· 207
习题 ·· 208

第 14 章　类与对象的语法　　/210

14.1　对象数组与对象指针数组 ··· 210
14.2　友元函数与友元类 ·· 212
14.3　const 关键词修饰对象 ··· 214
14.4　类的分离编译 ··· 216
习题 ·· 218

第 15 章　继承　　/220

15.1　基类与派生类 …………………………………………………………… 220
15.2　继承方式 ………………………………………………………………… 223
15.3　派生类对象的构造 ……………………………………………………… 226
15.4　多继承 …………………………………………………………………… 228
习题 …………………………………………………………………………… 237

第 16 章　多态性　　/239

16.1　静态多态性 ……………………………………………………………… 239
16.2　虚函数与多态性 ………………………………………………………… 240
　　　16.2.1　虚函数简介 …………………………………………………… 240
　　　16.2.2　多态性简介 …………………………………………………… 242
　　　16.2.3　无多态性的情况 ……………………………………………… 244
16.3　虚析构函数 ……………………………………………………………… 245
16.4　纯虚函数与抽象类 ……………………………………………………… 247
习题 …………………………………………………………………………… 250

第 17 章　模板　　/252

17.1　模板简介 ………………………………………………………………… 252
17.2　函数模板 ………………………………………………………………… 254
17.3　类模板 …………………………………………………………………… 257
17.4　继承类模板 ……………………………………………………………… 262
17.5　类模板对象作为函数参数 ……………………………………………… 263
习题 …………………………………………………………………………… 264

第 18 章　运算符重载　　/265

18.1　如何重载运算符 ………………………………………………………… 265
18.2　运算符重载的规则 ……………………………………………………… 267
18.3　重载流运算符 …………………………………………………………… 268
18.4　重载一元运算符 ………………………………………………………… 270
18.5　重载关系运算符 ………………………………………………………… 272
18.6　重载赋值运算符 ………………………………………………………… 273
18.7　重载下标运算符 ………………………………………………………… 276
18.8　函数对象 ………………………………………………………………… 277
18.9　类型转换运算符 ………………………………………………………… 278
习题 …………………………………………………………………………… 280

第 19 章　输入输出　　/283

- 19.1　C 语言文件函数 ·· 283
  - 19.1.1　文件指针 ··· 283
  - 19.1.2　文件函数 ··· 284
  - 19.1.3　C 读写文件实例 ·· 287
- 19.2　C++ 输入输出流 ·· 290
  - 19.2.1　输入输出流类库 ·· 290
  - 19.2.2　操作流的函数 ··· 292
  - 19.2.3　C++ 读写文件实例 ·· 294
- 习题 ·· 298

第 20 章　异常处理　　/299

- 20.1　异常的抛出与捕获 ··· 299
- 20.2　异常规范 ··· 303
  - 20.2.1　声明函数抛出异常 ·· 303
  - 20.2.2　异常捕获的匹配原则 ·· 304
  - 20.2.3　异常安全 ··· 304
- 20.3　预定义异常 ··· 304
- 20.4　自定义异常 ··· 306
- 20.5　异常的优缺点 ··· 308
- 习题 ·· 308

第1章 条件语句

C++是由C语言发展而来的,它是C的超集。C++不仅支持面向过程的结构化程序设计,更支持面向对象的程序设计,也支持函数式编程。本章从基础的语句开始,带领读者快速进入C++程序开发的大门。

1.1 语句入门

过程控制语句分为顺序语句、条件语句和循环语句。顺序语句即语句从前往后依次执行。条件语句能够表达"如果……否则……"这样的语义,是程序设计中基础的分支逻辑。循环语句表示程序反复执行某个或某些操作,直到条件为假时才终止循环。C++程序的入口为main函数,程序从main函数的第一条语句开始执行。

1.1.1 第一个C程序

在学习一门编程语言时,第一个程序通常可以先写一个"Hello World"程序。

例1.1 使用C语言的printf函数输出一个字符串。

```cpp
//HelloWorld.cpp
#include <stdio.h>
int main(){
    printf("Hello World!");
    return 0;
}
```

【运行结果】

Hello World!

【代码解读】

两个斜杠(//)是单行注释,注释内容到本行末尾结束。

#include指令用于包含头文件。#include是一个预处理指令,作用是寻找指令后面尖括号<>或双引号""中的文件,并把这个文件的内容包含到当前文件中,被包含的文件中的文本将替换源代码文件中的#include指令。尖括号包含的头文件,编译器在系统路径里面查找;双引号包含的头文件,编译器首先在当前路径查找,找不到时再去系统路径查找。

stdio.h是C语言标准库中的头文件,该头文件为C程序提供标准输入输出函数。其中,std=standard,i=input,o=output,.h=header。

main函数是程序开始执行的地方,程序从main函数内部的第一条语句开始执行。

main 函数的返回值类型是整数（int＝integer），main 函数的返回值被操作系统接收。函数的定义（也就是函数的实现）从左半花括号开始，到右半花括号结束。函数名 main 后的圆括号给出函数的参数表，main 函数的参数表不是固定的，合法的形式有以下四种：

```
int main();                                    //不接收参数
int main(int argc, char* argv[]);              //可接收命令行参数，讲解见 10.4 节
int main(int argc, char** argv);               //含义同上
int main(int argc, char** argv, char** env);   //可接收环境变量，讲解见 10.4 节
```

printf 函数是 C 语言的格式化输出函数（f＝format），可以控制输出内容的格式。

return 语句的作用是从函数立即返回，后跟返回值。main 函数的返回值用于说明程序的退出状态。如果返回零，则代表程序正常退出；如果返回非零，则代表程序异常退出。

1.1.2 第一个 C++ 程序

C++ 引入了面向对象的基于流的输入输出类库。流（Stream）是执行输入输出操作的设备的抽象表示。cout 是 C++ 中预定义的标准输出流对象，类型是 ostream。<iostream> 是声明标准输入输出流对象的头文件。流插入运算符（<<）用于向输出流中输出格式化数据。

例 1.2 使用 C++ 的标准输出流对象输出一个字符串。

```
//HelloPlus.cpp
#include <iostream>              //<iostream>是声明标准输入输出流对象的头文件
using namespace std;             //引入标准命名空间 std 内的全部标识符
int main(){
    cout << "Hello Plus!";       //cout 标准输出流的对象<<流插入运算符
    return 0;
}
```

【运行结果】

```
Hello Plus!
```

标准命名空间（std）

C++ 是在 C 语言的基础上开发的，早期的 C++ 并不完善，不支持命名空间，所包含的类、函数、宏等都位于全局作用域。这个时候的 C++ 仍然在使用 C 语言的库，stdio.h、stdlib.h、string.h 等头文件依然有效。此外，C++ 也开发了一些新的库，增加了自己的头文件，比如 iostream.h、fstream.h。

后来，为了解决命名冲突，C++ 引入了命名空间的概念。计划重新编写库，将类、函数、宏等都统一纳入一个命名空间，这个命名空间的名字就是 std。std 是 standard 的缩写，含义是"标准命名空间"。

新标准的头文件无扩展名

为了避免头文件重名，新版 C++ 库对头文件的命名做了调整，去掉了后缀.h，所以老式 C++ 的 iostream.h 变成了 iostream，fstream.h 变成了 fstream。而对于原来 C 语言的头文件，也采用同样的方法，但在每个名字前还要添加一个 c 字母，所以 C 语言的 stdio.h 变成了 cstdio，stdlib.h 变成了 cstdlib。

对于不带.h 的头文件,所有的符号都位于命名空间 std 中,使用时需要引入命名空间 std;对于带.h 的头文件,没有使用任何命名空间,所有标识符都位于全局作用域。

1.1.3 顺序语句

C++ 中,每条语句都以分号结尾。顺序语句是按语句书写的先后顺序一条接一条执行的。语句可以是定义变量、初始化变量、计算表达式、赋值、调用函数等。

例 1.3 计算两个整数的乘积并输出。

```
//multiply.cpp
#include <iostream>
using namespace std;
int main(){
    int a= 2, b= 3;        //定义 2 个整数变量并初始化
    int c;                 //定义整数变量 c,未初始化
    c = a * b;             //计算 a*b 的值,结果赋值给变量 c
    cout << "c= " << c << endl;   //输出字符串、变量 c、换行
    return 0;
}
```

【运行结果】

c= 6

【代码解读】

程序首先定义了两个整数变量 a 和 b,分别将它们初始化为 2 和 3,接着定义了一个整数变量 c,未初始化;然后使用乘号计算 a 和 b 的乘积,结果赋值给 c;最后使用标准输出流对象 cout 输出到控制台。

流插入运算符(<<)是可以连续使用的,因为流插入运算符本质上是一个函数,它在输出一个对象之后,返回值是流自身。endl 是 C++ 的标准流操纵符(Standard Stream Manipulators),它是一个内联(inline)的函数模板,endl 正是它的函数名,其作用是往输出流中写一个换行符,并立即清空(flush)输出缓冲区,将数据写入外部设备。

1.2 条件语句 if

程序是要表达逻辑的,所以仅有顺序语句是远远不够的。if 语句能够表达"如果……否则……"这样的语义,可以根据条件的成立与否,来决定接下来的逻辑走向。if 语句计算给定的条件表达式,根据条件表达式的计算结果(真或假)执行给出的两个分支中的一个。C++ 提供了三种形式的 if 语句。

1.2.1 只有 if 语句块

if 语句的第一种形式是只有 if 语句块,没有配对的 else,形式为

if(条件表达式) 语句

执行过程如图 1-1 所示,如果条件表达式的值为真,则执行其后的语句,否则不执行该

语句。如果要实现的功能用一条语句即可实现,则可以采用单语句;若无法实现,则需使用复合语句。所谓复合语句,就是把多条语句用花括号{}括起来组成的一组语句。即使 if 语句块只有一条语句,也可以用花括号将其括起来,这是更好的编程风格。

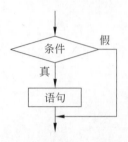

图 1-1　只有 if 语句块

例 1.4　输入两个整数,如果第一个数更大,则输出提示信息。

```
//MaxNum.cpp
#include <iostream>
using namespace std;
int main(){
    int a, b;                          //定义两个整数变量
    cout << "Input a and b: ";
    cin >> a >> b;                     //用空格 TAB 换行分隔
    cout << "a= " << a << " b= " << b << endl;
    //只有 if 语句块,单条语句放在花括号中构成复合语句
    if(a>b){
        cout<<"a 大于 b\n";             //\n 表示换行
    }
    return 0;
}
```

【运行结果】

```
Input a and b: 9 5 ↵
a=9 b=5
a 大于 b
```

【代码解读】

cin 是 C++ 中预定义的标准输入流对象,类型是 istream,也在头文件 iostream 中声明。流提取运算符(>>)用于从输入流中读取格式化数据,比如"cin>>a;"是从字符流中提取一个整数保存到变量 a 中。流提取运算符也是可以连续使用的,因为流提取运算符本质上是一个函数,它在提取一个对象之后,返回值是流自身,比如"cin>>a>>b;"。流提取运算符提取数据时将输入流中空白字符作为分隔符,空白字符有空格、制表符(TAB)、换行符。

if 的圆括号里写有条件表达式"a>b",如果条件表达式的值为真,则输出"a 大于 b"并换行。字符串中"\n"的作用是输出一个换行。

反斜杠用于转义

换行符的字符编码是 00001010,即十进制的 10,它属于不可显示字符,表示时需要转义。反斜杠的作用就是转义。输出"\n"就是将 10 当成字符输出,作用是将控制台输出开始

新的一行。此外,"\t"表示制表符,"\r"表示回车,"\\"表示一个反斜杠。本质上,"\t"等于9,"\n"等于10,"\r"等于13,由于它们是不可显示字符,所以需要转义。反斜杠是可显示字符,编码的值是92,但是由于它用于转义,所以需要用两个反斜杠才能表示一个反斜杠,其中第一个反斜杠表示转义,第二个反斜杠是反斜杠自身,比如"cout<<"\\";"的作用是在控制台输出一个反斜杠。

if语句块中只有一条语句时,可以不用复合语句,以上代码中的if语句也可以写成:

```
if(a>b)
    cout << "a 大于 b\n";
```

1.2.2 增加else语句块

if语句的第二种形式增加了else语句块,即否定分支,形式为

```
if(条件表达式) 语句1    else    语句2
```

执行过程如图1-2所示,如果条件表达式的值为真,则执行语句1,否则执行语句2。

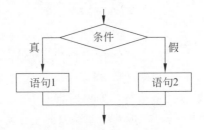

图 1-2 if 语句增加 else 语句块

例 1.5 输入两个整数,求这两个数中较大的数。

```cpp
//MaxNum2.cpp
#include <iostream>
using namespace std;
int main(){
    int a, b; //定义两个整数变量
    cout << "Input a and b:";
    cin >> a >> b;
    cout << "a=" << a << " b=" << b << endl;
    int m; //用于保存较大的数
    if(a>b){
        m = a;
    }else{
        m = b;
    }
    cout << "m=" << m << endl;
    return 0;
}
```

【运行结果】

```
Input a and b: 5 9↵
a=5 b=9
m=9
```

【代码解读】

程序中定义了第三个整数变量 m 用于保存较大的数。条件"a＞b"不成立时,执行 else 语句块。在 else 语句块中,语句"m＝b;"是赋值语句,其作用是将变量 b 的值复制一份给变量 m。

1.2.3 否定分支进一步判断

if 语句是双分支的,如果想表达多分支逻辑,可以在否定分支上做进一步判断,即 if 语句的第三种形式,其一般形式为

```
if(条件表达式 1)
    语句 1
else if(条件表达式 2)
    语句 2
else if(条件表达式 3)
    语句 3
    ⋮
else if(条件表达式 n)
    语句 n
else
    语句(n+1)
```

其语义:依次计算各个条件表达式的值,当某个条件表达式为真时,则执行其对应的语句,然后跳到整个 if 语句之外继续往下执行。如果所有的表达式均为假,则执行语句(n+1),然后继续执行后续程序。if-else-if 语句的执行过程如图 1-3 所示。一旦发现某个条件表达式的计算结果为真,则后续的条件表达式不会被计算,比如,如果图 1-3 中条件 2 为真,则条件 3 和条件 4 都不会进一步计算了。

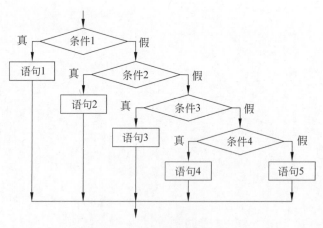

图 1-3　否定分支进一步判断

例 1.6　输入一个整数,判断是正数、负数,还是零。

```cpp
//Zero.cpp
#include <iostream>
using namespace std;
int main(){
```

```
        cout << "Input m:";
        int m;
        cin >> m;
        if(m>0){
            cout << "正数\n";
        }else if(m<0){
            cout << "负数\n";
        }else{
            cout << "零\n";
        }
        return 0;
    }
```

【运行结果】

```
Input m: -5 ↙
负数
```

【代码解读】

对于整数,总共有正数、负数、零三种不同的情况。第一个 if 使用"m>0"判断是否是正数,如果是正数,则输出"正数";如果不是正数的话,还有两种情况:负数和零。因此,在第一个 else 后加上"if(m<0)"进一步判断是否是负数。如果是负数,则输出"负数",否则输出"零"。

例 1.7 从键盘输入百分制成绩,转换成对应的五分制成绩。

成绩对应规则如下:

[90,100]→A;[80,90)→B;[70,80)→C;[60,70)→D;[0,60)→E

如果用户输入的成绩大于 100,或者小于 0,则输出"Invalid"。

```
//Grade.cpp
#include <iostream>
using namespace std;
int main(){
    cout << "Input score:";
    float score;                            //float 单精度的浮点数 4 字节
    cin >> score;
    if(score>100 || score<0){               //|| 逻辑或
        cout << "Invalid";
    }else if(score>=90){
        cout << "A";
    }else if(score>=80 && score<90){  //&& 逻辑与,小于 90 的判断是没有必要的
        cout << "B";
    }else if(score>=70){
        cout << "C";
    }else if(score>=60){
        cout << "D";
    }else{
        cout << "E";
    }
    return 0;
}
```

【运行结果】

```
Input score: 86 ↵
B
```

【代码解读】

浮点数用于在计算机中近似表示任意实数。float 是单精度浮点数，用 32 位存储，还有双精度浮点数 double，用 64 位存储。大于或等于(>=)、小于(<)是 C++ 的关系运算符。逻辑与(&&)和逻辑或(||)是 C++ 的逻辑运算符。在 C++ 中，"x<y"是一种运算，称为关系运算。关系运算的结果是真或者假，比如"5<3"的结果是假(false，也就是 0)。可以将关系运算的结果赋值给布尔型变量或整数变量，比如"bool is_less=5<3;"或"int is_less=5<3;"。

关系运算符是一个二元运算符，只接收两个运算数。判断变量位于一个区间的写法并不能写成数学书上的形式。比如判断成绩位于[80,90)区间，要写成以下逻辑表达式：

```
score>=80 && score<90
```

其含义是"score>=80"的结果和"score<90"的结果进行逻辑与运算，而不能写成"80<=score<90"，因为这样写的含义是"score<=80"的结果再使用小于号和 90 做关系运算。"score<=80"的结果是 0 或 1，而 0 和 1 均小于 90，"80<=score<90"的结果始终是 1。

1.3 非零即为真

C 语言中，任何类型，只要是能够跟 0 画上等号的，它们在作为条件表达式的时候，都表示假(条件不成立)，其他情况都是真(条件成立)。比如整数 5 是真，非空指针是真。

C++ 引入了布尔类型，布尔变量的值可以是 true 或 false。C++ 将非零值解释为 true，将零值解释为 false。

C++ 兼容 C 语言的语法，条件表达式里可以是整数类型、字符型，只要不是零，就意味着条件成立。

例 1.8 理解非零即为真。

```
//Condition.cpp
#include <iostream>
using namespace std;
int main(){
    if(5){
        cout<<"5 是真\n";
    }
    if(-6){
        cout<<"-6 也是真\n";
    }
    if('A'){
        cout<<"字符 A 是真\n";
    }
    if(0){
        cout<<"0 是真?\n";
```

```
    }else{
        cout<<"0 是假\n";
    }
    bool flag1 = true;          //C++引入了布尔类型 1 字节
    bool flag2 = false;
    cout << "flag1=" << flag1 << endl; //1
    cout << "flag2=" << flag2 << endl; //0
    if(flag1)
        cout<<"flag1 是真\n";
    bool ready = 123;
    cout << "ready=" << ready << endl; //1
    if(ready){
        cout << "I am ready! ^_^\n";
    }
    return 0;
}
```

【运行结果】

```
5 是真
-6 也是真
字符 A 是真
0 是假
flag1=1
flag2=0
flag1 是真
ready=1
I am ready! ^_^
```

习　　题

1. 假设汇款的收费标准是汇款金额的 0.5%，单笔收费上限是 50 元。输入汇款金额，输出所要收取的费用。

2. 输入三个整数，求三个整数中最大的数。

3. 输入整数变量 day(day=1 表示星期一，day=2 表示星期二，…，day=7 表示星期日)，输出数字代表的星期日期的英文名称。

4. 如图 1-4 所示，有四个圆塔，圆心坐标分别为 (2,2)、(-2,2)、(2,-2)、(-2,-2)，圆半径为 1。四个塔的高度均为 10 米，塔外无建筑物(塔外高度为零)。编写程序，输入某一点的坐标(x,y)，求该点的建筑高度。

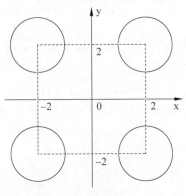

图 1-4　求建筑高度

第 2 章　循 环 语 句

实际问题中有许多具有规律性的重复操作,因此在程序中就需要重复执行某些语句。循环语句是在一定条件下重复执行某段代码的流程结构,被重复执行的代码称为循环体。循环能否继续重复,取决于循环的执行条件。

2.1　while 循环

while 语句是 C++ 中一种基本的循环语句。当循环条件满足时进入循环体执行,不满足则跳出,形式为

　　while(循环条件)　循环体语句

while 循环的执行流程如图 2-1 所示。while 循环先判断循环条件是否成立,即循环条件表达式的求值结果是否为真,当求值结果为真时,执行内嵌的循环体语句,执行完循环体语句后回到前面重新判断循环条件,并决定是否进入下一次循环。如果第一次判断时的求值结果为假,则直接跳过该循环体。

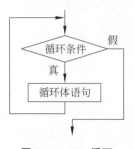

图 2-1　while 循环

循环条件非零即为真,它的值可以是整数或字符。比如整数变量 n 或字符变量 ch 就可以直接放在 while 的圆括号中,写成 while(n)、while(ch),只要 n 或 ch 的二进制表示有任意一个比特不是 0,则表示循环条件成立。

循环体语句可以是空语句(只有一个分号的语句),也可以是一条语句,还可以是花括号包起来的多条语句构成的复合语句。任何时候都使用复合语句,是更好的编程风格。

如果循环条件一直为真,while 循环会一直执行下去,这样会导致死循环。因此在循环体内需要有使循环趋于结束的语句,或在特定条件下使用 break 语句直接跳出循环。

例 2.1　使用 while 循环输出 1~10。

```
//while1.cpp
#include<iostream>
using namespace std;
int main(int argc, char * argv[]){
    int i=1; //定义变量 i 并初始化
    while(i<=10){
        cout << i << " ";
```

```
        i++; //++i; i++; i=i+1; i+=1; i-=-1; 都可以自增 1
    }
    cout << "\ni=" << i << endl;
    i=200;                          //对已有变量的重新赋值
    while(i<=10){
        cout << i << " ";
        i++;
    }
    cout<< "i=" << i << endl;       //i 依然是 200,while 循环一次都没有执行
    return 0;
}
```

【运行结果】

```
1 2 3 4 5 6 7 8 9 10
i=11
i=200
```

【代码解读】

第一个 while 循环前面定义了循环变量 i,并初始化为 1。在每一次进入循环前,while 循环都检测循环条件"i≤=10",条件满足则进入循环体执行。循环体内第一条语句使用 cout 输出了整数变量 i 和一个空格,第二条语句"i++;"使得每执行一次循环,i 的值就自增 1。当 i 等于 10 时,循环条件是依然满足的,会进入循环输出 10 和空格,并执行"i++;",i 变成 11,然后再次回到前面检测循环条件"i≤=10",此时计算的是"11≤=10",其结果为 false,循环条件已经不再为真,循环结束。

为了验证 while 循环可能一次都不执行,第二个 while 循环开始前将循环变量 i 重新赋值为 200,这意味着第一次循环开始前循环条件就不满足。从运行结果看,while 循环结束后,i 的值依然是 200,这说明循环体没有执行。如果执行了一次,循环体内的语句"i++;"会把 i 的值自增 1 变成 201。

例 2.2 计算 1~100 的累加和。

```
//while2.cpp
#include <iostream>
using namespace std;
int main(int argc, char * argv[]){
    int i=1, sum=0;
    while(i<=100)               //循环体是单条语句
        sum += i++;
    cout << "sum=" << sum << endl;

    //上面写法过于简洁,不易理解,重新实现如下
    i=1; sum=0;                 //重新对变量赋初值
    while(i<=100){              //循环体是复合语句
        sum += i;               //同 sum = sum+i
        i++;                    //同 i = i+1
    }
    cout << "sum=" << sum << endl;
    return 0;
}
```

【运行结果】

```
sum=5050
sum=5050
```

【代码解读】

第一个 while 循环开始前,定义了循环变量 i 和保存累加和的变量 sum,分别初始化为 1 和 0。0 加上任何数,结果都是那个数,因此累加和变量的初值应为 0。在主函数内部定义的变量是局部变量,如果没有初始化,值是编译器分配给局部变量的存储空间里面原有的值。循环条件为"i<=100",i 的值从 1 到 100 都可以进入循环体。while 循环内部只有一条语句,"sum+=i++;"首先将 i 的当前值累加到变量 sum 上,然后 i 的值自增 1。

第二个 while 循环使用了复合语句,执行逻辑与第一个 while 循环一致,但更易理解。要改变变量 sum 的值,是需要使用赋值语句的。"+="是 C 语言中的复合赋值运算符,是在简单赋值符"="之前加上其他运算符构成,比如:+=、-=、*=、/=、%=。"sum+=i;"等价于"sum=sum+i;",作用是将变量 sum 和变量 i 相加,计算结果赋值给变量 sum。对比以下三条语句:

```
sum+i;                //加法后跟分号构成的语句,计算表达式的值,但无法改变 sum
sum=sum+i;            //将表达式 sum+i 的结果赋值给变量 sum
sum+=i;               //复合赋值运算符+=,将 sum+i 的结果赋值给变量 sum
```

例 2.3 输入若干个非负整数,遇到 0 的时候停止,求最大数和最小数。

```cpp
//while3.cpp
#include <iostream>
using namespace std;
int main(int argc,char** argv){
    unsigned int a;                  //每次输出的数为无符号整数
    unsigned int maxv, minv;         //最大值、最小值
    cout << "请输入一个数[输入 0 结束循环]:";
    cin >> a;
    maxv=minv=a;                     //连续赋值,同 minv=a; maxv=minv;
    while(a){                        //a 和 a!=0 效果相同,因为非 0 就是真
        if(a>maxv) maxv=a;           //更新当前最大数
        if(a<minv) minv=a;           //更新当前最小数
        cout << "请输入一个数[输入 0 结束循环]:";
        cin >> a;                    //再次输入 a
    }
    cout << "最大数:" << maxv << " 最小数:" <<minv << endl;
    return 0;
}
```

【运行结果】

```
请输入一个数[输入 0 结束循环]:5↵
请输入一个数[输入 0 结束循环]:3↵
请输入一个数[输入 0 结束循环]:9↵
请输入一个数[输入 0 结束循环]:6↵
请输入一个数[输入 0 结束循环]:0↵
最大数:9 最小数:3
```

【代码解读】

关键字 unsigned 放在整数类型前面是定义无符号整数,即只有零和正数的整数。while 循环开始前,先读入第一个数,并将这个数作为最大数和最小数的初值。

C 语言中可以进行连续赋值,如"a＝b＝c＝1",赋值运算符是从右至左结合的,这意味着先将 1 赋给 c,再将 c 赋给 b,再将 b 赋给 a,最终 a、b、c 都是 1,完成了连续赋值。但是变量定义时的连续赋值违反了 C 语言中先定义后使用的原则,即定义时连续赋值编译器会报错。

```
int a=b=c=1;                //语法错误:定义时连续赋值
int a, b, c;                //定义变量 a b c
a=b=c=1;                    //语法正确:a b c 在执行赋值时是已经存在的变量
```

循环条件是整数 a,while(a)和 while(a!＝0)的效果是一样的,这是因为非零即为真。"!＝"是 C 语言中的一个关系运算符,含义是"不等于"。循环体内部第一个 if 语句判断 a 是否比当前最大数更大,如果更大则更新当前最大数;第二个 if 语句判断 a 是否比当前最小数更小,如果更小则更新当前最小数。在循环末尾,程序提示用户输入下一个数,读取的下一个数还是保存到变量 a 中,然后跳到前面判断循环条件 while(a)。当 a 等于 0 时,循环结束,这时 maxv 中保存的是最大数,minv 中保存的是最小数。

例 2.4 打印九九乘法表。

```
//nine.cpp
#include <iostream>
using std::cout;                    //仅释放 cout 对象到当前作用域
int main(){
    int i = 1;
    while(i<=9){ //1-9 行
        int j = 1;                  //变量就近原则
        while(j<=9){                //1-9 列
            if(i*j<10)
                cout << "  " << i*j;    //2 个空格的字符串
            else
                cout << ' ' << i*j;     //1 个字符
            j++;
        }
        i++;
        cout << '\n';               //换行符
    }
    return 0;
}
```

【运行结果】

```
1  2  3  4  5  6  7  8  9
2  4  6  8 10 12 14 16 18
3  6  9 12 15 18 21 24 27
4  8 12 16 20 24 28 32 36
5 10 15 20 25 30 35 40 45
6 12 18 24 30 36 42 48 54
7 14 21 28 35 42 49 56 63
8 16 24 32 40 48 56 64 72
9 18 27 36 45 54 63 72 81
```

【代码解读】

在引入 C++ 标准库内部的类、对象、函数等标识符时，更好的做法是一个一个引入，而不是直接引入整个命名空间，这样才能更有效地避免命名冲突。

```
using namespace std;        //引入命名空间 std 内部的全部标识符
using std::cout;            //仅释放 cout 对象到当前作用域
```

"::"是作用域运算符。"std::cout"是命名空间 std 里面的预定义对象 cout，它是向控制台输出数据的标准输出流对象。

在一个循环体语句中又包含另一个循环语句，称为循环嵌套。程序使用了双层循环，外层循环使用循环变量 i 控制 1~9 行，内层循环使用循环变量 j 控制 1~9 列。输出乘积时，每个数占 3 个字符的宽度，如果乘积小于 10，就在乘积前输出 2 个空格，否则输出 1 个空格。C 语言中，使用单引号表示一个字符，比如'A'是字符 A，编码值是 65;' '是空格，编码值是 32;'\n'是换行符，编码值是 10。

C++ 支持在语句块内部定义更小作用域的变量。"int j=1;"是进入外层循环的第一条语句，它的作用是每一次进入外层循环都重新定义一个作用域，是外层 while 循环的局部变量，并初始化为 1。变量定义的就近原则指尽可能在靠近第一次使用变量的位置定义该变量。变量就近原则是变量作用域最小化的一种实现手段。

2.2 do-while 循环

do-while 循环的执行流程如图 2-2 所示，do-while 循环在判断循环条件是否为真之前，首先会执行一次循环体语句，然后再检查循环条件是否为真，如果条件为真，则重复这个循环，其形式为

```
do  循环体语句  while(循环条件);        //注意最后有个分号
```

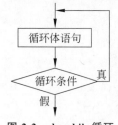

图 2-2 do-while 循环

do-while 循环与 while 循环的比较：while 循环在每次循环开始前判断循环条件，如果一开始循环条件就不满足，则循环体一次都不会执行；do-while 循环在每次循环的末尾判断循环条件，无论循环条件是否成立，do-while 循环的循环体至少会执行一次。此外，do-while 循环的最后需要跟一个分号，标识语句的结束。这两种循环的循环体内都需要有使循环趋于结束的语句，或在特定条件下使用 break 语句直接跳出循环。

例 2.5 使用 do-while 循环输出 1~10。

```
//dowhile.cpp
#include <iostream>
using std::cout;            //仅释放 cout 对象到当前作用域
using std::endl;            //仅释放 endl 函数到当前作用域
int main(){
    int i=1;
    do{
        cout << i << " ";
```

```
        ++i;
    }while(i<=10);
    cout << "\ni=" << i << endl;

    i=200;
    do{ //循环条件不满足也会执行一次循环体
        cout << i << " ";
        ++i;
    }while(i<=10);
    cout << "\ni=" << i << endl; //201

    return 0;
}
```

【运行结果】

```
1 2 3 4 5 6 7 8 9 10
i=11
200
i=201
```

【代码解读】

第一个 do-while 循环开始前定义了循环变量 i,并初始化为 1。循环体内部输出变量 i 和一个空格,然后循环变量自增 1。在每次循环末尾判断循环条件"i<=10",i 等于 11 时循环结束。

为验证 do-while 循环至少会执行一次,第二个 do-while 循环开始前,循环变量 i 被赋值为 200。循环条件还是"i<=10",一开始循环条件就不满足。从运行结果可见,程序输出了 200,这证明循环执行了一次。循环结束后,循环变量 i 变成了 201。

例 2.6 输入若干个正数,求这些数的和,遇到 0 停止。

```
//sum.cpp
#include <iostream>
using namespace std;
int main(){
    unsigned int k, s=0;         //k是每次读取的数,s是累加和
    cout << "Input positive integers: ";
    do{
        cin >> k;
        s += k;
    }while(k);                   //非零即为真
    cout << "s=" << s << endl;
    return 0;
}
```

【运行结果】

```
Input positive integers: 6 2 5 9 7 0 ↵
s=29
```

【代码解读】

程序使用无符号整数定义了变量 k 和 s,k 用于保存每次读入的整数,s 用于保存累加和。在第一次读取 k 之前,k 的值是不确定的,s 的值被初始化为 0。循环读取 k 时,没有给出让用户输入数据的提示信息。我们可以直接用空白字符分隔输入多个正数,最后再输入一个 0。每次循环读取一个整数。输入数据的分隔符可以是空格、制表符、换行符。循环条件是整数 k,当读取到 0 时,语句"s+=k;"也会将 0 累加到 s 上,但是不影响累加和的计算,然后判断循环条件为假结束循环。

例 2.7 输入若干个字符,以"#"结束,统计其中的字母数量和数字数量。

```cpp
//CharCounter.cpp
#include <iostream>
using namespace std;
int main(int argc,char** argv){
    char ch;                                    //字符型变量
    int nChar=0, nNum=0;                        //用于计数的变量
    cout << "请输入多个字符,以\"#\"结束:";      //双引号用 \" 转义
    do{
        ch=cin.get();                //读入一个字符 也可以用 ch=getchar(); cin.get(ch);
        if((ch>='a' && ch<='z') || (ch>='A' && ch<='Z')){
            nChar++;                            //字母数加 1
        }else if(ch>='0' && ch<='9'){
            nNum++;                             //数字数加 1
        }
    }while(ch!='#');
    cout << "字母数:" << nChar << " 数字数:" << nNum << endl;
    return 0;
}
```

【运行结果】

请输入多个字符,以"#"结束:123ABCD!# ↵
字母数:4 数字数:3

【代码解读】

循环开始前,定义了一个字符型变量 ch,用于保存每次读取的字符;定义了两个整数变量 nChar 和 nNum,都初始化为 0,用于保存字母计数和数字计数;输出了提示信息。

双引号用于标记字符串的开始和结束,如果在字符串内容中有双引号,就需要转义了。"\""表示一个双引号,其中反斜杠是转义符。

cin 是 istream 类的对象,istream 类的成员函数 get()可以读取一个字符。读取一个字符也可以使用 C 语言的函数 getchar()。以下三种方法都可以用于读取一个字符。

```
ch = cin.get();      //无参数的成员函数,int get(); 返回值是读取的字符
cin.get(ch);         //参数是引用,istream& get(char& c); 通过参数得到读取的字符
ch = getchar();      //C 语言的全局函数,int getchar(); 返回值是读取的字符
```

计算机内部只有 0 和 1,字符在计算机中使用 7 位二进制编码(标准 ASCII 码),字母 A~Z、a~z、0~9 都是连续编码的数值,因此可以使用关系运算和逻辑运算来判断一个字符是否是大写字母、小写字母或数字。逻辑与的优先级高于逻辑或,要判断一个字符是英文字

母,以下两个逻辑表达式都是正确的。

```
(ch>='a' && ch<='z') || (ch>='A' && ch<='Z')    //(小写字母)或(大写字母)
ch>='a' && ch<='z' || ch>='A' && ch<='Z'        //不写圆括号,逻辑也正确
```

第二个逻辑表达式的计算过程如下:
(1) 计算 ch>='a' && ch<='z' 得到 X;
(2) 因为 && 的优先级比 || 高,所以接下来计算 ch>='A' && ch<='Z' 得到 Y;
(3) 计算 X || Y。

在判断完字符是否是字母和是否是数字之后,循环体内部就没有其他语句了。最后,在循环的末尾,使用"while(ch!='#');"判断字符是否不是井号,如果不是井号,则继续进入循环体执行;如果是井号,则跳出循环。

程序之所以使用 do-while 循环,是因为在读取第一个字符前,是无法判断循环条件的。循环条件是"ch!='#'",其中包含未初始化的变量 ch。对于循环开始前无法判断循环条件的循环,使用 do-while 循环更合适。

例 2.8　输入一个整数,可以是正数、负数和零,将各位数字反转后输出。

```cpp
//Reverse.cpp
#include <iostream>
using namespace std;
int main(int argc, char** argv){
    int n;
    cout << "输入整数 n: ";
    cin >> n;
    cout << "各位数字反转后的数是: ";
    if(n<0){                    //负数转成正数处理
        cout << "-";            //输出负号
        n = -n;                 //变成正数
    }
    do{                         //至少执行一次,能够正确处理数字 0
        cout << n % 10;         //输出最低位
        n /= 10;                //去掉最低位 等价于 n = n/10
    }while(n);                  //n 和 n!=0 效果相同
    cout<<endl;
    return 0;
}
```

【运行结果】

```
输入整数 n: -12345↵
各位数字反转后的数是: -54321
```

【代码解读】

如果 n 是负数,则输出负号,然后将 n 变成正数。对于一个正整数,对 10 取余就得到个位数。"%"是求余的算数运算符,"n%10"得到 n 除以 10 的余数,但并不改变 n。"/="是除法复合赋值运算符,"n/=10"等价于"n=n/10"。由于运算数 n 和 10 都是整数,所以是整数除法,"12345/10"的结果是 1234,而不是 1234.5。"n/=10"的作用是把个位数字从原数字中去掉,原数字中的十位数字变成了新数字中的个位数字,以此类推。

每次循环都去掉变量 n 的个位数。当 n 已经是一位数时,再整除 10 的结果就是 0。循环条件是整数 n,当 n 等于 0 时循环结束。

程序之所以使用 do-while 循环,是因为它至少执行一次。如果用户输入"0",程序会进入循环体语句执行"cout<<0%10;"输出 0,然后计算"0/10"赋值给 n,n 还是 0,最后判断 while(0)循环结束。这次执行恰好正确地处理了用户输入"0"的情况。

2.3　for 循环

for 语句是循环控制结构中使用广泛的一种循环控制语句,特别适合已知循环次数的情况,其一般形式为

> for(单次表达式；循环条件；末尾循环体) 中间循环体

圆括号中是分号分隔的三个表达式。for 循环各部分的含义如下。

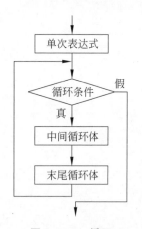

图 2-3　for 循环

- 单次表达式:一般为赋值表达式,用于给变量赋初值。
- 条件表达式:关系表达式或逻辑表达式,是循环控制条件。
- 末尾循环体:一般为赋值表达式、自增自减表达式,用于改变循环变量。
- 中间循环体:可以是空语句、单条语句或复合语句。

for 循环的执行流程如图 2-3 所示。for 循环首先执行单次表达式,这个表达式仅在第一次循环开始前执行一次。每一次循环开始前,计算循环条件。若循环条件为真,则进入循环体执行;否则,退出 for 循环,执行 for 循环后的语句。如果执行了中间循环体,则中间循环体每执行一次,都会执行末尾循环体,然后重新计算循环条件,依次循环,直至循环条件为假时退出循环。

单次表达式是不参与循环的,它仅仅在开始循环前执行一次。循环条件是循环的正式开端,当循环条件成立时执行循环体。末尾循环体虽然是写在圆括号中的一个表达式,但它是循环体的最后一部分。

一个简单的 for 循环如下,功能是输出 0~9。

```
for(int i=0; i<10; i++)    //变量 i 只在循环内部有效
    cout << i << endl;
```

如果要给多个变量赋初值,则可以在单次表达式中使用逗号表达式。如果想在末尾循环体中改变多个变量的值,也可以使用逗号表达式。中间循环体可以是空语句,即仅由一个分号构成的语句。下面三行代码是求 1~100 的和,其中单次表达式和末尾循环体都使用了逗号表达式,中间循环体是空语句。逗号表达式从左到右执行,整个表达式的值取最右边子表达式的值。

```
int s, k;
for(k=1,s=0; k<=100; s+=k,++k);
cout << "s=" << s << endl;
```

for 循环相对 while 循环和 do-while 循环来说,更为灵活。它不仅可以用于循环次数已

经确定的情况,也可以用于循环次数不确定的情况。for 语句的三个表达式都是可以省略的,但分号";"绝对不能省略。如果省略了分号,语句格式就发生了变化,编译器就不能识别而无法编译。省略表达式后,for 语句可以写成多种格式,比如:

(1) for(;循环条件;末尾循环体){ }　　　//循环变量初值可在循环前给出
(2) for(单次表达式;循环条件;){ }　　　//可以在花括号内部改变循环变量
(3) for(;循环条件;){ }　　　　　　　　//等价于 while(循环条件)
(4) for(;;){ }　　　　　　　　　　　　//等价于 while(true) while(1)

例 2.9　使用 for 循环输出 1～10。

```
//for1.cpp
#include <iostream>
using namespace std;
int main(int argc, char **argv){
    int i;        //i是main函数内定义的局部变量,作用域到main函数末尾
    for(i=1; i<=10; i++){
        cout << i << " ";
    }
    cout << "\ni=" << i << endl;

    //j是for语句内部定义的局部变量,作用域为for语句
    for(int j=1; j<=10; j++){
        cout << j << " ";
    }
    cout << "\n";
    //cout << "j=" << j <<endl;        //循环结束后,j已经不存在了
    return 0;
}
```

【运行结果】

```
1 2 3 4 5 6 7 8 9 10
i=11
1 2 3 4 5 6 7 8 9 10
```

【代码解读】

第一个 for 循环使用的循环变量是主函数内部的局部变量 i,循环结束后依然可以读取 i 的值;第二个 for 循环使用的循环变量是 for 循环内部的局部变量 j,循环结束后 j 就不存在了。

例 2.10　for 语句中使用逗号表达式。

```
//for2.cpp
#include <iostream>
using namespace std;
int main(int argc, char **argv){
    for(int m=1,n=20; m<=10 && n>15; m++, n--) {
        //执行 5 次 n=20 19 18 17 16,n=14时循环结束
        cout << "m=" << m << "  n=" << n << endl;
    }
    //求 1-100 的和
```

```cpp
    int i, sum;
    for(i=1,sum=0; i<=100; i++){
        sum += i;
    }
    cout << "sum=" << sum << endl;
    return 0;
}
```

【运行结果】

```
m=1    n=20
m=2    n=19
m=3    n=18
m=4    n=17
m=5    n=16
sum=5050
```

【代码解读】

第一个 for 循环在自己内部定义了两个变量 m 和 n 并初始化，循环条件中使用逻辑运算符"&&"表达"并且"，末尾循环体中使用逗号表达式实现了 m 自增 1 且 n 自减 1。for 循环总计执行 5 次，分别是 n＝20、19、18、17、16 时，n＝14 时循环结束。

第二个 for 循环前面定义了主函数内部的变量 i 和 sum。单次表达式中使用逗号表达式将 i 和 sum 分别赋值为 1 和 0。循环结束后可读取变量 sum 的值。

例 2.11　for 语句省略表达式。

```cpp
//for3.cpp
#include <iostream>
using namespace std;
int main(int argc, char **argv){
    //(1)省略单次表达式
    int i=1;                    //循环变量的初始化
    for(; i<=10; i++){
        cout << i << " ";
    }
    cout << endl;
    //(2)省略末尾循环体
    for(i=1; i<=10; ){
        cout << i << " ";
        i++;                    //修改循环变量
    }
    cout << endl;
    //(3)for 当成 while 用
    i=1;                        //循环变量赋初值
    for( ; i<=10; ){
        cout << i << " ";
        i++;                    //修改循环变量
    }
    cout << endl;
    //(4)自己跳出循环,而不是靠循环条件
```

```
    i=1;
    for(;;){                    //也可以写 while(1) while(5) while(true)
        if(i>10) break;         //用 break 语句来跳出循环
        cout << i << " ";
        i++;
    }
    cout << endl;
    return 0;
}
```

【运行结果】

```
1 2 3 4 5 6 7 8 9 10
1 2 3 4 5 6 7 8 9 10
1 2 3 4 5 6 7 8 9 10
1 2 3 4 5 6 7 8 9 10
```

【代码解读】

四个 for 循环的功能都是输出 1~10。第一个 for 循环前面定义了主函数内部的循环变量 i 并初始化为 1，for 语句省略了单次表达式。第二个 for 循环省略了末尾表达式，在花括号内部末尾位置写有"i++;"来修改循环变量。第三个 for 循环只给出了循环条件，这就需要在 for 循环前面给循环变量赋初值，在循环体末尾写上"i++;"来修改循环变量。第四个 for 循环自身没有写循环条件，依靠 i 大于 10 时使用 break 语句跳出循环。

2.4 循环嵌套

在一个循环体语句中包含另一个循环语句，称为循环嵌套。内嵌的循环中还可以嵌套循环，这就是多层循环。

例 2.12 打印等腰三角形。

解题思路：以 5 行的等腰三角形为例，行号、空格数、井号数如图 2-4 所示，可以分析得到空格数、井号数与行号之间的关系。每行 n−i 个空格，每行 2i−1 个井号。

	行号（i）	空格数	井号数
#	1	4	1
# # #	2	3	3
# # # # #	3	2	5
# # # # # # #	4	1	7
# # # # # # # # #	5	0	9

图 2-4 打印等腰三角形

```
//Triangle.cpp
#include <iostream>
using namespace std;
int main(int argc, char **argv){
    int n;                              //行数
    cout << "Input n: ";
    cin >> n;
    for(int i=1; i<=n; i++){            //1~n 行
```

```
            for(int j=0; j<n-i; j++)           //打印 n-i 个空格
                cout << ' ';
            for(int j=0; j<2 * i-1; j++)       //打印 2*i-1个井号
                cout << '#';
            cout << endl;                       //换行
        }
        return 0;
    }
```

【运行结果】

```
Input n: 6 ↵
     #
    ###
   #####
  #######
 #########
###########
```

【代码解读】

外层循环从 1 开始,到 n 结束,内嵌两个内层循环。第一个内层循环打印 n−i 个空格,第二个内层循环打印 2i−1 个井号。

例 2.13 使用 for 循环打印九九乘法表。

```
//NineNine.cpp
#include <iostream>
#include <iomanip>                              //Standard Stream Manipulators
using std::cout;
using std::setw;                                //设置输出内容的总宽度
int main(int argc, char **argv){
    for(int i=1; i<=9; i++){                    //1~9 行
        for(int j=1; j<=9; j++){                //1~9 列
            cout << setw(3) << i * j;           //3 个字符宽
        }
        cout << '\n';
    }
    return 0;
}
```

【代码解读】

外层 for 循环使用循环变量 i 控制 1~9 行,内层 for 循环使用循环变量 j 控制 1~9 列。输出乘积时使用 setw(n) 设置输出的数字占的总宽度为 3 个字符。

例 2.14 打印菱形。

解题思路:输入菱形上半部分的行数 n,输入 5 时,行号 i、变量 k、空格数、井号数如图 2-5 所示。变量 i 从 1 增加到 2n−1,而变量 k 增加到 n 之后开始递减。k 是为了方便计算空格数和井号数引入的中间变量。k 和 i 之间的关系是

$$k=\begin{cases}i, & i\leqslant n\\ 2n-i, & i>n\end{cases}$$

空格数、井号数与变量 k 之间的关系：每行 n−k 个空格，每行 2k−1 个井号。

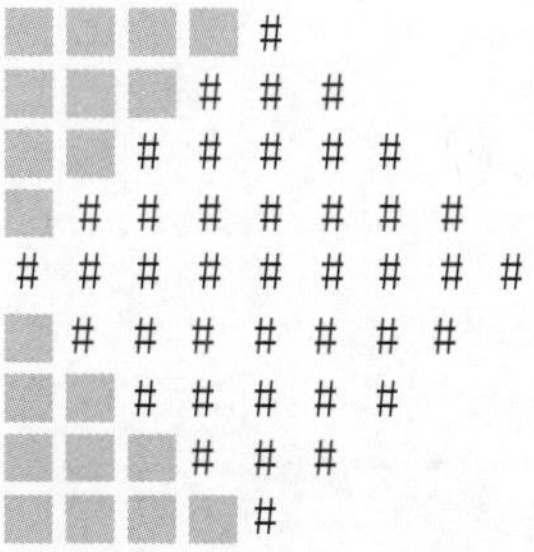

行号i	变量k	空格数	井号数
1	1	4	1
2	2	3	3
3	3	2	5
4	4	1	7
5	5	0	9
6	4	1	7
7	3	2	5
8	2	3	3
9	1	4	1

图 2-5　打印菱形

```cpp
//diamond.cpp
#include <iostream>
using std::cout;
using std::cin;
int main(int argc, char **argv){
    int n;
    cout << "Input n: ";
    cin >> n;
    for(int i=1; i<2*n; i++){
        int k = i>n ? 2*n-i : i;
        for(int j=0; j<n-k; j++)      //打印 n-k 个空格
            cout << ' ';
        for(int j=0; j<2*k-1; j++)    //打印 2k-1 个井号
            cout << '#';
        cout << '\n';                 //换行
    }
    return 0;
}
```

【运行结果】

```
Input n: 6↵
     #
    ###
   #####
  #######
 #########
###########
 #########
  #######
   #####
    ###
     #
```

【代码解读】

外层循环从 1 开始,到 2n−1 结束。通过中间变量 k,将"1,2,3,…,2n−1"变换为"1,2,3,…,n,n−1,n−2,…,3,2,1"。然后第一个内层循环打印 n−k 个空格,第二个内层循环打印 2k−1 个井号。

习 题

1. 执行完下面语句后,变量 m 和 n 的值是多少?

```
int m;
for(m=0; m<=20; m++);
for(int n=0; n<=20; n++);
```

2. 小球从 100 米高处落下,每次反弹的高度是下落高度的一半,求第 10 次落地后并反弹至最高点时球轨迹的长度,以及反弹高度。

3. 一个三位数 abc,若该数满足: $a^3+b^3+c^3=abc$,则称该数为"水仙花数",如 $1^3+5^3+3^3=153$。编写 C++ 程序求全部的水仙花数。

4. 编程求 1000 之内的所有"完数"。所谓"完数",是指一个数恰好等于它的包括 1 在内的所有不同因子之和。如 6 是完数,因为 6=1+2+3。

5. 若一头母牛,从出生起第四个年头开始每年生一头母牛,按此规律,编程求解第 n 年时有多少头母牛。

6. 以下是打印空心菱形的程序和运行结果,为程序撰写代码讲解。

```
//EmptyDiamond.cpp
#include <iostream>
using namespace std;
int main(int argc, char** argv){
    int n;
    cout << "Input n: ";
    cin >> n;
    for(int i=1; i<2*n; i++){
        int k = i<=n ? (n+1-i) : (i+1-n);
        for (int j = 0; j < k; j++) cout << "* ";
        int u = i<=n ? 2*i-1 : 4*n-2*i-1;
        for (int j=0; j<u-1; j++) cout << "  ";   //2个空格
        for (int j=0; j<k; j++) cout << "* ";
        cout << endl;
    }
    return 0;
}
```

【运行结果】

```
Input n: 9 ↵
* * * * * * * * * * * * * * * *
* * * * * * *   * * * * * * *
* * * * * *     * * * * * *
* * * * *         * * * * *
* * * *             * * * *
* * *                 * * *
* *                     * *
*                         *
* *                     * *
* * *                 * * *
* * * *             * * * *
* * * * *         * * * * *
* * * * * *     * * * * * *
* * * * * * *   * * * * * * *
* * * * * * * * * * * * * * * *
```

第 3 章 语句进阶

本章介绍 switch 语句、continue 语句、break 语句。switch 语句是多分支的条件语句，可根据整数相等关系匹配不同的分支。continue 语句只能用于循环语句中，作用是立即开始下一次循环，可跳过循环体中下面尚未执行的语句。break 语句可用于循环语句和 switch 语句中。如果循环体中的 break 被执行，则跳出本层循环；如果 switch 语句中的 break 被执行，则跳出 switch 而执行 switch 以后的语句。

3.1 switch 语句

实际问题中，常常需要用到多分支的选择语句。if 语句是双分支的条件语句，但可以在否定分支上进一步判断实现多分支。C 语言还提供了用于多分支选择的 switch 语句。switch 语句判断整数表达式和常量表达式的相等关系，并执行不同的语句序列。switch 语句的语法形式为

```
switch(整数表达式){
    case 常量表达式 1:   语句序列 1;   //注意 case 后有空格
    case 常量表达式 2:   语句序列 2;
    ⋮
    case 常量表达式 n:   语句序列 n;
    default:   语句序列 n+1;
}
```

switch 语句首先计算整数表达式(包括字符类型)的值，并逐个与常量表达式的值进行比较。当整数表达式的值与某个常量表达式的值相等时，即执行其后的语句序列，然后不再进行判断，继续执行所有 case 后的语句序列，直到遇到 break。如果整数表达式的值与所有 case 后面的常量表达式均不相等，则执行 default 后面的语句序列。default 是默认分支，通常放在最后。

例 3.1 从键盘输入一个整数，打印对应的星期名称。

```
//DayOfWeek.cpp
#include <iostream>
using namespace std;
int main(int argc, char **argv){
    int day;
    cout << "Input an integer[1-7]: ";
    cin >> day;
    cout << day << " => ";
```

```
        switch(day){              //( )里必须是整数表达式,只能判断相等关系
        case 1:                   //case 后面一定要有空格
            cout << "Monday";
            break;
        case 2:
            cout << "Tuesday";
            break;
        case 3:
            cout << "Wednesday";
            break;
        default:
            cout << "Invalid number";
            break;                //default 不在最后时需要加 break
        case 4:
            cout << "Thursday";
            break;
        case 5:
            cout << "Friday";
            break;
        case 6:
            cout << "Saturday";
            break;
        case 7:
            cout << "Sunday";
            break;
        }
        cout<<endl;
        return 0;
}
```

【运行结果】

```
Input an integer[1-7]: 6 ↵
6 => Saturday
Input an integer[1-7]: 8 ↵
8 => Invalid number
```

【代码解读】

switch 语句将变量 day 和 case 后面的各个数字依次比较是否相等,如果相等就执行数字后面的语句序列。比如输入"6",就会执行"cout<<"Saturday";"和"break;"。如果输入的数字跟任何一个 case 后面的数字都不相等,就执行默认分支。比如输入 8,就会执行"cout<<"Invalid number";"和"break;"。默认分支可以不放在最后,但此时默认分支的最后一条语句应为"break;"。

使用 switch 语句应注意下列问题。

(1) switch 后面圆括号中的整数表达式的类型可以是整型、字符型或枚举表达式,case 后面的常量表达式的类型必须与其匹配。

(2) 每个 case 常量表达式的值必须互不相同,否则就会出现编译错误。

(3) switch 语句中 case 分支的语句序列可以是一条语句,也可以是多条语句,还可以没

有语句。

（4）每个 case 后面的多条语句的最后通常是 break 语句，以保证多路分支的正确实现。在遇到 break 之前，switch 会继续执行下面不同的 case 分支中的语句。每个 case 只是一个入口标记，并不能确定执行的终止位置。

（5）如果 case 后没有语句，则一旦执行到这个 case 分支，什么也不做，继续往下执行。当若干分支需要执行相同操作时，可以多个 case 共用一组语句。

（6）switch 语法中各个 case 分支和 default 分支的出现的次序在语法中没有规定，但通常 default 分支位于最后。

（7）switch 语句中 default 分支是可选的，若没有 default 分支且不和任何 case 后的值相等，switch 语句将什么也不做，直接执行后续语句。

例 3.2 输入月份判断是哪个季节。

```
//month.cpp
#include <iostream>
using namespace std;
int main(int argc, char **argv){
    int month;
    cout << "Input an integer[1-12]: ";
    cin >> month;
    cout << month << " => ";
    switch(month){
    case 3:   case 4:   case 5:
        cout <<"春季(Spring)\n";
        break;
    case 6:   case 7:   case 8:
        cout<<"夏季(Summer)";
        break;
    case 9:   case 10:   case 11:
        cout<<"秋季(Autumn)";
        break;
    case 12:   case 1:   case 2:
        cout<<"冬季(Winter)";
        break;
    default:
        cout<<"无效数字(Invalid number)";
    }
    cout<<endl;
    return 0;
}
```

【运行结果】

```
Input an integer[1-12]: 9 ↵
9 => 秋季(Autumn)
```

【代码解读】

程序中多个 case 共用了同一组语句。输入 9 时，"case 9:"后面没有语句，程序继续往下执行，"case 10:"后面也没有语句，程序继续执行"case 11:"后面的输出语句和 break

语句。

下面给出月份对应季节问题的另外一种实现。

```cpp
//month2.cpp
#include <iostream>
using namespace std;
int main(int argc, char** argv){
    int month;
    cout << "Input an integer[1-12]: ";
    cin >> month;
    cout << month << " => ";
    if(month>=1 && month<=12){
        switch(month % 12 / 3){
        case 0: //12 1 2
            cout << "冬季(Winter)";
            break;
        case 1: //3 4 5
            cout << "春季(Spring)\n";
            break;
        case 2: //6 7 8
            cout << "夏季(Summer)";
            break;
        case 3: //9 10 11
            cout << "秋季(Autumn)";
            break;
        }
    }else{
        cout << "无效数字(Invalid number)";
    }
    cout << endl;
    return 0;
}
```

【代码解读】

对于1~12的数字,"对12求余再整除3"恰好可以把每个季节对应的三个月份变换成了相同的数字。"对12求余"将12变换成了0,其余数字没变。再"整除3"的结果:"0、1、2"得到0,"3、4、5"得到1,"6、7、8"得到2,"9、10、11"得到3。

3.2　continue 语句

continue 语句只能用在循环语句(while、do-while、for)中,不能单独使用。continue 语句的作用是结束本次循环,即跳过循环体中下面尚未执行的语句,立即开始下一轮循环。

对于 while 循环和 do-while 循环,转去求解循环条件。对于 for 循环,转去执行 for 语句头中的第三个表达式(末尾循环体)。

例 3.3　while 循环中使用 continue。

```
//ContinueWhile.cpp
#include <iostream>
```

```cpp
using namespace std;
int main(int argc, char **argv){
    int i=1;
    while(i<=5){
        cout << i;
        if(3==i){              //== 判断相等
            i++;               //continue 之前需要修改循环变量
            cout << endl;
            continue;          //转去判断循环条件
        }
        cout << ' ' << i << endl;
        i++;
    }
    return 0;
}
```

【运行结果】

```
1 1
2 2
3
4 4
5 5
```

【代码解读】

当循环变量 i 等于 3 时，执行 continue 转去计算循环条件"i<=5"。如果不在跳转前添加修改 i 的代码，将会导致死循环。

例 3.4 for 循环中使用 continue。

```cpp
//ContinueFor.cpp
#include <iostream>
using namespace std;
int main(int argc, char **argv){
    int i;
    for(i=1; i<=5; i++){
        cout << i;
        if(3==i){
            cout << endl;
            continue;   //转去执行 for 头部第三个表达式 i++
        }
        cout << ' ' << i << endl;
    }
    return 0;
}
```

【代码解读】

当 i 等于 3 时，执行 continue 转去执行 for 头部第三个表达式"i++"，跳转前不需要添加修改循环变量 i 的代码。运行结果同上。

例 3.5 do-while 循环中使用 continue。

```cpp
//ContinueDoWhile.cpp
#include <iostream>
using namespace std;
int main(int argc, char** argv){
    int i=1;
    do{
        cout << i;
        if(3==i){
            i=20;
            cout << endl;
            continue;        //转去判断循环条件
        }
        cout << ' ' << i << endl;
        i++;
    }while(i<=5);
    return 0;
}
```

【运行结果】

```
1 1
2 2
3
```

【代码解读】

当循环变量 i 等于 3 时，执行 continue。为验证 do-while 循环中执行 continue 是转去计算循环条件，程序将 i 赋值为 20。

如果转去循环开始位置，则会输出两个 20；如果转去循环末尾判断循环条件，将导致循环结束。运行结果无后续输出，可见是转去循环末尾判断循环条件了。

例 3.6　跳过奇数，输出偶数。

```cpp
//ContinueEven.cpp
#include <iostream>
using namespace std;
int main(int argc, char** argv){
    for(int i=1; i<10; i++){
        if(i%2==1){
            continue;        //跳过奇数
        }
        cout << i << " ";
    }
    cout<<endl;
    return 0;
}
```

【运行结果】

```
2 4 6 8
```

【代码解读】

当循环变量是奇数时，执行 continue 转去执行 for 头部的"i++"，这样就跳过了下面的输出语句。当 i 等于"1、3、5、7、9"时 continue 语句都执行了,共执行 5 次。程序跳过了奇数,输出的就仅剩偶数了。

例 3.7 输入有效的表示月份的数字,给用户 5 次输入机会。

```
//ContinueMonth.cpp
#include <iostream>
using namespace std;
int main(int argc, char** argv){
    int month;
    bool success=false;
    for(int i=0; i<5 && !success; i++){
        cout << "Input month: ";
        cin >> month;
        if(month<1 || month>12){
            continue;         //开始下一轮循环,转去执行 i++
        }
        success=true;
    }
    if(success){
        cout << "month=" << month << endl;
    }
    return 0;
}
```

【运行结果】

```
Input month: 15 ↵
Input month: 0 ↵
Input month: 9 ↵
month=9
```

【代码解读】

for 循环使用整数变量 i 和布尔变量 success 两个变量控制循环条件。如果输入的数字不在[1,12]内,则执行 continue 转去执行 for 语句头部的"i++"。只有输入的数字在[1,12]内,才能执行后面的语句"success=true;",接着执行"i++",再判断循环条件中的"!success"为 false,导致循环条件不成立而结束循环。循环变量 i 从 0 到 4 时都可以进入循环,当 i 等于 5 时会导致循环条件不成立而结束循环。

3.3 break 语句

break 语句的作用:①终止本层循环;②在 switch 语句中,当执行完一个 case 后的语句序列时跳出 switch 语句。

continue 语句和 break 语句的区别:continue 语句只结束本次循环,而不终止整个循环的执行;break 语句则是结束整个循环过程,不再判断执行循环的条件是否成立。

for 循环内部的 break 语句执行时,是直接结束循环,不会执行 for 语句头部的第三个表达式,也不会判断循环条件。while 循环和 do-while 循环内部的 break 语句执行时,也不判断循环条件,直接结束循环。

循环嵌套时,位于内层循环中的 break 语句仅能终止内层循环,程序继续执行位于外层循环内部的跟在内层循环后面的语句。

例 3.8　在三种循环语句中使用 break。

```cpp
//break.cpp
#include <iostream>
using namespace std;
int main(int argc, char** argv){
    int i=1;
    while(i<=5){
        cout << i;
        if(3==i){
            cout << endl;
            break;                  //结束循环
        }
        cout << " " << i << endl;
        i++;
    }
    cout << "i=" << i << "\n\n";    //break 跳到这条语句,输出 3
    for(i=1; i<=5; i++){
        cout << i;
        if(3==i){
            cout << endl;
            break;                  //结束循环
        }
        cout << " " << i << endl;
    }
    cout << "i=" << i << "\n\n";    //break 跳到这条语句,输出 3
    i=1;
    do{
        cout << i;
        if(3==i){
            cout << endl;
            break;                  //结束循环
        }
        cout << " " << i << endl;
        i++;
    }while(i<=5);
    cout << "i=" << i << endl;      //break 跳到这条语句,输出 3
    return 0;
}
```

【运行结果】

```
1 1
2 2
3
i=3
```

【代码解读】

三种循环执行的情况是一样的:当循环变量 i 等于 3 时,执行 break 语句结束整个循环。

例 3.9 判断一个整数是否是素数。

素数即质数,是在大于 1 的自然数中,除了 1 和本身不再有其他因数的自然数。

```cpp
//prime.cpp
#include <iostream>
#include <cmath>                         //数学函数库
using namespace std;
int main(int argc, char** argv){
    int n;
    cout << "Input n: ";
    cin >> n;
    if(n<2){
        cout << n << "不是素数\n";
    }
    bool is_prime = true;                //假设 n 是素数
    for(int i=2; i<=sqrt(n); i++){       //sqrt: Square Root
        if(n % i == 0){                  //发现 n 可以被 i 整除
            is_prime = false;            //可做出不是素数的判断
            cout << "i==" << i << " break\n";
            break;                       //立即结束循环
        }
    }
    if(is_prime)
        cout << n << "是素数\n";
    else
        cout << n << "不是素数\n";
    return 0;
}
```

【运行结果】

```
Input n: 35
i==5 break
35 不是素数
```

【代码解读】

对于正整数 n,循环变量 i 从 2 增长到 n-1,优化后到 sqrt(n) 即可,判断 n 是否可以被 i 整除。一旦发现 n 可以被整除,立即使用 break 结束循环,如果不结束,后续的循环判断是没有意义的,因为只要被整除了,就不是素数。

假设存在一个比 sqrt(n) 大的自然数 b 是 n 的因子,则存在自然数 a,满足"a*b==n"。由于 b 大于 n 的平方根,则 a 必然小于 n 的平方根。而从 2 到 sqrt(n) 的遍历过程已经检测过自然数 a,确定可以被 a 整除,不是素数,这样就不需要检测被 b 整除了。

例 3.10 跳出内层循环。

```cpp
//NineBreak.cpp
#include <iostream>
#include <iomanip>              //控制输入输出格式的头文件,包含 setw()
using namespace std;
```

```
int main(int argc, char** argv){
    for(int i=1; i<=9; i++){
        for(int j=1; j<=9; j++){
            if(j>i){
                cout << " bk";
                break;         //i=1,j=2; i=2,j=3; i=3,j=4; ... i=8,j=9;时执行break
            }
            cout << setw(3) << i * j;   //输出内容占3个字符宽,不足填充空格
        }
        cout << endl;                   //break跳到这条语句
    }
    return 0;
}
```

【运行结果】

```
1  bk
2   4  bk
3   6   9  bk
4   8  12  16  bk
5  10  15  20  25  bk
6  12  18  24  30  36  bk
7  14  21  28  35  42  49  bk
8  16  24  32  40  48  56  64  bk
9  18  27  36  45  54  63  72  81
```

【代码解读】

在循环嵌套时,位于内层循环的 break 语句只能跳出内层循环。打印九九乘法表时,外层循环变量 i 从 1 循环到 9,控制输出 1～9 行;内层循环变量 j 从 1 循环到 9,在每一行输出 9 个乘积。在内层循环中,"j＞i"时执行 break 语句,这仅仅会结束那一次的内层循环,跳到跟着内层循环后面的语句"cout<<endl;"继续执行。break 语句共执行了 8 次,结果是输出运行结果中的乘法表。

例 3.11 利用 goto 语句跳出多层循环。

```
//NineGoto.cpp
#include <iostream>
#include <iomanip>
using namespace std;
int main(int argc, char** argv){
    for(int i=1; i<=9; i++) {
        for(int j=1; j<=9; j++) {
            if(j>i)
                goto MyTag;
            cout << setw(3) << i * j;
        }
        cout << endl;
    }
MyTag: cout << "\n跳到这里";         //MyTag是自己定义的标号
    return 0;
}
```

【运行结果】

```
1
跳到这里
```

【代码解读】

虽然 goto 语句处于内层循环内部,但是可以使用 goto 语句跳到双层循环外面的标号。当"i=1,j=2"时,程序执行 goto 语句跳出了双层循环。

goto 语句也称为无条件转移语句,其一般格式为"goto 语句标号;",其中语句标号是按标识符规定书写的符号,放在某一行语句的前面。语句标号后需要加":",即半角冒号,表示这是一个标号。语句标号起标识语句的作用,与 goto 语句配合使用。

习 题

1. 第 1～4 名分别称为冠军、亚军、季军、殿军,第 5 名及 5 名以上,称为其他名次。输入一个名次,输出名次对应的荣誉称号。

2. 求 1～200 的整数中除了 7 的倍数的其他整数之和。

3. 输入一个日期(年 月 日),判断是这一年中的第几天。需考虑闰年。比如:输入 "2008 8 8",运行结果:8 月 8 日是 2008 年中的第 221 天。

闰年(Leap Year)是为了弥补因人为历法规定造成的年度天数与地球实际公转周期的时间差而设立的。补上时间差的年份为闰年。地球绕太阳运行周期为 365 天 5 小时 48 分 46 秒(合 365.242 19 天)即一回归年(Tropical Year)。公历的平年只有 365 日,比回归年短约 0.242 19 日,所余下的时间约为四年累计一天,故每四年于 2 月加 1 天,使当年的历年长度为 366 日,这一年就为闰年。判定公历闰年应遵循的一般规律:四年一闰,百年不闰,四百年再闰。

闰年的判断方法:①普通闰年能被 4 整除,不能被 100 整除。比如 2004 年是闰年。②世纪闰年能被 400 整除。如 2000 年是闰年,1900 年不是闰年。

4. 用二分法求方程 $2x^3-4x^2+3x-6=0$ 在 $[-10,10]$ 的根。

二分法又称分半法,是一种求方程式根的近似值的方法。对于区间 $[a,b]$ 上连续不断且 $f(a) \times f(b) < 0$ 的函数 $y=f(x)$,通过不断地把函数 $f(x)$ 的零点所在的区间一分为二,使区间的两个端点逐步逼近零点,进而得到零点近似值的方法叫作二分法。

如果要求已知函数 $f(x)=0$ 的根,二分法求根的步骤如下:

(1) 先要找出一个区间 $[a,b]$,使得 $f(a)$ 与 $f(b)$ 异号。根据介值定理,这个区间内一定包含着方程式的根。

(2) 求该区间的中点 $m=(a+b)/2$,并计算 $f(m)$ 的值。

(3) 若 $f(m)$ 与 $f(a)$ 正负号相同,则取 $[m,b]$ 为新的区间,否则取 $[a,m]$。

(4) 重复步骤(2)和(3),使 $f(m)$ 趋近零,直到得到理想的精确度为止。

第 4 章 运 算 符

运算符是一种告诉编译器执行特定的数学运算或逻辑运算的符号。C++内置了丰富的运算符,包括算术运算符、关系运算符、逻辑运算符、位运算符、赋值运算符,以及多个杂项运算符。运算符也称操作符。

4.1 自增自减运算符

自增自减运算符属于算数运算符。自增运算符将变量的值加一,自减运算符将变量的值减一。自增运算符分为前缀自增和后缀自增,自减运算符分为前缀自减和后缀自减。

(1)++i,前缀自增:先自增,后取值,++i 的结果是 i 自身,可作为左值。
(2)i++,后缀自增:先取值,后自增,i++得到 i 自增前的值。
(3)――i,前缀自减:先自减,后取值,――i 的结果是 i 自身,可作为左值。
(4)i――,后缀自减:先取值,后自减,i――得到 i 自减前的值。

后缀自增(i++)先把变量 i 的值复制到 CPU 内部的寄存器中,然后将内存中 i 的值加一。i++得到的是位于寄存器中的自增之前的值。后缀自减的原理与之类似。

左值(lvalue)的原意是指可以放在赋值符号"="左边的表达式。现在 C++中的含义已经不局限于此,左值被重新解释为内存位置(Memory Location)。

C++运算符的结合性分为左结合(从左往右)和右结合(从右往左)。前缀自增和前缀自减是自右向左结合的,而后缀自增和后缀自减是自左向右结合的。例如,前缀自增运算符是右结合的,"++++i"等价于"++(++i)",含义是变量 i 使用前缀自增执行了两次加一。而后缀自增是左结合的,但由于"i++"不是左值,"i++++"是错误的语法,会出现编译错误。

例 4.1 前缀自增和后缀自增的区别。

```
//increment.cpp
#include <cstdio>
using std::printf;
int main(int argc, char** argv){
    int i=7, m;
    m = ++i;           //i 先自增 1,再取 i 的值
    printf("前缀自增: i=% d m=% d\n", i, m);  //8 8
    i=7;
    m = i++;           //先取 i 的值,再自增 1
    printf("后缀自增: i=% d m=% d\n", i, m);  //8 7
```

```
    ++i = 12;            //++i 得到的是 i 自身,可以作为左值
    printf("i=% d\n", i); //12
    return 0;
}
```

【运行结果】

```
前缀自增: i=8 m=8
后缀自增: i=8 m=7
i=12
```

【代码解读】

从输出结果可见,无论前缀自增还是后缀自增,都会将变量 i 自增 1。前缀自增时,m 得到的是 i 加 1 之后的值;后缀自增时,m 得到的是 i 加 1 之前的值。

"++i"的结果是变量 i 自身,可以放在赋值表达式的左边,是左值。

printf 是 C 语言的格式化输出函数,f=format。printf 函数的第一个参数是格式化字符串,"%d"表示有符号十进制整数。

例 4.2 前缀自减和后缀自减的区别。

```
//decrement.cpp
#include <stdio.h>
int main(int argc, char** argv){
    int i=7, m;
    m = --i;             //i 先自减 1,再取 i 的值
    printf("前缀自减: i=% d m=% d\n", i, m); //6 6
    i = 7;
    m = i--;             //先取 i 的值,再自减 1
    printf("后缀自减: i=% d m=% d\n", i, m); //6 7
    --i = 12;            //--i 得到的是 i 自身,可以作为左值
    printf("i=% d\n", i); //12
    return 0;
}
```

【运行结果】

```
前缀自减: i=6 m=6
后缀自减: i=6 m=7
i=12
```

【代码解读】

从运行结果可见,无论前缀自减还是后缀自减,都会将变量 i 自减 1。前缀自减时,m 得到的是 i 减一之后的值;后缀自减时,m 得到的是 i 减一之前的值。

"--i"的结果是变量 i 自身,可以放在赋值表达式的左边,是左值。

例 4.3 包含自增和自减的表达式。

```
//IncDec.cpp
#include <stdio.h>
int main(int argc, char** argv){
    int a=8, b=6, c;
```

```
    c = a++ * 2 / --b;  //8 * 2/5=3
    printf("a=% d b=% d c=% d\n", a, b, c);//9 5 3
    return 0;
}
```

【运行结果】

a=9 b=5 c=3

【代码解读】

"a++"是后缀自增,取值得到 a 自增前的值 8,然后 a 自增 1 从 8 变成 9。

"--b"是前缀自减,b 先自减 1,从 6 变成 5,取值得到自减后的值 5。a、b 和 2 都是整数,按整数除法规则计算,8×2 除以 5 得 3。

4.2 条件运算符

条件运算符"?:"是 C++中唯一的一个三元运算符(操作符),三个运算数之间用"?"和":"隔开,形式为"c ? x : y",即:

条件表达式 c ? 条件为真时的表达式 x : 条件为假时的表达式 y

执行过程:先计算条件表达式 c,然后进行判断。如果 c 的值为真,则计算表达式 x 的值,运算结果为表达式 x 的值;否则,计算表达式 y 的值,运算结果为表达式 y 的值。一个条件表达式不会即计算 x,又计算 y。表达式 x 和表达式 y 的数据类型需一致。条件运算符构成的表达式是有值的,而 if-else 语句没有值。

条件运算符可以嵌套,即"c ? x : y"中的 x 和 y 也可以是条件运算符的表达式。

```
a ? (b ? c : d) : (e ? f : g)
```

条件运算符是右结合的:

```
a ? b : c ? d : e   等价于   a ? b : (c ? d : e)
```

其中,问号前面的均为条件表达式,非零即为真。

例 4.4 输入两个整数,求这两个数中较大的数。

```
//MaxNum3.cpp
#include <stdio.h>
int main(int argc, char** argv) {
    int a, b, m;
    printf("Input a and b: ");
    scanf("% d% d", &a, &b);            //&a 取变量 a 的地址
    printf("a=% d b=% d\n", a, b);
    m = a>b ? a : b;
    printf("m=% d\n", m);
    return 0;
}
```

【运行结果】

Input a and b: 5 9 ↵
a=5 b=9
m=9

【代码解读】

条件表达式判断"a＞b"是否成立。如果成立,就将冒号前面的 a 赋值给 m;如果不成立,就将冒号后面的 b 赋值给 m。

例 4.5 条件运算符中,冒号前后的表达式,只会计算其中一个。

```
//Only.cpp
#include <stdio.h>
int main(int argc, char** argv){
    int a=8, b, x=6, y=3;
    b = a>0 ? --x : --y;
    printf("x=% d y=% d b=% d\n", x, y, b); //5 3 5
    //y 仍然是 3,说明--y 没有执行
    b = a>10 ? --x : --y;
    printf("x=% d y=% d b=% d\n", x, y, b); //5 2 2
    //x 仍然是 5,说明--x 没有执行
    return 0;
}
```

【运行结果】

```
x=5 y=3 b=5
x=5 y=2 b=2
```

【代码解读】

第一个条件表达式执行后,y 没有自减 1,说明冒号后面的"－－y"没有执行。第二个条件表达式执行后,x 没有再次自减 1,说明冒号前面的"－－x"没有执行。

例 4.6 输入三个整数,求这三个数中最大的数。

```
//MaxNumABC.cpp
#include <stdio.h>
int main(int argc, char** argv){
    int a, b, c, m;
    printf("Input a b c: ");
    scanf("% d% d% d", &a, &b, &c);
    printf("a=% d b=% d c=% d\n", a, b, c);
    m = a>b ? (a>c?a:c) : (b>c?b:c);
    printf("m=% d\n", m);
    return 0;
}
```

【运行结果】

```
Input a b c: 5 9 2 ↵
a=5 b=9 c=2
m=9
```

【代码解读】

条件表达式首先判断"a＞b"是否成立。如果"a＞b"成立,则判断"a＞c",如果"a＞c"成立,则得到 a,否则得到 c。如果"a＞b"不成立,则判断"b＞c",如果"b＞c"成立,则得到 b,否则得到 c。

例 4.7 输入一个整数,判断是正数、负数,还是零。

```cpp
//Zero2.cpp
#include <iostream>
using namespace std;
int main(int argc, char** argv){
    cout << "Input m: ";
    int m;
    cin >> m;
    const char * s1, * s2;           //s1 和 s2 是指向常量字符的指针变量
    s1 = m>0 ? "大于零" : m<0 ? "小于零" : "等于零";
    s2 = m>0 ? "大于零" :(m<0 ? "小于零" : "等于零");
    cout << m << s1 << endl;
    cout << m << s2 << endl;
    return 0;
}
```

【运行结果】

```
Input m: -5
-5 小于零
-5 小于零
```

【代码解读】

条件运算符是右结合的,即结合方向是自右向左。因此,程序中的第一个条件表达式和第二个加了圆括号的条件表达式逻辑是一样的。执行顺序都是先判断"m>0"是否成立,如果成立则将字符指针指向常量字符串"大于零",否则进一步判断"m<0"是否成立,如果"m<0"成立,则将字符指针指向常量字符串"小于零",否则指向"等于零"。

字符指针是保存字符类型地址的变量。星号"＊"放在正在被定义的变量名前面,作用是定义指针。s1 和 s2 都是指针变量,用于保存常量字符串的第一个字符的地址。

4.3 逗号运算符

逗号运算符允许把几个表达式放在一起按顺序执行。整个逗号表达式的值为系列中最后一个表达式的值。例如:

表达式 1,表达式 2,表达式 3

求解过程:先求解表达式 1,再求解表达式 2,最后求解表达式 3。整个逗号表达式的值是表达式 3 的值,其他表达式的值会被丢弃。

例 4.8 逗号运算符。

```cpp
//commas.cpp
#include <stdio.h>
int main(int argc, char** argv){
    int a=5, b=2, c;
    c = (a++, b+=3, (a+1) * b++);
    printf("a=% d b=% d c=% d\n",a,b,c);//6 6 35
    return 0;
}
```

【运行结果】

a=6 b=6 c=35

【代码解读】

(1) a++将 a 从 5 自增成 6。

(2) b+=3 将 b 加上 3 从 2 变成 5。

(3) a+1 得到乘号前的值为 6+1=7,但不改变 a。

(4) b++先把 b 的当前值 5 复制到寄存器,然后内存中 b 的值自增 1 变成 6,乘号后面的值是寄存器中的 5。

(5) 乘法的运算数是 7 * 5,结果是 35。

(6) 逗号表达式最后一个表达式的值作为整个表达式的值,即 35。

例 4.9 for 循环中使用逗号运算符。

```cpp
//CommaFor.cpp
#include <stdio.h>
int main(int argc, char** argv){
    int i, j;
    for(i=0,j=20; i<10 && j>10; i++,j-=2){
        printf("i=% d j=% d\n", i, j);
    }
    printf("循环结束后: i=% d j=% d\n", i, j);
    return 0;
}
```

【运行结果】

i=0 j=20
i=1 j=18
i=2 j=16
i=3 j=14
i=4 j=12
循环结束后: i=5 j=10

【代码解读】

第一次循环开始前,逗号表达式"i=0,j=20"给两个变量赋值。在每一次循环末尾,逗号表达式"i++,j-=2"改变两个变量的值。当循环变量 j 等于 10 时,循环条件不再成立,循环结束。

4.4 基本运算符

运算符也称操作符,运算数也称操作数。根据运算数的个数,运算符分为一元运算符、二元运算符、三元运算符。

一元运算符只有 1 个运算数。例如:自增运算符"++"、逻辑非运算符"!"。

二元运算符有 2 个运算数。例如:加法运算符"+"、逻辑与运算符"&&"。

三元运算符有 3 个运算数。C++中唯一的三元运算符是条件运算符"?:"。

根据运算符的功能,C++的基本运算符分为算术运算符、关系运算符、逻辑运算符、位运算符、赋值运算符。

4.4.1 算术运算符

C++的算术运算符有一元运算符(+、-),二元运算符(+、-、*、/、%)。自增自减运算符(++、--)是一元的,在4.1节已经介绍。假设有变量定义:

```
int a=-9, b=7, x, y;
```

则:

正号和负号运算符(右结合):

```
+ (正号): x=+a;    //-9   y=+b; //7
- (负号): x=-a;    //9    y=-b; //-7
```

二元算术运算符(左结合):

```
+ (加): x=a+b;     //-2    把两个运算数相加
- (减): x=a-b;     //-16   从第一个运算数中减去第二个运算数
* (乘): x=a*b;     //-63   把两个运算数相乘
/ (除): x=a/2;     //-4    y=b/2; //3  分子除以分母,整数除法丢弃余数
% (求余): x=a%2;   //-1    y=b%2; //1  也称取模运算,求整除后的余数
```

例 4.10 算术运算符。

```
//arithmetic.cpp
#include <stdio.h>
int main(int argc, char** argv){
    int a=-9, b=7, x, y;
    x = +a;
    y = +b;
    printf("正号: x=%d y=%d\n",x,y); //-9  7
    x = -a;
    y = -b;
    printf("负号: x=%d y=%d\n",x,y); //9  -7
    x=a+b;
    printf("加号: x=%d\n",x); //-2
    x=a-b;
    printf("减号: x=%d\n",x); //-16
    x=a*b;
    printf("乘号: x=%d\n",x); //-63
    x=a/2;  y=b/2;
    printf("除号: x=%d y=%d\n",x,y); //-4  3
    x=a%2;  y=b%2;
    printf("求余: x=%d y=%d\n",x,y); //-1  1
    return 0;
}
```

【运行结果】

```
正号: x=-9 y=7
负号: x=9 y=-7
加号: x=-2
减号: x=-16
乘号: x=-63
除号: x=-4 y=3
求余: x=-1 y=1
```

4.4.2 关系运算符

关系运算符用于比较两个数的大小或是否相等,共有六个:＞、＞=、＜、＜=、==、!=。关系运算符均为二元运算符,都是左结合的。关系运算符的结果都是 bool 类型的,要么是 true,要么是 false。true 等于 1,false 等于 0。假设有变量定义:

```
int a=5, b=2, c=2;
bool x, y;
```

则:

```
>(大于): x= a>b; //1            y= b>a;  //0      z= b>c;  //0
>= (大于或等于): x= a>=b; //1    y= b>=a; //0      z= b>=c; //1
<(小于): x= a<b; //0            y= b<a;  //1      z= b<c;  //0
<= (小于或等于): x= a<=b; //0    y= b<=a; //1      z= b<=c; //1
== (等于): x= a==b; //0         y= b==a; //0      z= b==c; //1
!= (不等于): x= a!=b; //1        y= b!=a; //1      z= b!=c; //0
```

例 4.11 关系运算符。

```
//relational.cpp
#include <stdio.h>
int main(int argc, char** argv){
    int a=5, b=2, c=2;
    bool x, y, z;
    //大于
    x = a>b;      y = b>a;     z = b>c;
    printf("大于号: x=%d y=%d z=%d\n", x, y, z); //1 0 0
    //大于或等于
    x = a>=b;     y = b>=a;    z = b>=c;
    printf("大于或等于号: x=%d y=%d z=%d\n", x, y, z); //1 0 1
    //小于
    x = a<b;      y = b<a;     z = b<c;
    printf("小于号: x=%d y=%d z=%d\n", x, y, z); //0 1 0
    //小于或等于
    x = a<=b;     y = b<=a;    z = b<=c;
    printf("小于或等于号: x=%d y=%d z=%d\n", x, y, z); //0 1 1
    //等于
    x = a==b;     y = b==a;    z = b==c;
    printf("等于号: x=%d y=%d z=%d\n", x, y, z); //0 0 1
    //不等于
    x = a!=b;     y = b!=a;    z = b!=c;
    printf("不等于号: x=%d y=%d z=%d\n", x, y, z); //1 1 0
    return 0;
}
```

【代码解读】

比较大小在编程语言中是一种运算,称为关系运算,"2>5"的结果是 false,"2==5"的结果是 false,"2>=2"的结果是 true。

4.4.3 逻辑运算符

严格来讲,逻辑运算符的运算数只有 true 和 false,但是各种数据类型都能解释成真或者假。如果整数类型参与运算,则非零表示 true,零表示 false。逻辑运算符有三个:&&、||、!,分别是逻辑与(AND)、逻辑或(OR)、逻辑非(NOT),C++新式语法中也可以写成英文小写单词的形式:and、or、not。

&&(逻辑与):前后的表达式均为真时,结果才为真,左结合。

||(逻辑或):前后的表达式有一个为真时,结果就是真,左结合。

!(逻辑非):作用是将非零值变为 0,0 变成 1,右结合。

优先级:非>与>或。

在逻辑表达式求值时,并不一定所有的运算都被执行,求解过程中一旦可以确定整个逻辑表达式的值,其余的运算将不再进行。

逻辑表达式的运算数不仅可以是"short、int、long、long long"这样的整数类型,也可以是字符类型和指针类型。char 不仅可以表示字符,也是 1 个字节的整数类型,有符号数范围是 −128~+127,无符号数范围是 0~255。

指针类型用于保存内存地址,本质上就是整数。32 位程序中,指针是 32 位的整数;64 位程序中,指针是 64 位的整数。

C 语言使用宏定义了空指针:#define NULL ((void *)0),而 C++中将 NULL 定义成了零:#define NULL 0。在 C++中,虽然继承了 C 的 NULL 宏,但 NULL 优先解释为整型 0 而不是指针值,容易导致某些错误。故 C++11 引入了空指针常量 nullptr 来代替,它是值为 0 的指针常量。

可见,指针类型参与逻辑运算时,只要不是 NULL 或 nullprt,均为真。

例 4.12 逻辑运算符。

```
//logical.cpp
#include<stdio.h>
int main(int argc, char** argv){
    int a=0, b=5, c;
    if(a && b){
        printf("%d && %d 为真\n",a,b);
    }else{
        printf("%d && %d 为假\n", a, b);         //执行else分支
    }
    if(a || b){
        printf("%d || %d 为真\n", a, b);
    }
    if(!a){
        printf("!%d 为真\n", a);
    }
    if(a and b){
        printf("%d and %d 为真\n", a, b);
```

```
    }else{
        printf("%d and %d 为假\n", a, b);      //执行else分支
    }
    if(a or b){
        printf("%d or %d 为真\n", a, b);
    }
    if(not a){
        printf("not %d 为真\n", a);
    }
    char * p=NULL, * q=nullptr;              //空指针 指针变量可以放在if的圆括号中
    printf("p=%p q=%p\n", p, q);
    return 0;
}
```

【运行结果】

```
0 && 5 为假
0 || 5 为真
!0 为真
0 and 5 为假
0 or 5 为真
not 0 为真
p=0000000000000000 q=0000000000000000
```

【代码解读】

以上运行结果是64位程序的输出,指针p和指针q都是64位的指针变量,每个比特都是零,都是空指针。"%p"格式符用于输出一个指针的值,p=pointer。

例4.13 逻辑运算符判断成绩分段。

```
//Score.cpp
#include <stdio.h>
int main(int argc, char** argv){
    double score;
    printf("Input score: ");
    //fflush(stdout);                        //如果需要,可刷新标准输出流
    scanf("%lf", &score);                    //%lf=long float 表示double
    if(score>=80 && score<90){               //与
        printf("成绩处于[80,90)分数段\n");
    }
    if(score>100 || score<0){                //或
        printf("无效的成绩\n");
    }
    if(!(score<60) && score<=100){           //非
        printf("成绩通过\n");
    }
    return 0;
}
```

【运行结果】

```
Input score: 87 ↵
成绩处于[80,90)分数段
成绩通过
```

【代码解读】

在这个程序中,逻辑运算符的运算数是关系表达式。"score>=80"的结果作为逻辑与的第一个运算数,"score<90"的结果作为逻辑与的第二个运算数。逻辑非运算符将后面圆括号中"score<60"的值取反,含义是"不小于60"。由于逻辑非的优先级比小于号的优先级高,需要将"score<60"用圆括号包起来再取反。

例4.14 逻辑表达式的求值不一定执行所有运算。

```cpp
//LogiExp.cpp
#include <stdio.h>
int main(int argc, char** argv){
    int x=5, y=7;
    bool flag = x>10 && ++y>0;        //y会自增1吗?
    printf("flag=%d y=%d\n", flag, y); //0 7
    flag = x<10 || --y>0;              //y会自减1吗?
    printf("flag=%d y=%d\n", flag, y); //1 7
    return 0;
}
```

【运行结果】

```
flag=0 y=7
flag=1 y=7
```

【代码解读】

"x>10"不成立,而0与任何表达式进行逻辑与运算结果都为0,只计算"x>10"得到0就可以确定整个表达式的值,不会进一步计算"&&"后面的"++y>0"。

"x<10"成立,而1与任何表达式进行逻辑或运算结果都为1,只计算"x<10"得到1就可以确定整个表达式的值,不会进一步计算"||"后面的"--y>0"。

4.4.4 位运算符

位运算把运算对象看成由二进制位组成的位串,按位完成指定的运算。C++的位运算符有六个:按位取反(~)、按位与(&)、按位或(|)、按位异或(^)、左移(<<)、右移(>>)。~是右结合的一元运算符,其他都是左结合的二元运算符。

取反的运算规则:~0=1; ~1=0;

与的运算规则:0&0=0; 0&1=0; 1&0=0; 1&1=1;

或的运算规则:0|0=0; 0|1=1; 1|0=1; 1|1=1;

异或的运算规则:0^0=0; 0^1=1; 1^0=1; 1^1=0。

左移是将一个数的各二进制位全部左移若干位,左边的二进制位丢弃,右边补0。右移是将一个数的各二进制位全部右移若干位,右边丢弃,正数左边补0,负数左边补1。

C++中,0x开头表示十六位数,1位十六进制数对应4位二进制数。无符号1字节整数a和b的定义如下:

```
unsigned char a = 0x3C;       //0x3C = 0011 1100
unsigned char b = 0x0D;       //0x0D = 0000 1101
```

则

```
&(按位与)：c = a & b;              //0x0C = 0000 1100
|(按位或)：c = a | b;              //0x3D = 0011 1101
~(按位取反)：c = ~a;               //0xC3 = 1100 0011
^(按位异或)：c = a ^ b;            //0x31 = 0011 0001
<<(左移)：c = a << 2;              //0xF0 = 1111 0000
>>(右移)：c = a >> 2;              //0x0F = 0000 1111
```

例 4.15 位运算符。

```
//bit.cpp
#include <stdio.h>
int main(int argc, char** argv){
    unsigned char a = 0x3C;            //0x3C = 0011 1100
    unsigned char b = 0x0D;            //0x0D = 0000 1101
    unsigned char c;                   //1字节整数
    c = a & b;                         //0x0C = 0000 1100
    printf("a&b = %02X\n", c);         //%X 以 16 进制形式输出
    c = a | b;    //0x3D = 0011 1101
    printf("a|b = %02X\n", c);
    c = ~a;                            //0xC3 = 11000011
    printf("~a = %02X\n", c);
    c = a ^ b;    //0x31 = 0011 0001
    printf("a^b = %02X\n", c);
    c = a << 2;                        //0xF0 = 1111 0000
    printf("a<<2 = %02X\n", c);
    c = a >> 2;                        //0x0F = 0000 1111
    printf("a>>2 = %02X\n", c);
    return 0;
}
```

【运行结果】

```
a&b = 0C
a|b = 3D
~a = C3
a^b = 31
a<<2 = F0
a>>2 = 0F
```

【代码解读】

"unsigned char"是 1 字节的无符号整数。按位取反是每个比特位从 0 变成 1，从 1 变成 0。按位与(AND)、按位或(OR)、按位异或(XOR)是两个运算数的对应比特位进行运算。左移和右移是全部二进制位的移动。

4.4.5 赋值运算符

在 C++ 中，单个等号"="是基本的赋值运算符，可以实现赋值或初始化的功能。赋值(Assignment)是给一个已有的变量一个新的值，这个变量是已经存在的，原来的值被擦去，更新为新的值。初始化(Initialization)是给一个变量赋初值，此时正在定义这个变量，语句最前面是数据类型。

赋值运算符的左边是一个左值表达式，即表示内存位置的表达式。赋值运算符的优先级低于C++中绝大多数运算符。只有异常运算符和逗号运算符的优先级比赋值运算符低。

例 4.16　赋值与初始化。

```
//AssignAndInit.cpp
#include <stdio.h>
int main(int argc, char** argv){
    int x=10;              //定义局部变量x的时候初始化为10
    int y;                 //定义局部变量y，y的值是分配给y的内存中原有的数据
    y = 20;                //赋值，将已经存在的变量y的值更新为20
    printf("x=%d y=%d\n", x, y);
    int *p = &x;           //将变量x的地址取出来，作为指针变量p的初值
    *p = 30;               //*p访问变量x的内存位置，int是4字节
    printf("x=%d *p=%d\n", x, *p);
    return 0;
}
```

【运行结果】

```
x=10 y=20
x=30 *p=30
```

【代码解读】

定义变量x时，后面等号的作用是初始化。变量y在赋值前已经定义完成，"y=20;"前面没有数据类型，等号的作用是赋值，也就是将常量20复制给变量y。"int *p;"中，*的作用是定义指针变量，变量名是p。整数指针变量是保存整数变量内存地址的变量。"*p=30;"中，*的作用是解引用，即引用指针p指向的位置。"*p"是左值，它访问的是p指向的变量x。变量x的类型是int，在内存中占4字节。

复合赋值运算符

在赋值运算符前面加上算数运算符或位运算符，可以构成复合赋值运算符，作用是两个运算数完成指定的运算后将运算结果赋值给第一个运算数。复合赋值运算符实际上是一种缩写形式，使得对变量的改变更为简洁。C++的复合赋值运算符如表4-1所示。

表4-1　复合赋值运算符

运算符	描　　述	举　　例
+=	加且赋值运算符	C += A 相当于 C = C + A
-=	减且赋值运算符	C -= A 相当于 C = C - A
*=	乘且赋值运算符	C *= A 相当于 C = C * A
/=	除且赋值运算符	C /= A 相当于 C = C / A
%=	求余且赋值运算符	C %= A 相当于 C = C % A
&=	按位与且赋值运算符	C &= A 相当于 C = C & A
|=	按位或且赋值运算符	C |= A 相当于 C = C | A
^=	按位异或且赋值运算符	C ^= A 相当于 C = C ^ A
<<=	左移且赋值运算符	C <<= 2 相当于 C = C << 2
>>=	右移且赋值运算符	C >>= 2 相当于 C = C >> 2

4.5 优先级与结合性

运算符具有优先级(Precedence)和结合性(Associativity)。运算符的优先级是不同运算符在一个表达式中运算的先后顺序。运算符的结合性：当一个运算数两侧的运算符优先级相同时，运算数的结合方向。

一个表达式可能包含多个由不同运算符连接起来的、具有不同数据类型的数据对象。由于表达式包含多种运算，不同的运算顺序可能得出不同结果，甚至出现运算错误。当表达式中含多种运算时，需按照不同运算符的优先级进行运算，才能保证运算的合理性和结果的正确性、唯一性。运算符的优先级确定表达式中运算数的组合。如果想改变运算数的组合，可以使用圆括号。

比如，乘除运算符具有比加减运算符更高的优先级。例如，x＝9＋3＊2，x 被赋值为 15，而不是 24。因为运算符 ＊ 具有比 ＋ 更高的优先级，所以先计算乘法 3＊2，然后再计算 9＋6 得到 15。如果想先执行加法运算，需要使用圆括号，x＝(9＋3)＊2 的结果是 24。

如果表达式中一个运算数两侧是同一优先级的运算符，其运算次序是按运算符的结合性来处理的。比如赋值运算符是从右向左结合的，"a＝b＝c;"先将 c 赋给 b，再将 b 赋给 a。

C++ 中全部运算符的优先级和结合性如表 4-2 所示。

表 4-2 运算符优先级

类 别	运 算 符	结合性
作用域	::	左结合
后缀	++ -- ( ) [ ] . ->	
前缀	++ -- ＋ － ! ~ (type) ＊ & castname_cast<type>(expression) new new[ ] delete delete[ ] sizeof typeid	右结合
成员指针	.＊ ->＊	左结合
乘除	＊ / %	
加减	＋ －	
移位	<< >>	
关系	< <= > >=	
相等	== !=	
按位与	&	
按位异或	^	
按位或	|	
逻辑与	&&	
逻辑或	||	

续表

类别	运算符	结合性
条件	?:	
赋值	= += -= *= /= %= <<= >>= &= ^= |=	右结合
异常	throw	
逗号	,	左结合

表 4-2 中有不少读者不熟悉的运算符,本书会在后续章节中介绍。"<<"是 C 语言的按位左移运算符,C++ 中增加了新的含义,也是流插入运算符。">>"是右移运算符,也是流提取运算符。把双小于号和双大于号理解成是箭头,那么箭头的方向就是数据传输的方向。

根据运算数的个数,运算符分为一元运算符、二元运算符、三元运算符。一元运算符只有 1 个运算数,也称单目运算符;二元运算符有 2 个运算数,也称双目运算符,三元运算符有 3 个运算数,也称三目运算符。运算符的结合性和优先级有一定规律。

结合性的规律:
(1) 赋值运算符、条件运算符是右结合的。
(2) 前缀的单目运算符是右结合的,比如++i 是右结合的,而 i++是左结合的。

优先级的规律:
(1) 通常,单目高于双目,双目高于三目,三目高于赋值。
(2) 双目运算符中,算术运算 > 移位运算 > 关系运算 > 位运算 > 逻辑运算。
(3) 逻辑非作为单目运算符,优先级非常高,逻辑与的优先级高于逻辑或。
(4) 作用域运算符优先级最高,逗号运算符的优先级最低。

例 4.17 运算符的结合性。

```
//Associativity.cpp
#include <cstdio>
int main(int argc, char** argv){
    int a=1, b=2, c=3;
    a = b = c;              //赋值运算符右结合
    std::printf("a=%d b=%d c=%d\n", a, b, c); //3 3 3
    a += a += 2;            //先执行 a+=2  3+2->a  5+5->a
    (c += c) += 2;          //先执行 c+=c  3+3->c  c+2->c
    std::printf("a=%d c=%d\n", a, c); //10 8
    return 0;
}
```

【运行结果】

a=3 b=3 c=3
a=10 c=8

【代码解读】
赋值运算符是右结合的,执行逻辑见代码注释。

例 4.18 运算符的优先级。

```
//Precedence.cpp
#include <iostream>
```

```
using namespace std;
int main(int argc, char** argv){
    int a=-5, b=-5;
    //cout << a >= b;         //等价于 (cout << a) >= b;
    //(cout<<a)的结果是 cout 自身, cout>=b 是错误的语法：ostream>=int
    cout << (a >= b); //1
    cout << " ";
    int x, y;
    x = !a<b;                 //!a 先执行,得到 0,然后计算"0 < -5"得到 0
    y = !(a<b);               //a<b 先执行,得到 0,然后计算"!0"得到 1
    cout << x << " " << y << endl;
    return 0;
}
```

【运行结果】

```
1 0 1
```

【代码解读】

流插入运算符"<<"的优先级高于大于或等于运算符">=",如果希望先执行关系运算,需要将关系表达式加上圆括号：cout <<(a >=b)。

逻辑非是一元运算符,优先级比关系运算高,想表达"不是 a 小于 b"的逻辑,需要加圆括号改变表达式的求值顺序：!(a＜b)。

4.6 * 与 & 的作用

"*"的英文名称是 Asterisk,作用有三种：
(1) 作为二元算数运算符,实现两个运算数相乘。
(2) 用于定义指针变量,如语句"int * p;",定义了指针变量 p。
(3) 作为解引用运算符,作用是访问指针指向的内存空间,如"* p＝123;"。

```
int * p;           //定义指针变量 p
int m;             //定义整数变量 m
p = &m;            //将变量 m 的地址赋值给指针变量 p
* p = 123;         //访问指针指向的内存空间,也就是访问 m
```

"&"的英文名称是 Ampersand,作用有三种：
(1) 定义引用变量,引用即别名,定义时必须初始化。

```
int a=10;
int &b=a;          //b 是 a 的别名
```

(2) 取地址运算：可以取变量地址、函数地址、对象地址。
(3) 按位与运算：两个整数对应二进制位之间进行与运算。

"&&"有两个作用：逻辑与运算、定义右值引用。

右值引用是新式 C++ 的语法,之所以引入右值引用,是为了避免复制以提高效率。比如：

```
    BigObject&& big = MakeBigObject();        //引用右值,避免生成新对象
```

例 4.19 右值引用。

```
//Ampersand.cpp
#include <iostream>
using namespace std;
struct BigObject{
    char data[4 * 1024];                      //4KB
    ~BigObject(){ std::cout << "大对象销毁\n"; }
};
BigObject&& MakeBigObject(){                  //产生 BigObject 对象的函数
    return (BigObject&&)BigObject();          //返回临时对象的引用
}
int main(){
    BigObject&& big = MakeBigObject();        //引用右值,避免生成新对象
    return 0;
}
```

【运行结果】

大对象销毁

【代码解读】

MakeBigObject 函数返回了函数内部创建的临时对象,主函数中的对象 big 引用了右值,成了函数返回的临时对象的引用,使临时对象获得了重生。从运行结果看,析构函数仅执行了一次,这证明程序只创建了一个 BigObject 对象。

4.7 作用域运算符

作用域运算符"::"是 C++ 中优先级最高的运算符,是左结合的,作用是明确符号的作用域。作用域有三种:全局作用域、类作用域、命名空间作用域。

例 4.20 作用域运算符。

```
//Scope.cpp
#include <iostream>
using std::cout;              //引用命名空间 std 下的对象 cout
using std::endl;              //引用命名空间 std 下的流操纵子 endl
int num = 100;                //全局作用域下的全局变量
namespace myspace{
    int num = 200;            //命名空间作用域下的命名空间局部变量
}
class Item{                   //定义类 Item
public:
    static int num;           //类作用域下的静态成员变量
}item1,item2;                 //定义 2 个 Item 类的对象
int Item::num=300;            //类外初始化静态成员
```

```cpp
int main(int argc, char** argv){
    cout << ::num << endl;                          //全局变量 num
    cout << myspace::num << endl;                   //命名空间 myspace 中的 num
    cout << Item::num << endl;                      //类 Item 的静态成员变量 num
    int num;                                        //定义作用域是 main 函数的局部变量
    num = ::num + myspace::num + Item::num;         //4 个不同的变量
    cout << num << endl;                            //局部变量 num
    return 0;
}
```

【运行结果】

```
100
200
300
600
```

【代码解读】

"::num"中作用域运算符前面没有任何符号,此时访问全局作用域里面的全局变量 num。"myspace::num"中作用域运算符前面是命名空间 myspace,此时访问命名空间 myspace 内部的命名空间局部变量 num。"Item::num"中作用域运算符前面是类名 Item,此时访问类的静态成员变量 num。

代码进入一个更小的作用域后,可以定义和外面同名的变量。比如,进入 myspace 命名空间后,定义了作用域是这个命名空间的变量 num;在 main 函数中定义了作用域是主函数的局部变量 num。在更小作用域内定义了同名变量,则更大作用域内的变量被隐藏。

"public:"用于定义公共成员,public 关键字指定这些成员可以从任何函数访问。类定义末尾的右半花括号后面需要跟一个分号,分号和右半花括号之间可以定义多个对象。类的静态成员变量属于类,而不属于对象,需要在类外初始化。程序通过"类名::成员名称"来访问类的静态成员。

4.8 sizeof 运算符

sizeof 是一个关键字,它是编译时运算符,用于获得表达式或数据类型在内存中所占的字节数。

例 4.21 sizeof 运算符。

```cpp
//sizeof.cpp
#include <iostream>
using namespace std;
int main(int argc, char** argv){
    //整数
    cout << "char: " << sizeof(char) << endl;           //1
    cout << "short: " << sizeof(short) << endl;         //2
    cout << "int: " << sizeof(int) << endl;             //4
    cout << "long: " << sizeof(long) << endl;           //4
    cout << "long long: " << sizeof(long long) << endl; //8
```

```
    //浮点数
    cout << "float: " << sizeof(float) << endl;//4
    cout << "double: " << sizeof(double) << endl;//8
    cout << "long double: " << sizeof(long double) << endl;//16 or 12 or 8
    char a1;            //字符型
    short a2;           //短整数
    int a3;             //整数
    long a4;            //整数
    long long a5;       //长整数
    cout << "a1(char): " <<sizeof(a1) <<endl; //char 1
    cout << "a2(short): " <<sizeof(a2) <<endl; //short 2
    cout << "a3(int): " <<sizeof(a3) <<endl; //int 4
    cout << "a4(long): " <<sizeof(a4) <<endl; //long 4
    cout << "a5(long long): " <<sizeof(a5) <<endl; //long long 8
    float x;            //单精度浮点数
    double y;           //双精度浮点数
    long double z;      //长双精度浮点数
    cout << "x(float): " << sizeof(x) <<endl; //char 4
    cout << "y(double): " << sizeof(y) <<endl; //char 8
    cout << "z(long double): " <<sizeof(z) <<endl; //char 16 or 12 or 8
    return 0;
}
```

【代码解读】

sizeof()是运算符,不是函数,圆括号中可以是数据类型,也可以是一个表达式。常用数据类型的字节数见程序注释。

习 题

1. 执行完下列语句后,a、b、c 三个变量的值是多少?

```
int a=100, b, c;
b = a++;
c = ++a;
```

2. 输入一个整数 x,求 x 的符号。x>0,符号为 1;x=0,符号为 0;x<0,符号为 −1。

3. 执行完以下逗号表达式后,a、b、c 三个变量的值是多少?

```
int a=1, b=2, c;
c = (++a, a+=b++, a++);
```

4. 执行完以下赋值表达式后,a、b、c 三个变量的值是多少?

```
int a=10, b=20, c;
c = a = b;
```

5. 执行完下列语句后,变量 c 的值是多少?

```
int a=10, b=20, c;
c = a >= b;
```

6. 下面两条语句,第一条可以编译运行,第二条出现编译错误,为什么?

```
cout << (a < b);
cout << a < b;
```

7. 下面程序中,if 语句块是否会执行?变量 y 的值是多少?为什么?

```
int x=15;
if(0 <= x <= 10){
    cout << "x 位于 0 和 10 之间!!!\n";
}
int y = 0 <= x <= 10;
cout << "y=" << y << endl;
```

8. 以下条件表达式中,"||"后面的逻辑与表达式是否需要加圆括号?为什么?

```
char ch = 'c';
if(ch >= 'A' && ch <= 'Z' || ch >= 'a' && ch <= 'z')
    cout << "字符" << ch << endl;
```

9. 下面程序中,if 语句块是否会执行?为什么?

```
int x=0;
if(x=3)
    cout << "x 等于 3";
```

第 5 章　数 据 类 型

数据是程序处理的对象,数据可以依据自身的特点分成不同的类型。计算机内部只有二进制比特位,取值只能是 0 或 1。计算机科学家设计了多种数据类型,用 0 和 1 表示各种不同类型的数据。

5.1　数据类型概述

使用 C++ 语言编写程序时,需要用到各种变量来存储各种信息。变量名保留的是它所存储的值的内存位置。当定义一个变量时,就会在内存中分配一定的存储空间。C++ 提供了种类丰富的内置数据类型和用户自定义数据类型,如图 5-1 所示。

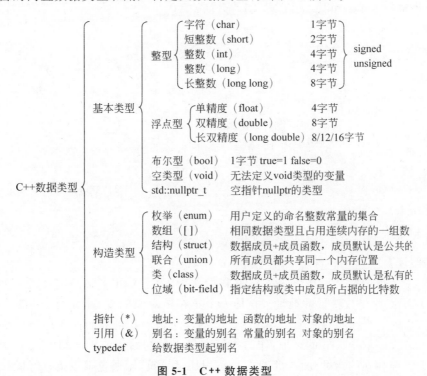

图 5-1　C++ 数据类型

C++ 提供的基本数据类型有整型、浮点型、布尔型、空类型、空指针类型。用户自定义的构造类型有枚举、数组、结构、联合、类、位域。C++ 提供了不同长度的有符号整数和无符号整数。C++ 浮点数类型使用 IEEE-754 标准表示实数的近似值。

指针是一个变量,其值为另一个变量的地址,即内存位置的直接地址。不同类型的指针变量保存不同类型的内存地址。将整数变量的地址取出来,可以保存在整数指针中;将整数指针变量的地址取出来,可以保存在指向整数指针的指针中;将函数的地址取出来,可以保存在函数指针中;将对象的地址取出来,可以保存在对象指针中。

引用变量是一个别名,也就是说,它是某个已存在变量的另一个名字。一旦把引用初始化为某个变量的别名,就可以使用该引用来访问那个变量。常引用可以引用一个常量。对象的引用是一个对象的别名。

C++中,还可以使用typedef关键词为已有的数据类型定义别名,通过给出有具体意义的别名,可以使程序中的类型使用更明确。

5.2 指针和引用

指针(Pointer)是一个整数,保存的是另外一个变量的地址,即它指向内存中的另一个地方。引用(Reference)是某一个变量的一个别名,对引用的操作与对原变量直接操作完全一样,引用必须在定义时初始化。

如果想表示指针不指向任何位置,C++提供空指针nullptr,它是std::nullptr_t类型的常量。C++兼容C语言的空指针NULL。nullptr和NULL的区别:nullprt是指针类型,而NULL是整数类型。nullptr和NULL都等价于0。

例5.1 理解指针。

```cpp
//Pointer.cpp
#include <iostream>
using namespace std;
int main(int argc, char** argv){
    int n = 100;
    int *p = &n; //& 取地址  * 定义指针
    *p = 200;    //* 解引用符
    cout << n << " " << *p << endl; //200 200
    return 0;
}
```

【运行结果】

200 200

【代码解读】

程序在主函数中定义了整数变量n,并初始化为100。"int * p"是定义了一个整数指针变量p,可用于保存整数变量的地址。p是一个正在被定义的变量,此时 * 的作用是定义指针变量。作为一个已经存在的变量n,"&n"的含义是取变量n的内存地址,此时 & 是取地址运算符。程序取变量n的地址,作为指针变量p的初始化值。语句"* p=200;"中,*后面是一个已经存在的指针变量,此时 * 是解引用运算符,即通过整数指针p间接访问它所指向的变量n,结果是将变量n赋值为200。

例5.2 理解引用。

```cpp
//Reference.cpp
#include <iostream>
```

```
using namespace std;
int main(int argc, char** argv){
    int a = 300;
    int &b = a;    //&用来定义引用,b是a的别名,定义引用时必须初始化
    b = 500;
    cout << a << " " << b << endl;  //500 500
    return 0;
}
```

【运行结果】

500 500

【代码解读】

程序在主函数中定义了整数变量 a,并初始化为 300。语句"int &b=a;"定义了引用变量 b,将 a 作为引用的初始化值,b 成为 a 的别名。b 是一个正在被定义的变量,此时 & 的作用是定义引用变量。语句"b=500;"执行后,变量 a 的值也被修改成了 500,因为 b 就是 a。

例 5.3 理解指向指针的指针。

```
//PointerPointer.cpp
#include <cstdio>
#include <iostream>
using namespace std;
int main(int argc, char** argv){
    int n = 100;
    int *p = &n;              //取变量n的地址,作为指针变量p的初值
    int **q = &p;             //取指针p的地址,作为指向指针的指针q的初值
    **q = 600;                //2次解引用访问n*q得到p**q得到n
    cout << n << " " << *p << " " << **q << endl;  //600 600 600
    cout << sizeof(p) << " " << sizeof(q) << endl;  //8 8
    //p是整数指针,类型是int*,指向n
    printf("memory address of n: %p %p\n", p, &n);
    //q是指向整数指针的指针,类型是int**,指向p
    printf("memory address of p: %p %p\n", q, &p);
    return 0;
}
```

【运行结果】

600 600 600
8 8
memory address of n: 000000F126AFF7D4 000000F126AFF7D4
memory address of p: 000000F126AFF7F8 000000F126AFF7F8

【代码解读】

程序在主函数中定义了整数变量 n,并初始化为 100;取整数变量 n 的地址,作为整数指针变量 p 的初始化值;取指针 p 的地址,作为指向整数指针的指针 q 的初始化值。指针 p 的数据类型是 int*,指针 q 的数据类型是 int**。

对于已经存在的指针 q，*q 是解一次引用得到 p，**q 是解两次引用得到 n。因此，语句"**q＝600;"将变量 n 的值修改为 600。

输出语句中，n、*p、**q 访问的都是整数变量 n，因此输出三个 600。

指针变量自身是一个无符号整数，占用的字节数取决于程序编译成 32 位应用，还是编译成 64 位应用。如果程序编译成 32 位应用，每个指针变量占用 4 字节内存。如果编译成 64 位应用，每个指针变量占用 8 字节内存。指针变量的值是一个内存地址，是无符号的整数，可以使用格式控制符 %p 输出这个值。

如果将程序编译成 X64 指令系统 CPU 的应用程序，则程序执行了 main 函数中前 4 行代码后，n、p、q 之间的关系如图 5-2 所示。n 是一个有符号整数变量，占 4 字节。X64 指令系统采用小端(Little Endian)格式存放多字节数据。Little Endian 格式是在低字节中存放数据的低位有效字节。变量 n 的 4 字节的值依次是 58、02、00、00，理解这个数的时候要从高到低按字节倒着看才行，即 00、00、02、58。0x00000258 就是十进制数 600。

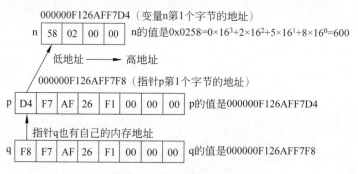

图 5-2 指向指针的指针

变量 n 在内存中的地址是 000000F126AFF7D4。将变量 n 的地址取出来保存在整数指针变量 p 里面。指针 p 的 8 字节的值依次是 D4、F7、AF、26、F1、00、00、00，理解这个数的时候也需要从高到低按字节倒着看。

指针 p 作为一个变量，保存在内存中，也是有地址的：000000F126AFF7F8。取指针 p 的地址保存在变量 q 中，则变量 q 是一个指向指针的指针。

5.3 ASCII 码

ASCII(American Standard Code for Information Interchange)即美国信息交换标准码，是一套标准的单字节英文编码方案。它是由美国国家标准学会（American National Standard Institute，ANSI）制定的，后来它被国际标准化组织（International Organization for Standardization，ISO）定为国际标准，称为 ISO 646 标准。

标准 ASCII 码使用 7 位二进制数来表示 128 个字符，如表 5-1 所示。它使用 7 位二进制数来表示所有的大写和小写字母、数字 0～9、标点符号，以及特殊控制字符，取值范围是 0000 0000～0111 1111(0～127)，其中 0～31 和 127 是控制字符或通信专用字符，其余为可显示字符。扩展 ASCII 码是最高位为 1 的 8 位二进制数，用来表示特殊符号字符、外来语字母和图形符号，取值范围是 1000 0000～1111 1111(128～255)。

第 5 章 数据类型

表 5-1 标准 ASCII 码

低位		高位															
		ASCII 码控制字符							ASCII 码打印字符								
		0000			0001			0010		0011		0100		0101		0110	0111
		0			1			2		3		4		5		6	7
	值	代码	转义	字符解释	值	代码	字符解释	值	字符	值	字符	值	字符	值	字符	值 字符	值 字符
0000	0	NUL	\0	空字符	16	DLE	数据链路转义	32	空格	48	0	64	@	80	P	96 `	112 p
0001	1	SOH		标题开始	17	DC1	设备控制 1	33	!	49	1	65	A	81	Q	97 a	113 q
0010	2	STX		正文开始	18	DC2	设备控制 2	34	"	50	2	66	B	82	R	98 b	114 r
0011	3	ETX		正文结束	19	DC3	设备控制 3	35	#	51	3	67	C	83	S	99 c	115 s
0100	4	EOT		传输结束	20	DC4	设备控制 4	36	$	52	4	68	D	84	T	100 d	116 t
0101	5	ENQ		查询请求	21	NAK	否定应答	37	%	53	5	69	E	85	U	101 e	117 u
0110	6	ACK		肯定应答	22	SYN	同步空闲	38	&	54	6	70	F	86	V	102 f	118 v
0111	7	BEL	\a	响铃	23	ETB	传输块结束	39	'	55	7	71	G	87	W	103 g	119 w
1000	8	BS	\b	退格	24	CAN	取消	40	(	56	8	72	H	88	X	104 h	120 x
1001	9	HT	\t	横向制表	25	EM	介质末端	41	)	57	9	73	I	89	Y	105 i	121 y
1010	A	LF	\n	换行	26	SUB	替换	42	*	58	:	74	J	90	Z	106 j	122 z
1011	B	VT	\v	纵向制表	27	ESC	取消	43	+	59	;	75	K	91	[	107 k	123 {
1100	C	FF	\f	换页	28	FS	文件分隔符	44	,	60	<	76	L	92	\	108 l	124	
1101	D	CR	\r	回车	29	GS	组分隔符	45	-	61	=	77	M	93	]	109 m	125 }
1110	E	SO		移出	30	RS	记录分隔符	46	.	62	>	78	N	94	^	110 n	126 ~
1111	F	SI		移入	31	US	单元分隔符	47	/	63	?	79	O	95	_	111 o	127 DEL

例 5.4 标准 ASCII 码中的可显示字符。

```
//ASCII.cpp
#include <stdio.h>
int main(int argc, char** argv){
    for(int i=32; i<=126; i++){
        printf("%3u %02X %c\n", i, i, i);
    }
    return 0;
}
```

【代码解读】

程序将整数 32~126 以三种形式输出：无符号十进制整数、十六进制数、字符。%3u 表示占 3 个字符宽度的无符号十进制整数。%02X 表示占 2 个字符宽度的无符号大写十六进制整数，不足 2 位填 0。%c 表示一个字符。十进制数 32~126 对应的二进制数是 0010 0000 ~0111 1110，对应的十六进制数是 20~7E，这个范围是 ASCII 码的可显示字符。比如，32 是空格，48 是零，126 是波浪线。

```
0010 0000 =  32 = 0x20 = ' '  空格
0011 0000 =  48 = 0x30 = '0'  零
0111 1110 = 126 = 0x7E = '~'  波浪线
```

例 5.5 英文字母、数字、换行的 ASCII 码。

```
//Character.cpp
#include <iostream>
using namespace std;
int main(int argc, char** argv){
    //英文字母的 ASCII 编码
    if('A'==65){                                //0100 0001
        cout << "A 的编码是 65\n";              //会执行
    }
    cout << (char)97 <<endl;                    //'a'=97=0110 0001

    //数字的 ASCII 编码
    char ch = 48;                               //0011 0000
    cout << ch << endl;                         //'0'=48
    ch = '3';                                   //0011 0011 字符 3
    if(51==ch){
        cout << "字符 3 和整数 51 是相等的\n";
    }
    int m = ch-'0';                             //减去 48
    cout << "m=" << m << endl;                  //数值 3

    //10 是换行符，把 10 作为字符输出会导致换行
    ch = 10;                                    //00001010
    cout << ch << ch <<"2LFs\n";                //先做 2 次换行
    cout << (10 == '\n');                       //1
    return 0;
}
```

【运行结果】

```
A 的编码是 65
a
0
字符 3 和整数 51 是相等的
m=3
[空行]
[空行]
2LFs
1
```

【代码解读】

大写字母 A 的编码是 0100 0001，和整数 65 相等。小写字母 a 的编码等于十进制的 97，因此将 97 强制转换成字符型输出，结果是输出小写字母 a。字符'0'的编码是 48，因此将 48 赋值给字符型变量 ch，然后输出 ch，结果是输出 0。字符'3'和整数 51 是相等的，字符'3'减去字符'0'等价于 51－48，得到数值 3。换行的编码是 0000 1010，等于十进制的 10，将 10 作为字符输出，结果就是换行。换行是不可显示字符，需要转义表示，'\n'表示换行。流操纵子 endl 是一个函数，它输出一个换行符'\n'并刷新输出缓冲区。

ASCII 码中，0～31 和 127 是控制字符，如 10 是换行，13 是回车。内存中只有 0 和 1，计算机使用比特串表示各种类型的数据，也就是编码。控制字符也使用数值进行编码。

```
0000 1010 =   10 = 0x0A = '\n' 换行(Line Feed,LF)
0000 1101 =.  13 = 0x0D = '\r' 回车(Carriage Return,CR)
```

CR 最原始的含义是将针式打印机的打印头移动到最左边，即一行的开始（行首），并没有移到下一行的意思。LF 直译为"给打印机喂一行"，是移动打印头到下一行的意思。Windows 中的文本文件的换行符是"\r\n"，而 Linux 中是"\n"，即 Windows 文本文件用字符 CR 和字符 LF 表示换行，Linux 只用 LF 表示换行。

例 5.6 将字符数组中的数字转换为整数。

```cpp
//StrToInt.cpp
#include <iostream>
using namespace std;
int main(int argc, char** argv){
    char data[100] = "5678";        //字符数组
    char *p=data;                   //字符指针 p 指向第一个字符'5'
    int  s = 0;                     //转换后的整数
    while(*p){                      //同 *p!='\0'，遇到 0 的时候停止
        s = s*10 + (*p-'0');        //'0'等于 48
        p++;                        //指针指向下一个字符
    }
    cout << "s = " << s << endl;
    cout << "2*s = " << 2*s << endl;
    return 0;
}
```

【运行结果】

```
s = 5678
2 * s = 11356
```

【代码解读】

变量 data 是一个拥有 100 个字符的字符数组,里面保存的是 53、54、55、56、0,后面还有 95 字节的 0。53 是字符'5'的 ASCII 码,54 是字符'6'的 ASCII 码,55 是字符'7'的 ASCII 码,56 是字符'8'的 ASCII 码。

C 语言中,空字符 NUL 被定义为字符串的结束符。空字符是 ASCII 码中的第一个字符,编码是 0000 0000,使用转义字符'\0'表示,和整数 0 相等。常量字符串"5678"的末尾有一个隐含的空字符'\0',也就是一字节中每个比特都是 0 的字符。

C 的语法允许在定义字符数组时使用常量字符串初始化字符数组。程序中使用常量字符串"5678"初始化字符数组 data,编译器是将 53、54、55、56 和隐含的'\0'复制到了字符数组中前 5 个元素的位置。

数组作为局部变量定义时,如果没有初始化,数据是不确定的。如果程序给出了部分初值,编译器会将剩余的空间清零。data 是 100 个字符的字符数组,前 5 个字符使用常量字符串"5678"初始化,后面 95 个字符编译器负责清零。"5678"是位于全局数据区的常量字符串,是不可以被修改的。data 是主函数内部定义的局部变量,是一个拥有 100 个字符的数组,是可以被修改的。局部变量 data 占用的内存空间在栈上分配,每个线程拥有一个栈。

要计算 2 * 5678 的值,需要将字符串转换为整数。如图 5-3 所示,指针 p 首先指向字符数组中的第一个字符,然后逐个指向后续的每一个字符。循环条件是 *p,其中 * 是解引用运算符,指针变量 p 的值是某个字符的内存地址,*p 表示取 p 指向的字符。while 循环共执行了 5 次,每次执行的判断分别是 while(53)、while(54)、while(55)、while(56)、while(0),当判断到 while(0) 时循环结束。

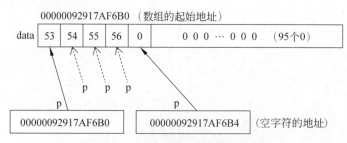

图 5-3 遍历字符数组中的字符串

在循环内部,*p-'0'将 p 指向的字符转换成对应的数值,并将得到的数值作为整数 s 新的个位。p++将指针 p 指向数组的下一个元素。循环结束后,s 的值就变成了整数 5678。

5.4 整　　数

整数可以表示某个特定范围的所有整数。int 类型是默认的基本整数类型,它默认是有符号整数。有符号整数使用二进制补码表示负数、零和正数,加上 signed 修饰符也表示有符号整数。unsigned 修饰符表示只能保存非负值的无符号整数。

大小修饰符指定整数类型的宽度,即位数。C++支持 short、long 和 long long 修饰符。short 类型至少 16 位,long 类型至少 32 位,long long 类型至少 64 位。

使用 signed、unsigned 或大小修饰符时,可以省略 int 关键字。修饰符和 int 类型(如果存在)可以按任何顺序显示。例如,short unsigned 和 unsigned int short 指同一类型。编译器将以下类型组视为同义词:

- short、short int、signed short、signed short int
- unsigned short、unsigned short int
- int、signed、signed int
- unsigned、unsigned int
- long、long int、signed long、signed long int
- unsigned long、unsigned long int
- long long、long long int、signed long long、signed long long int
- unsigned long long、unsigned long long int

在 C++主流编译器中,各种整数类型的表示范围如表 5-2 所示。

表 5-2 整数类型

类型	说明	字节数	表示范围	常量举例
char	字符	1	$-2^7 \sim 2^7-1$	'A'
unsigned char	无符号字符	1	$0 \sim 2^8-1$	'A'
short	短整数	2	$-2^{15} \sim 2^{15}-1$	(short)100
unsigned short	无符号短整数	2	$0 \sim 2^{16}-1$	(unsigned short)100
int	整数	4	$-2^{31} \sim 2^{31}-1$	-100
unsigned int	无符号整数	4	$0 \sim 2^{32}-1$	100
long	整数	4	$-2^{31} \sim 2^{31}-1$	-100L
unsigned long	无符号整数	4	$0 \sim 2^{32}-1$	100L
long long	长整数	8	$-2^{63} \sim 2^{63}-1$	-200LL
unsigned long long	无符号长整数	8	$0 \sim 2^{64}-1$	200LL

整数的字面值(Literal)是整数的具体表示形式,C++支持十进制(Decimal)、八进制(Octal)、十六进制(Hexadecimal)的书写形式。编译器负责转换成二进制,计算机内部只有二进制。编程时,用非 0 数字开头的数字序列表示十进制数,0 开头的数字序列表示八进制数,0X 或 0x 开头的数字序列表示十六进制数。A、B、C、D、E、F 是十六进制中的一位数,A 等于十,B 等于十一,C 等于十二,D 等于十三,E 等于十四,F 等于十五。F+1 的值是 0x10,即十六进制中的十六。整数还可以加后缀,后缀有 L、l、U、u 四种。L 和 l 表示长整数,U 和 u 表示无符号整数。如"023l"(小写 L)是八进制长整数,等于十进制数 19。

char 是为处理 ASCII 码而设计的,只有 1 字节(8bit),表示范围是-128~+127,其中非负整数部分 0~127 表示全部标准 ASCII 码。unsigned char 的表示范围是 0~255。C++使用单引号表示一个字符常量,不可显示字符和部分可显示字符需要转义表示。char 和

unsigned char 都是整数的子类型，可以作为整数参与运算。例如：

```
char ch = 'A' + 2;
cout << ch << endl;        //C
cout << (int)ch << endl;   //67
```

新式 C++ 增加了更多的字符类型：wchar_t、char8_t、char16_t、char32_t。char 和 wchar_t 的字符编码是不确定的，而 char8_t、char16_t、char32_t 的编码假设是 UTF-8、UTF-16 和 UTF-32。

- wchar_t：宽字符类型，每个 wchar_t 类型占 2 字节，16 位宽。
- char8_t：UTF-8 字符的类型。
- char16_t：UTF-16 字符的类型。
- char32_t：UTF-32 字符类型。

例 5.7 −1 等于最大整数。

```
//integer.cpp
#include <cstdio>
int main(int argc, char** argv){
    int x = 0xFFFFFFFF;
    std::printf("x = %d\n", x);   //十进制有符号整数
    std::printf("x = %u\n", x);   //十进制无符号整数
    std::printf("x = %x\n", x);   //十六进制 小写 a~f
    std::printf("x = %X\n", x);   //十六进制 大写 A~F
    return 0;
}
```

【运行结果】

```
x = -1
x = 4294967295
x = ffffffff
x = FFFFFFFF
```

【代码解读】

内存中只有 0 和 1，值是多少取决于怎么去理解它。整数变量 x 的值初始化为 0xFFFFFFFF，变量 x 的 4 个字节的内容是 1111 1111 1111 1111 1111 1111 1111 1111。

按 int 类型理解，x 是 −1；按 unsigned int 类型理解，x 是 $2^{32}-1$，即 4 294 967 295。有符号整数采用二进制补码表示，零和正数的补码是其自身，负数的补码是绝对值相等的正数按位取反再加 1。例如，求 −1 的补码：

```
0000 0000 0000 0000 0000 0000 0000 0001      −1 的绝对值+1
1111 1111 1111 1111 1111 1111 1111 1110      +1 按位取反
                                       +1     加 1
1111 1111 1111 1111 1111 1111 1111 1111      −1 的补码
```

例 5.8 −128 等于 +128。

```
//neg128.cpp
#include <cstdio>
using namespace std;
```

```
int main(int argc, char** argv){
    char x = +128;
    printf("x = %d\n", x); //-128
    printf("x = %X\n", (unsigned char)x); //80
}
```

【运行结果】

```
x = -128
x = 80
```

【代码解读】

程序将+128 赋值给 char 类型的变量 x。变量 x 的 1 字节内容是 1000 0000。整数的第一位是符号位,1 表示负数。-128 的补码计算过程如下:

    1000 0000   -128 的绝对值+128

    0111 1111   +128 按位取反

        +1   加 1

    1000 0000   -128 的补码

可见,-128 的补码和+128 是二进制相同的,而整数最前面一位是符号位,因此,10000000 表示的是-128,而不是+128。

例 5.9 整数的字面值。

```
//Hex.cpp
#include <cstdio>
int main(int argc, char** argv){
    int x=77, y=077, z=0x77;           //十进制、八进制、十六进制
    std::printf("x=%d y=%d z=%d\n", x, y, z);
    std::printf("x=%o y=%o z=%o\n", x, y, z);
    std::printf("x=%X y=%X z=%X\n", x, y, z);
    return 0;
}
```

【运行结果】

```
x=77 y=63 z=119
x=115 y=77 z=167
x=4D y=3F z=77
```

【代码解读】

x、y、z 都是 4 字节的有符号整数变量,使用二进制补码存储。格式符%d 表示十进制有符号整数,%o 表示八进制无符号整数,%X 表示十六进制无符号大写整数。

各种进位计数制的数字都可以按权展开转换成十进制数。

$77 = 7 \times 10 + 7 = 77$

$077 = 7 \times 8 + 7 = 63$

$0x77 = 7 \times 16 + 7 = 119$

每个十六进制的一位数,都可以直接对应 4 位二进制数。

$0x4D = 0100\ 1101 = 2^6 + 2^3 + 2^2 + 2^0 = 64 + 8 + 4 + 1 = 77$

$0x3F = 0011\ 1111 = 2^5 + 2^4 + 2^3 + 2^2 + 2^1 + 2^0 = 32 + 16 + 8 + 4 + 2 + 1 = 63$

$0x77 = 0111\ 0111 = 2^6 + 2^5 + 2^4 + 2^2 + 2^1 + 2^0 = 64 + 32 + 16 + 4 + 2 + 1 = 119$

5.5 浮点数

浮点数简单讲就是实数的意思。浮点数在计算机中用近似值表示任意一个实数。具体地说,浮点数由有效数字乘以 2 的整数次幂得到,这种表示方法类似于基数为 10 的科学记数法。如图 5-4 所示,浮点数是逻辑上用三元组{S,E,M}来表示一个数 V。

符号位 S 只有 1 位,0 表示正数,1 表示负数。阶码 E 表示 2 的 E 次幂。阶码通常采用移码表示,可以是负数。有效数字 M 是二进制小数,也称尾数。浮点数的值是 $V = S \times M \times 2^E$。

IEEE 二进制浮点数算术标准(IEEE 754)是最广泛使用的浮点数运算标准,为许多 CPU 与浮点运算器所采用。IEEE 754 规定了四种浮点数:单精确度(32 位)、双精确度(64 位)、延伸单精确度(43 比特以上,很少使用)与延伸双精确度(79 比特以上)。

C++ 支持三种类型的浮点数:单精度浮点数(float)、双精度浮点数(double)、长双精度浮点数(long double),前两种遵循 IEEE 754 标准。

单精度浮点数 float 格式如图 5-5 所示,符号位 1 位,阶码 8 位,尾数 23 位。

图 5-4 浮点数的通用表示

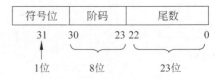

图 5-5 单精度浮点数

双精度浮点数 double 格式如图 5-6 所示,符号位 1 位,阶码 11 位,尾数 52 位。

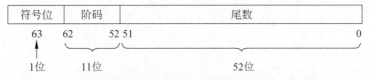

图 5-6 双精度浮点数

因为 C++ 标准并未规定 long double 的确切精度,所以不同平台有不同的实现。长双精度浮点数(long double)在不同编译器下字节数不同,有 16 字节、12 字节、8 字节。

根据浮点数语法,浮点数常量在书写时可以使用 E 或 e 表示 10 的整数次幂,可以使用后缀 F 或 f 表示单精度浮点数 float,使用后缀 L 或 l 表示长双精度浮点数 long double。比如,1.0 是 double 类型的,1.0F 是 float 类型的,1.0L 是 long double 类型的。

例 5.10 浮点数的字面值与格式化输出。

```
//float.cpp
#include<cstdio>
#include<iostream>
#include<iomanip>
using namespace std;
```

```cpp
int main(int argc, char** argv){
    float x = 1.7F;
    double y = 12.5e-2;
    long double z = 3.6L;
    printf("%.4f %.4lf %.4Lf\n", x, y, z);     //%.4f 保留四位小数
    printf("%.2e %.2le %.2Le\n", x, y, z);     //以科学记数法形式输出
    //保留 4 位小数
    cout << fixed << setprecision(4) << x << " " << y << " " << z << endl;
    //以科学记数法形式输出
    cout << scientific << setprecision(2) << x << " " << y << " " << z << endl;
    //恢复默认
    cout << defaultfloat << setprecision(6);
    cout << x << " " << y << " " << z << endl;
    return 0;
}
```

【运行结果】

```
1.7000     0.1250     3.6000
1.70e+00   1.25e-01   3.60e+00
1.7000     0.1250     3.6000
1.70e+00   1.25e-01   3.60e+00
1.7        0.125      3.6
```

【代码解读】

printf 函数中，%.4f 表示 float 类型保留 4 位小数，%.2e 表示科学记数法保留 2 位小数。float 使用%f，而 double 和 long double 则需要使用%lf 和%Lf。

setprecision 是一个流操纵子，功能是控制输出流显示浮点数的有效数字位数，和 fixed 合用时可以控制小数点后面有几位。

例 5.11   如何判断浮点数相等。

```cpp
//FloatEqual.cpp
#include <iostream>
#include <cmath> //fabsf fabs fabsl 求 float、double 和 long double 的绝对值
using namespace std;
int main(int argc, char** argv){
    double a = 1.0;
    double b = 1.0 + 1e-9;
    double c = 1e-9;
    cout << a << " " << b << " " << c << endl; //1 1 1e-09
    printf("%016X %016X %016X\n", a, b, c);
    cout << (a == b) << endl; //0
    cout << (0 == c) << endl; //0
    if(a==b){
        cout << "a 和 b 严格相等\n";       //不会执行
    }
    if(0==c){
        cout << "c 严格等于零\n";          //不会执行
    }
```

```
        if(fabs(a-b) < 1e-6){
            cout << "a 和 b 近似相等\n";
        }
        if(fabs(c) < 1e-6){
            cout << "c 近似等于零\n";
        }
        return 0;
    }
```

【运行结果】

```
1 1 1e-09
0000000000000000 000000000044B830 00000000E826D695
0
0
a 和 b 近似相等
c 近似等于零
```

【代码解读】

如果使用关系运算符"=="判断两个浮点数是否相等，C++将会严格比较两个浮点数的每个比特位是否相等。a 和 b 大约相差十亿分之一，但是不相等。c 的值大约是 10^{-9}，不等于零。如果想比较两个浮点数近似相等，可以判断两个数的差的绝对值小于一个很小的浮点数。函数 fabsf、fabs、fabsl 在头文件 cmath 中声明，分别求 float、double 和 long double 类型数据的绝对值。

5.6 bool 类型

严格来讲，逻辑运算（与、或、非）的运算数只能为真或假。但是 C 语言并没有从语法严格性上支持逻辑类型（布尔型），而是非零即为真。整数、指针、字符都可以作为逻辑类型使用。整数只要不是 0，就是真；指针只要不是空指针（NULL＝0），就是真；字符只要不是空字符 NUL（'\0'＝0000 0000），就是真。

C++新增了布尔类型（bool），只有两个取值：true 和 false。编译器实现时，bool 类型一般占用 1 字节的长度，1 为 true，0 为 false。布尔类型相当于取值只能是 1 或 0 的单字节整数，和整数混合运算时，隐式转换成整数参与运算。

在输出 bool 值时，默认是显示 1 或 0，在使用了流操纵子 boolalpha 后，bool 值才显示 true 或 false。输出格式设置为 boolalpha 的效果是不会自动消失的，如果想恢复默认显示效果，需要手动设置 noboolalpha。

例 5.12 理解 bool 类型。

```
//bool.cpp
#include <iostream>
#include <iomanip>  //setfill setw
using namespace std;
int main(int argc, char** argv){
    bool flag1 = 5>3, flag2 = 5>9;
```

```
        cout << flag1 << " " << flag2 << endl;  //1 0
        cout << boolalpha   << flag1 << " " << flag2 << endl; //true false
        cout << noboolalpha << flag1 << " " << flag2 << endl; //1 0
        //bool 类型占的字节数
        cout << "sizeof(bool) = " << sizeof(bool) <<   << endl;//1
        //bool 类型隐式转换成整数
        int a = flag1 + 200;
        cout << "a=" << a << endl; //201
        //变量存储的实际内容
        cout << hex << uppercase << setfill('0'); //十六进制,大写,填充字符为'0'
        cout << "0x" << a << endl; //0xC9
        cout << "0x" << setw(2) << flag1 << endl; //0x01
        cout << "0x" << setw(2) << flag2 << endl; //0x00
        return 0;
}
```

【运行结果】

```
1 0
true false
1 0
sizeof(bool) = 1
a=201
0xC9
0x01
0x00
```

【代码解读】

程序将关系运算"5＞3"的结果 true 赋值给 bool 类型变量 flag1,将关系运算"5＞9"的结果 false 赋值给 bool 类型变量 flag2。默认输出布尔型变量 flag1 和 flag2 时,显示 1 和 0,使用流操纵子 boolalpha 后显示 true 和 false,使用流操纵子 noboolalpha 后恢复显示 1 和 0。

程序使用 sizeof 运算符求 bool 类型占用的字节数,结果是占用 1 字节。程序将值为 true 的布尔变量 flag1 和整数常量 200 相加,结果是整数 201。

程序最后设置输出格式为大写十六进制,设置填充字符为'0',这样就可以查看变量存储的实际内容:

a 的值：0xC9＝1100 1001＝C×16＋9＝12×16＋9＝201。

flag1：0x01＝0000 0001＝true。

flag2：0x00＝0000 0000＝false。

5.7　void 类型

void 的字面意思是"无类型",void * 则为"无类型指针"。void 不是完整类型,不能定义 void 类型的变量,而 void * 指针可以指向任何类型的数据。void 的作用有以下三种。

(1)对函数返回值的限定：函数返回类型声明为 void 的函数无返回值。

(2)对函数参数的限定：形式参数表中写上 void 的函数不接受任何参数。

(3) 使用 void * 类型的指针：void * 类型的指针可以指向任何类型的数据，但是 void * 类型的地址是无法隐式转换成其他类型的地址的。比如内存分配函数 void * malloc(size_t) 的返回值类型是 void * ，就不能将 malloc 函数返回的地址直接赋值给其他类型的指针。

例 5.13 void 类型的三种用途。

```cpp
//void.cpp
#include <iostream>
#include <cmath>
using namespace std;
void func(void){         //第一个 void 说明函数没有返回值,第二个 void 说明函数没有参数
    cout << "函数无返回值 无参数\n";
}
int main(int argc, char** argv){
    //void a;             //void 不是完整类型,不能定义 void 类型的变量
    int m = 100;
    double x = 2.18;
    void* p = nullptr;
    p = &m;               //p 指向整数 m
    //cout << * p;        //非法的间接地址
    p = &x;               //p 指向双精度浮点数 x
    //cout << * p;        //非法的间接地址
    p = &func;            //p 指向一个函数
    //p();                //不能通过 void* 指针调用函数
    int * q;
    //q = p;              //无法从 void* 隐式转换为 int*
    //q = malloc(128);    //无法从 void* 隐式转换为 int*
    p = malloc(128);
    q = (int *)p;
    q = static_cast<int *>(p);
    free(q);
    func();               //调用函数
    return 0;
}
```

【运行结果】

函数无返回值 无参数

【代码解读】

语句"void a;"出现编译错误，因为 void 不是完整类型，不能定义 void 类型的变量。

函数定义"void func(void)"中，第一个 void 说明函数没有返回值，第二个 void 说明函数没有参数。

void * 类型的指针 p 指向了整数变量，指向了 double 类型变量，指向了一个函数，但是不能解引用，不能通过 p 调用函数。

不能将 void * 类型的指针 p 隐式转换成整数类型的指针，也不能将 malloc 函数的返回值直接赋值给整数类型的指针。void * 指针转换成其他类型的指针需要使用强制类型转换，(int *)p 或 static_cast<int *>(p) 可以将 void * 指针转换为 int * 指针。

5.8 enum 枚举

如果一个变量只有几种可能的值,可以定义为枚举(Enumeration)类型。所谓"枚举",就是指将变量的值一一列举出来,变量的值只能在列举出来的值的范围内。通过使用枚举,可以提高程序的可读性和可维护型。定义枚举的一般形式为

```
enum 枚举类型名 {枚举常量表};
```

例如:

```
enum Color{RED, GREEN, BLUE};    //RED=0  GREEN=1  BLUE=2
```

枚举常量表中的元素是枚举全部可能的取值,是常量。通常,每个枚举常量都用大写英文单词表示,如 RED、GREEN、BLUE。编译器使用整数来表示这些枚举常量,按定义的顺序对它们赋值为 0、1、2、3 …,也可以在定义时给出枚举常量的值。

可见,C++ 中的枚举就是若干个命名整数的集合。枚举常量可以隐式转换成整数,反过来,整数却不能隐式转换成枚举常量。如果想把一个整数转换成对应的枚举常量,需要使用强制类型转换。例如:

```
Color c = RED;
int value = c;
c = Color(1);          //将整数 1 强制转换成 GREEN
c = (Color)2;          //将整数 2 强制转换成 BLUE
```

例 5.14 理解枚举,枚举使代码更易读。

```
//enum.cpp
#include <iostream>
using namespace std;
enum Sex{ MALE=1, FEMALE=2, UNKNOWN=0 };
enum WeekDay{ Monday=1, Tuesday, Wednesday,
       Thursday, Friday, Saturday, Sunday }; //1~7
int main(int argc, char** argv){
    Sex sex = FEMALE;
    if(MALE==sex){
        cout<<"男\n";
    }else if(FEMALE==sex){
        cout<<"女\n";
    }else{
        cout<<"未知\n";
    }
    //WeekDay day = 5;              //编译错误
    WeekDay day = WeekDay(5);       //或 (WeekDay)5 将整数 5 转换为枚举常量 Friday
    if(Friday==day){
        cout << "星期五: " << Friday << " " << day << endl;
    }
    return 0;
}
```

【运行结果】

```
女
星期五：5 5
```

【代码解读】

程序定义了枚举类型 Sex，类型的含义为性别，全部取值是三个枚举常量：MALE、FEMALE、UNKNOWN，定义时指定了每个枚举常量的值。

程序定义了枚举类型 WeekDay，类型的含义为星期日期，全部取值是七个枚举常量：Monday、Tuesday、Wednesday、Thursday、Friday、Saturday、Sunday，定义时指定了第一个枚举常量的值（Monday＝1），编译器为后续的每个枚举常量按定义的顺序对它们赋值为 2、3、4、5、6、7。

语句"WeekDay day＝5；"将整数直接赋值给枚举变量出现编译错误，因为整数 5 无法隐式转换成 Friday。WeekDay(5)是强制类型转换，它将整数 5 转换为枚举常量 Friday，也可以写成（WeekDay)5 的形式。

5.9 typedef

typedef 是 C 语言的关键词，用来为已有的数据类型名称定义简单的别名，这有利于提高程序的可读性。已有的数据类型包括基本数据类型（char、int、long 等）和自定义数据类型（struct 等）。程序中使用 typedef 的目的一般有两个：一个是给变量类型一个易记且意义明确的新名字；另一个是简化一些比较复杂的类型声明。typedef 的语法形式为

```
typedef 已有的数据类型 新类型, *新指针类型;
```

有了新类型名，就可以使用新类型名来定义变量，使用新指针类型来定义指针。

```
新类型 变量1, 变量2;
新指针类型 指针1, 指针2;
```

例如：

```
typedef unsigned long long size_t;    //X64编译器下的类型 size_t
```

例 5.15 理解 typedef，为已有类型起别名。

```
//typedef.cpp
#include <cstdio>
#include <iostream>
using namespace std;
typedef unsigned long DWORD, * PDWORD;
typedef struct Date{                //结构的名称 Date 是可以不写的
    int year, month, day;           //年,月,日
} DATE, * PDATE;
int main(int argc, char** argv){
    DWORD m = 100;
    PDWORD p1=&m, p2=&m;            //定义两个指针 p1 和 p2,不再需要星号
    cout << m << " " << * p1 << " " << * p2 << endl;
```

```
    DATE today = {2024, 3, 16};           //使用花括号初始化结构的各个成员
    PDATE p3=&today, p4=&today;           //定义两个指针 p3 和 p4,不再需要星号
    printf("%d年%02d月%02d日\n", today.year, p3->month, p4->day);
    return 0;
}
```

【运行结果】

```
100 100 100
2023 年 03 月 16 日
```

【代码解读】

程序使用 typedef 定义了 4 个别名：DWORD、PDWORD、DATE、PDATE。

```
DWORD    等价于   unsigned long
PDWORD   等价于   unsigned long *
DATE     等价于   struct Date
PDATE    等价于   struct Date *
```

在使用 typedef 的新指针类型同时定义多个指针变量时,每个指针变量名前面是不需要加星号的。例如：

```
PDWORD p3, p4;     //p3 和 p4 的类型都是 unsigned long *,都是指针变量
PDATE  p5, p6;     //p5 和 p6 的类型都是 Date *,都是指针变量
```

5.10　类 型 转 换

由运算符和运算对象组成的式子称为表达式。表达式中的运算对象可以是常量、变量、函数调用和嵌套的表达式。比如：

```
12 + a + max(x,y)            //常量、变量、函数调用
```

表达式的计算是按步骤执行的,称为表达式的求值顺序。比如：

```
x>y && x<z          //先计算 x>y,若结果为假则运算结束;否则 && 前后的结果执行与运算
```

表达式的运算需要考虑参与运算的数据对象是否具有合法的数据类型,以及是否需要进行类型转换。比如：

```
x = 10 + 'a' + i * 7.0F - j/2.5        //数据类型不同,需要进行类型转换
```

每个表达式的结果除了确定的值之外,还有确定的数据类型。不同类型的数据混合运算时需要进行类型转换(Conversion),即将不同类型的数据转换成相同类型的数据后再进行计算。比如：计算 10+'a'就要将'a'转换为整数 97。

数据类型转换有两种：隐式类型转换和显式类型转换。隐式类型转换是编译器默默地、悄悄地、自动完成的类型转换,比如：

```
1.0 * m               //1.0 是 double 类型的,整数 m 转成 double 再参与乘法运算
float x = 100;        //整数 100 转换成 float 类型再赋值给变量 x
```

显式类型转换是程序员明确提出的、需要通过特定格式的代码来指明的一种类型转换。

C语言的强制类型转换运算符(type)的一般形式为

(类型名)(表达式)

例如：

```
(int) x            //强制将浮点数 x 转换为整数
(double) 18 / 5    //(type)运算符的优先级高,18 转换成 18.0,然后 18.0/5.0 得到 3.6
```

强制类型转换运算符(type)也可以写成如下形式：

类型名(表达式)

例如：

```
int(x)             //强制将浮点数 x 转换为整数
double(18) / 5     //18 转换成 18.0,然后 18.0/5.0 得到 3.6
double(18 / 5)     //整数除法 18/5 得到了 3,然后整数 3 转换成 double 类型的 3.0
```

无论是隐式类型转换还是显式类型转换,都只是为了本次运算而进行的临时性转换,转换的结果只会保存到临时的内存空间中,而不会改变数据本来的类型或者值。

使用(type)作为强制类型转换运算符是 C 语言的老式做法,C++为保持兼容而予以保留。但是,强制类型转换是有一定风险的,有的转换并不一定安全。使用传统强制类型转换的缺点：没有从形式上体现不同转换功能的不同风险,将基类指针转换成派生类指针时无法检查安全性,难以在程序中寻找到底什么地方进行了强制类型转换。

C++引入了四种不同用途的强制类型转换运算符：static_cast、reinterpret_cast、const_cast 和 dynamic_cast,用法如下：

```
static_cast<类型说明符>(表达式)       //静态转换
reinterpret_cast<类型说明符>(表达式)  //重新解释类型
const_cast<类型说明符>(表达式)        //常量转换
dynamic_cast<类型说明符>(表达式)      //动态转换
```

书写形式上,这四种类型转换都使用尖括号给出类型,和显式调用模板函数的书写形式是一样的。但这四个名字并不是函数名,而是 C++的关键词,是 C++的运算符,功能分别如下。

(1) static_cast(静态转换)：执行非多态的转换,用于代替 C 中通常的转换操作。如果对象所属的类重载了强制类型转换运算符 T,则 static_cast 也能用来进行对象到 T 类型的转换。static_cast 不能用于在不同类型的指针之间的互相转换,也不能用于整数和指针之间的互相转换,当然也不能用于不同类型的引用之间的转换。

(2) reinterpret_cast(重新解释类型)：将数据以二进制的存在形式进行重新解释类型,用于各种不同类型的指针之间、不同类型的引用之间以及指针和能容纳指针的整数类型之间的转换。reinterpret_cast 体现了 C++语言的设计思想：用户可以做任何操作,但要为自己的行为负责。

(3) const_cast(常量转换)：用于去除 const 属性的转换。常量指针被转换成变量的指针,仍然指向原来的对象。常量引用被转换成变量的引用,仍然引用原来的对象。

(4) dynamic_cast(动态转换)：专门用于多态转换,即将多态基类的指针或引用转换为派生类的指针或引用,转换时通过"运行时类型检查"来保证安全性。dynamic_cast 在将基类映射到派生类时,基类必须要有虚函数,否则将出现编译错误。对于不安全的指针类型转换,转换结果返回空指针。对于不安全的引用类型转换,则抛出一个 bad_cast 异常,通过处理该异常,就能发现不安全的转换。

例 5.16 理解隐式类型转换的方向。

```cpp
//conversion.cpp
#include <iostream>
using namespace std;
int main(int argc, char** argv){
    char   a = 'A';   //1
    short  b = 100;   //2
    int    c = 200;   //4
    long   d = 300;   //4
    long long e = 123456789123456789LL; //8
    float  x = 15.2F;
    double y = 22.5;
    cout << typeid(a+b).name() << endl; //char + short -> int
    cout << typeid(b+c).name() << endl; //short + int   -> int
    cout << typeid(c+d).name() << endl; //int + long    -> long
    cout << typeid(c+e).name() << endl; //int + (long long) -> long long
    cout << typeid(c+x).name() << endl; //int + float   -> float
    cout << typeid(c+y).name() << endl; //int + double  -> double
    cout << typeid(5+2.0).name() << endl;  //2.0 是 double 类型的
    cout << typeid(5+2.0F).name() << endl; //2.0F 是 float 类型的
    return 0;
}
```

【代码解读】

各种类型的整数从字节数少的往字节数多的方向转换。整数和浮点数一起运算时,隐式转换为浮点数。关键词 typeid 是 C++ 中的一个运算符,用于获取运算对象的实际类型。int 类型和 float 类型一起运算,结果类型是 float。

例 5.17 静态转换(static_cast)和重新解释类型(reinterpret_cast)。

```cpp
//cast.cpp
#include <iostream>
using namespace std;
struct Integer {
    int value;
    operator int(){ //类型转换运算符 Integer 对象 -> int
        cout << "operator int() called.\n";
        return value;
    }
};
int main(int argc, char** argv){
    double x = 1.0;
    int m = static_cast<int>(x+2.5); //3.5 -> 3
    cout << "m=" << m << endl;
    Integer obj = {100};
```

```cpp
        int n = static_cast<int>(obj);      //调用类型转换运算符
        cout << "n=" << n << endl; //100
        int *p1=nullptr, *p2=nullptr;
        //*p1 = static_cast<int*>(&x);      //无法从 double * 转换为 int *
        p2 = reinterpret_cast<int*>(&x);
        cout << *p2 << endl;                //x 是 8 字节 double,取变量 x 的前 4 字节作为 int 输出
        //将 x 的地址重新解释为无符号长整数
        unsigned long long a = reinterpret_cast<unsigned long long>(&x);
        cout << hex << a << endl;
        return 0;
}
```

【运行结果】

```
m=3
operator int() called.
n=100
0
8b79effa58
```

【代码解读】

static_cast<int>(x+2.5)将双精度浮点数表达式转换为整数。

static_cast<int>(obj)将重载了类型转换运算符 operator int()的对象转换成整数。

static_cast<int*>(&x)无法从 double * 转换为 int *,其中 &x 的类型是 double *。

p2＝reinterpret_cast<int*>(&x) 将 double 变量的地址重新解释为整数变量的地址,保存到整数指针变量 p2 里面。double 是 8 字节的,int 是 4 字节的, *p2 取变量 x 的前 4 字节作为 int。

reinterpret_cast<unsigned long long>(&x) 将变量 x 的地址以二进制(位模式)的方式重新解释为无符号长整数,转换前后没有数位损失。如果编译成 64 位程序,这时指针是 64 位的,unsigned long long 类型长整数也是 64 位的,长度足够容纳 64 位的地址。如果编译成 32 位程序,则是将 32 位的地址转换成了 64 位的无符号长整数。

例 5.18 使用常量转换(const_cast)去掉 const 属性。

```cpp
//ConstCast.cpp
#include <iostream>
using namespace std;
int main(int argc, char** argv) {
    int m = 3;
    const int *p = &m;                          //不能通过指针 p 修改变量 m
    //*p = 2;
    int *q = const_cast<int*>(p);               //去掉 const 属性
    *q = 5;                                     //通过指针 q 修改 m
    cout << "m=" << m << endl; //5
    //float x = const_cast<float>(m);           //必须是指针或引用
    const int &a = m;                           //不能通过引用 a 修改变量 m
    //a = 2;
    int &b = const_cast<int&>(a);               //去掉 const 属性
    b = 6;                                      //通过引用变量 b 修改 m
    cout << "m=" << m << endl; //6
    return 0;
}
```

【运行结果】

```
m=5
m=6
```

【代码解读】

"const int * p"中，const 修饰 int，意味着不能通过 p 修改其指向的变量 m，而 p 自身是可以被修改的。p 是指向常量的指针变量，语句"*p=2;"出现编译错误。

常量转换 const_cast<int *>(p)去掉指针 p 的 const 属性，得到指向变量的指针，这个指针依然指向变量 m。

const_cast 中的类型必须是指针或引用。const_cast<float>(m)试图将整数变量 m 转换成单精度浮点数，出现编译错误。

语句"const int &a=m;"定义了常引用 a 作为变量 m 的别名。虽然变量 m 自身是可以被修改的，但是不能通过引用 a 修改变量 m，语句"a=2;"出现编译错误。

常量转换 const_cast<int&>(a)去掉引用 a 的 const 属性，得到一个变量的引用，这个引用依然引用变量 m。

例 5.19 动态转换(dynamic_cast)得到空指针和抛出异常。

```cpp
//DynamicCast.cpp
#include <iostream>
using namespace std;
struct Base{                                    //多态类型的基类，即含有虚函数的基类
    virtual ~Base() { }                         //虚析构函数
};
struct Derived : public Base{                   //派生类
    //可添加新的成员变量和成员函数
};
int main(int argc, char** argv){
    Base base;                                  //定义基类对象 base
    //试图将 base 对象的地址转换成子类指针
    Derived * p = dynamic_cast<Derived * >(&base);
    if (nullptr == p) {
        cout << "p是空指针\n";                   //会执行
    }
    try{                                        //试图将 base 对象转换成子类引用
        Derived &dev = dynamic_cast<Derived&>(base);
    }catch(std::bad_cast e){                    //bad_cast 类型的异常
        cout << e.what() << endl;               //Bad dynamic_cast!
    }
    return 0;
}
```

【运行结果】

```
p是空指针
Bad dynamic_cast!
```

【代码解读】

动态转换 dynamic_cast 专门用于多态转换，目的是安全地将多态基类的指针或引用转

换为派生类的指针或引用。dynamic_cast 通过运行时类型检查来保证转换的安全性：如果指针无法正确转换，就返回空指针；如果引用无法正确转换，就抛出异常。

程序在主函数中定义了对象 base，这是一个基类对象，而不是一个派生类对象，即 base 是一个父类对象，而不是一个子类对象。

&base 的含义是取 base 对象的地址，类型是 Base *，dynamic_cast<Derived *>(&base)试图将指向父类对象的地址转换成子类指针。dynamic_cast 通过运行时类型检查发现无法正确转换，而返回空指针。

C++有空指针，但是没有空引用。对于引用类型，dynamic_cast 的设计是抛出一个异常，异常的类型是 std::bad_cast，通过处理这个异常，就可以发现转换是否出现了问题。

try 语句块中的 dynamic_cast<Derived&>(base)试图将父类对象转换成子类引用，这个操作会抛出 bad_cast 异常，catch(bad_cast e)捕获了这个异常。

程序员可以将有可能发生异常的代码放在 try 语句块中，一旦发生异常，则 try 语句块中异常发生位置的后续语句不再执行，而是转去 try 后面查找与所发生异常匹配的 catch 语句块，并执行这个语句块。try 语句块后面可以跟多个 catch 语句块。

dynamic_cast 用于多态类型从父类到子类的转换，类型要求是指针或引用。如果父类指针指向的确实是某个子类的对象，则可以安全地转换为这个子类类型的指针。如果父类引用确实是某个子类对象的别名，则可以安全地转换为这个子类类型的引用。

习　题

1. 下面一行语句的运行结果是什么？

```
cout << sizeof('\n');
```

2. 下面两行语句的运行结果是什么？

```
const char * str = "Hello World!";
cout << sizeof(str);
```

3. 在下面枚举类型中，GREEN 的值是多少？

```
enum Color{WHITE, BLACK=10, RED, GREEN, BLUE=20};
```

4. 下面两行语句的运行结果是什么？

```
char ch = 105;
cout << (char)ch;
```

5. 以下 if 语句中的输出语句是否会执行？为什么？

```
unsigned n = 0xFFFFFFFF;
if(n == -1)
    cout << "0xFFFFFFFF == -1";
```

6. 将字符数组中的数字转换为浮点数，要求不能使用 atof 函数。

```
char data[100] = "678.345";
```

7. 写出以下程序的运行结果,并为程序撰写代码讲解。

```
typedef struct{
    int hour, minute, second; //小时,分钟,秒
}TIME, * PTIME;
TIME CreationTime = {15, 30, 22};
PTIME p1 = &CreationTime, p2=nullptr;
cout << p1->hour << ":" << p1->minute << ":" << p1->second;
```

8. 写出以下程序的运行结果,并为程序撰写代码讲解。

```
double x = 6.5;
int a = static_cast<int>(x);
int b = int(x);
int c = (int)x;
cout << a << " " << b << " " << c << endl;
```

第 6 章　函　数

函数(Function)是构成程序的基本单位。函数是一个子程序,通常拥有一个或多个输入参数和一个返回值。一个应用程序由一个主函数和若干个其他函数构成。主函数调用其他函数,其他函数可以互相调用。将一个常用的功能模块编写成函数,可以实现代码复用。

6.1　函数声明与函数定义

函数声明(Function Declaration)也称函数原型(Function Prototype)。函数声明仅仅是告诉编译器存在这样的一个函数,并没有给出这个函数的实现。函数声明由函数返回类型、函数名和形式参数表构成。函数声明中的参数类型必须与函数定义(Function Definition)保持一致,而函数声明中的参数名是可选的,所以参数名不需要与函数定义中一致。函数声明是一个说明语句,必须以分号结束。函数声明的形式为

```
返回类型　函数名(形式参数表);           //函数声明以分号结束
```

例如:

```
double func(double x, double y);       //形式参数 x 和 y 都是 double 类型的
double func(double, double);           //可以重复声明,省略参数名
```

函数可以没有返回值,仅作为完成特定功能的一个过程。说明返回类型为空类型 void,即可声明无返回值函数,也称 void 函数。例如:

```
void vfunc(double x, double y);        //无返回值函数 void 函数
void vfunc(double, double);            //可以重复声明,省略参数名
```

为什么需要函数声明呢? C++ 编译器将一个包含了头文件的源文件作为一个编译单元,从上往下编译,被调函数放在主调函数后面实现的话,前面就要有声明,否则无法调用。一个函数只能被定义一次,但可以声明多次(无默认实参时)。使用 #include 指令包含的头文件里面有很多函数声明,包含后就可以调用头文件里面声明的函数了。使用一个函数,编译时只需要函数声明,链接时才需要函数定义。当然,如果调用函数时,前面已经有函数定义,则无须函数声明。

如果函数声明中有默认实参,则不允许重复声明。例如:

```
double f(double x, double y=100);      //有默认实参的函数不能重复声明
```

函数定义是一个完整的函数实现,包含函数的返回类型、函数名、形参类型及形参、函数体。函数定义给出了函数的实现代码,函数体从左半花括号开始,到右半花括号结束。函数

定义形式为

```
返回类型　函数名(形式参数表){  　}    //函数定义带函数体
```

例如：

```
double func(double x, double y){    //函数有返回值
    return 2 * x+3 * y+6;
}
void vfunc(double x, double y){    //函数无返回值
    cout << x << " " << y << endl;
}
```

在调用一个函数时，程序流程将转去被调用的函数执行。被调用的函数执行完毕后，程序流程返回到主调函数中调用的位置。例如：

```
double c = func(4, 5);    //调用函数 5->y  4->x  2 * 4+3 * 5+6->29  return 29;
vfunc(8, 9);              //函数输出 8 和 9,无返回值
```

上面两行代码，func(4,5)被调用时，整数 5 隐式转换成 double 值传递给形参 y，整数 4 隐式转换成 double 值传递给形参 x，而函数返回值以临时值的形式返回到主调函数中调用这个函数的位置。调用 vfunc(8,9)仅仅是输出信息，这个函数无返回值。

return 语句将程序流程从被调函数转向主调函数，并把表达式的值带回主调函数，实现函数值的返回。一个函数内可以有多个 return 语句，任意一个 return 语句被执行，则不再执行其后续代码，立即从函数返回。return 语句形式为

```
return  表达式;       //返回表达式的计算结果
return;               //仅用于无返回值的函数
```

不带返回值的 return 语句只能用于返回类型为 void 的函数。在 void 函数中，return 语句不是必需的，隐式的返回发生在函数的最后一个语句执行完成时。一般情况下，void 函数使用 return 语句是为了引起函数的强制结束。例如：

```
void fun(int n){          //函数无返回值
    if(n<=0){
        return;           //提前返回
    }
    cout << setfill('*') << setw(10) << "";
}
```

例 6.1 函数声明与函数定义。

```
//DeclarationDefinition.cpp
#include <iostream>
using namespace std;
/*
    功能：计算 2x+3y+6 的值
    参数：x 第 1 个参数, double 类型
          y 第 2 个参数, double 类型
    返回值：函数的计算结果, double 类型
*/
double func(double x, double y);    //函数声明,即函数原型
```

```cpp
    double func(double, double);        //无默认实参时,可以多次声明,省略形参名
    //功能：输出两个双精度浮点数
    void vfunc(double x, double y);     //函数声明,无返回值函数
    void vfunc(double, double);         //无默认实参时,可以多次声明,省略形参名
    int main(int argc, char** argv){
        double a, b, c;                 //定义了3个局部变量
        cout << "Input a b: ";
        cin >> a >> b;
        c = func(a,b);                  //调用函数,返回值赋值给变量c
        cout << "c = " << c << endl;
        vfunc(8, 9);                    //调用无返回值函数
        return 0;
    }
    //函数定义,即函数实现
    double func(double x, double y){
        return 2 * x+3 * y+6;
    }
    //函数定义
    void vfunc(double x, double y){
        cout << x << " " << y << endl;
        return;                         //函数无返回值,可以省略return
    }
```

【运行结果】

```
Input a b: 4 5↵
c = 29
8 9
```

【代码解读】

程序在主函数前面声明了两个函数：func 和 vfunc,一个返回 double 类型的值,另一个无返回值。如果没有 func 函数的声明,主函数中调用 func 函数时,编译器找不到这个函数而导致编译失败。程序在主函数的后面,给出了 func 函数的定义。同理,vfunc 函数声明后即可在主函数中调用。

主函数中调用 func 函数时,在栈上为形式参数 y 和 x 分配存储空间,并将变量 b 的值作为形式参数 y 的初值,将变量 a 的值作为形式参数 x 的初值,然后进入函数体执行。函数体中只有一条 return 语句,它计算表达式"2 * x+3 * y+6"的值并传出返回值。函数返回值通过赋值语句复制给主函数中的局部变量 c。

调用 vfunc 函数时,在栈上为形式参数 y 和 x 分配存储空间,并将整数常量 9 隐式转换成 double 值 9.0 作为形式参数 y 的初值,将整数常量 8 隐式转换成 double 值 8.0 作为形式参数 x 的初值,然后进入函数体执行。vfunc 函数的作用是输出两个双精度浮点数,无返回值,return 语句不是必需的。

现代操作系统中,每个线程(Thread)一个栈。一个线程调用函数时生成的局部变量,压入这个线程自己的栈。

6.2 形式参数与实际参数

形式参数(Parameter)简称形参,是函数定义中的,定义时没有为其分配内存空间,但是在函数定义里面可以使用的参数。函数每次被调用时,才为形参在栈上分配内存。函数每次执行完毕返回后,形参占用的内存空间被收回。例如:

```
double func(double x){ }          //x 是形参,调用时产生,返回后消失
```

实际参数(Argument)简称实参,是函数被调用的时候传给函数的表达式。实参可以是常量、变量或表达式,实参类型必须与形参相符,传递时是传递参数的值,即单向传递。例如:

```
func(5)                           //常量 5 是实参
func(a)                           //变量 a 是实参
func(a+b+1)                       //表达式 a+b+1 是实参
```

形参和实参的英文名字不同:形参是 parameter,实参是 argument。调用函数时,实际参数传递给形参,成为形参的初值。

如果一个函数没有参数,就不写参数列表,或者在参数表中写上 void。调用无参函数时,不能传递参数。例如:

```
void func1();                     //没有 void 表示没有说明形参列表
void func2(void);                 //有 void 表示没有参数
```

以上是函数在声明和定义时的格式。如果是调用无参函数,则不能写参数表,也不能写 void。什么都不写,表示没有实参。例如:

```
func1();                          //调用无参函数时,不能传递实参
func2();                          //调用无参函数时,不能传递实参
```

例 6.2 形式参数与实际参数。

```cpp
//ParameterArgument.cpp
#include <iostream>
using namespace std;
double xfunc(double x){                   //形参 x 调用时创建,返回后消失
    x = x+5;                              //形参的初值是实际参数的复本
    cout<<"func: x="<< x <<endl;
    return 2 * x + 6;
}
double func(double x){                    //形参 x
    return 2 * x + 6;
}
int main(int argc, char** argv){
    double x = 5;                         //主函数中的局部变量 x
    double y = xfunc(x);                  //变量 x 作为实参
    cout << "main: x=" << x << endl;      //5 主函数中的 x 没有改变
    cout << "main: y=" << y << endl;      //26
    y = func(3.5);                        //实参是常量 3.5 复制给形参 x
```

```
        cout << "y=" << y << endl;      //13
        int m = 3;
        y = func(m/2+0.5);               //实参的值是 1.5,整数除法 m/2 的结果 1
        cout << "y=" << y << endl;       //9
        y = func(m++);                   //实参的值是 3.0
        cout << "y=" << y << endl;       //12
        cout << "m=" << m << endl;       //4 后缀自增
        return 0;
    }
```

【运行结果】

```
func: x=10
main: x=5
main: y=26
y=13
y=9
y=12
m=4
```

【代码解读】

主函数中的 x 和 xfunc 函数的形参 x 是两个不同的变量。调用 xfunc(x)时,才为形参 x 分配存储空间,然后将主函数中 x 的值复制给形参 x。形参 x 的初值是主函数中 x 的复本。xfunc 函数中改变了形参 x 的值,并不会影响主函数中的 x。

实参可以是变量、常量、表达式。调用 func(3.5)时,实参是 double 类型的常量。调用 func(m/2＋0.5)时,实参是一个表达式。m/2 是整数除法,得到整数 1,然后 1 转换为 double 值 1.0,和 0.5 相加得到 1.5。调用 func(m＋＋)时,实参是一个后缀自增表达式,取 m 自增之前的值 3,然后将整数 3 转换为 double 值 3.0 传递给函数。

例 6.3 无参函数的参数表可以空着或者写上 void。

```
//VoidParam.cpp
#include <iostream>
using namespace std;
void func1(){              //没有 void 表示,没有说明形参列表
    cout << "func1()\n";
}
void func2(void){          //有 void 表示,没有参数
    cout << "func2()\n";
}
int main(int argc, char** argv){
    func1();
    //func1(100);           //调用无参函数时,不能传递实参
    func2();
    //func2(100);           //调用无参函数时,不能传递实参
    return 0;
}
```

【运行结果】

```
func1()
func2()
```

【代码解读】

对于没有参数的函数，参数表可以什么都不写，也可以填上 void。没有 void 表示"没有说明形参列表"，有 void 表示"没有参数"。

6.3 函数调用的原理

函数调用是在栈（Stack）上进行的。栈用于保存函数参数、返回地址、局部变量等。任何函数调用都要将不同的数据和地址压入或者弹出栈。

栈是一种 LIFO(last-in，first-out)的数据结构，栈中的数据后进先出。LIFO 形式的数据结构正好满足函数调用的方式。栈支持两种基本操作：push 和 pop。push 将数据压入栈中，pop 将栈中的数据弹出并存储到指定寄存器或者内存中。

CPU 内部的程序计数器（Program Counter，PC）用来存储 CPU 要读取指令的地址，CPU 通过程序计数器读取即将要执行的指令。每次 CPU 执行完一条指令之后，程序计数器的值就会增加。通过修改程序计数器的内容，可以实现程序执行流程的转移。

以主函数调用 func 函数为例，函数调用原理如图 6-1 所示。在转移到子程序 func 之前，首先将函数的参数压栈，然后将程序计数器的当前内容（返回地址）压栈，并将子程序的地址复制到程序计数器。CPU 从程序计数器得到子程序的地址，转移到子程序执行。

在子程序内部，首先要保护 CPU 现场，就是将主调函数正在使用的几个 CPU 内部寄存器的内容压栈。然后，为被调函数内部定义的局部变量在栈上分配存储空间。函数的返回值通常不通过栈返回。如果返回值的字节数较少，则返回值通过 CPU 寄存器返回；如果返回值的字节数较多，则将返回值压栈。在子程序的末尾，恢复 CPU 现场，就是将进入子程序时保存在栈里面的寄存器的内容弹出到原来的寄存器。最后将栈里面的返回地址弹出到程序计数器中，即程序计数器恢复成了进入子程序之前的内容，然后 CPU 根据这个地址获取新的指令。

子程序返回后，主调函数需要调整栈顶指针的位置和读取返回值。

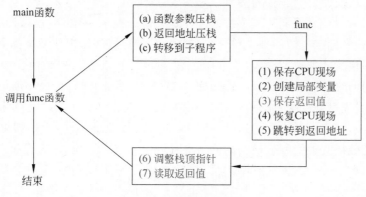

图 6-1 函数调用原理

栈是从高地址向低地址延伸的。函数每次被调用时都对应着一个新的栈帧（Stack Frame），用来记录函数自身的一些信息，因此栈帧也叫"过程活动记录"。为了衡量栈帧的范围，就需要了解 CPU 的两个寄存器：栈指针寄存器（Stack Pointer）和基址指针寄存器

(Base Pointer)。栈指针始终存放着指向当前栈帧顶部的指针，也是栈顶。基址指针时刻指向当前栈帧的底部，并非栈底。从逻辑上讲，栈帧是函数执行的环境：函数参数、返回地址、CPU 现场、局部变量等，如图 6-2 所示。

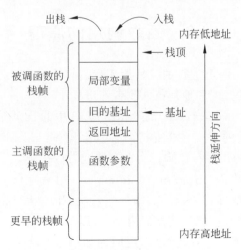

图 6-2　栈帧示意图

在调用一个函数时，主调函数将被调函数的参数按照从右到左的顺序压入栈中，将返回地址（程序计数器的内容）压入栈中，将被调函数的地址写入程序计数器。

在被调函数内部，首先将基址指针寄存器的内容压栈，然后将基址指针寄存器指向当前栈顶。函数返回时，根据基址指针寄存器的内容就能跳到保存旧基址的位置。这个位置前面紧挨返回地址，弹出返回地址到程序计数器就实现了函数的返回。

函数返回后，主调函数根据函数的参数表和返回值的数据类型，调整栈顶指针的位置，使之前压栈的参数全部失效，从 CPU 寄存器中读取返回值。64 位处理器内部的寄存器通常是 64 位的。一般来讲，如果返回值是 4 字节或 8 字节的，编译器可以选择通过寄存器传递返回值。如果返回值字节数较多，则可以通过栈返回，此时需要先从栈弹出返回值，然后调整栈顶指针位置，使之前压栈的参数全部失效。

栈属于线程，每个线程拥有一个栈。进程是资源分配的单位，线程是调度执行的单位。进程是操作系统中拥有资源的独立单位，在创建和撤销进程时，操作系统都会为进程分配和回收资源，资源包括地址空间、文件、I/O（输入/输出）、页表等。但是由于线程是依附于进程创建的，线程的代码段、数据段、文件句柄、I/O 资源、地址空间、页表等都是和进程的所有线程共享的。线程是调度执行的单位，它并没有独立的地址空间。这就意味着隶属同一进程的所有线程栈，都在所属进程的地址空间中，它们的栈地址不同，但是如果操作栈时发生越界，是有可能破坏其他线程的栈空间的。进程可以看成主线程，它的栈和其他线程栈没有区别。单线程只有一个栈，多线程则为每个线程都分配一个栈，并且这些栈的地址不同。

6.4　函数重载

函数重载（Overload）常用于功能相似但处理的数据类型不同的情况。C++ 支持在同一范围内定义名称相同的函数，但这些同名函数的形式参数表必须不同，这就是函数的重载。

形式参数表不同的地方可以是形参的个数、类型、顺序。不能利用不同的形参名重载函数，也不能利用不同的返回类型重载函数。调用重载函数时，C++根据传递的实际参数在编译时确定调用哪一个重载函数。

此外，C++支持通过const重载成员函数。使用const修饰成员函数，这个函数就成了常成员函数。常成员函数不能修改类的成员变量，也不能调用非const的成员函数，而不带const修饰的参数表相同的同名函数就是这个函数的重载函数，具备修改类成员的能力。

例6.4 理解函数重载。

```cpp
//Overload.cpp
#include <iostream>
using namespace std;
void play(){                                //没有参数
    cout << "漫无目的地玩……\n";
}
void play(int n){                           //一个整数类型的参数
    cout << "和" << n << "个小朋友一起玩……\n";
}
void play(const char * name){               //指向常量字符的指针变量
    cout << "和好朋友" <<name << "一起玩……\n";
}
void play(int n, const char * place){       //2个参数
    cout << "和" << n << "个小朋友一起去" << place << "玩……\n";
}
/*
    重载和形参的名字无关
    [Error] redefinition of 'void play(const char *)'
    void play(const char * place){
        cout<<"自己去"<<place<<"玩……\n";
    }
*/
/*
    不能利用返回类型重载
    [Error] ambiguating new declaration of 'int play(int)'
    int play(int k){
        return k+2;
    }
*/
//参数的顺序可以重载
void play(int a, double b){
    //相当于 play_int_double()
}
void play(double a, int b){
    //相当于 play_double_int()
}
int main(int argc, char** argv){
    play(4);        //4是int,根据实际参数的类型调用第二个函数 void play(int)
    play();         //没有参数,调用第一个函数 void play()
    play(3, "颐和园");
    play("毛毛");
```

```
    play(100, 3.14);
    play(3.14, 100);
    //[Error] call of overloaded 'play(int, int)' is ambiguous
    //有多个重载函数 play 实例与参数列表匹配
    //void play(int, double)    void play(double, int)
    //play(200,300);
    return 0;
}
```

【运行结果】

和 4 个小朋友一起玩……
漫无目的地玩……
和 3 个小朋友一起去颐和园玩……
和好朋友毛毛一起玩……

【代码解读】

程序定义了 6 个名称相同的函数,这 6 个同名函数的形参列表是不同的,互为重载函数。

```
void play();
void play(int n);
void play(const char * name);
void play(int n, const char * place);
void play(int a, double b);
void play(double a, int b);
```

虽然形参的名称不同,但是不能继续定义 void play(const char * place),因为前面已经定义了 void play(const char * name)。编译器是根据实参类型确定调用哪一个重载函数的,当使用一个字符串调用重载函数时,编译器无法区分这两个函数。比如,函数调用 play("毛毛")中的"毛毛"即可以是一个叫"毛毛"的小朋友,也理解为"毛毛"公园。这两个函数都适用,编译器认为是函数的重复定义。所以,不能利用形参名重载。

虽然返回类型不同,int play(int k)并不能成为 void play(int n)的重载函数。编译器无法区分仅仅是返回类型不同的函数,因为无论函数是否有返回值,调用时都可以仅仅调用这个函数,而不接收函数的返回值,如"play(4);"。

可以利用形参的先后顺序重载函数,以下两个函数是有效的函数重载。

```
void play(int, double);
void play(double, int);
```

在调用 play 函数时,如果传递了两个整数,实际上调用的是 play(int,int),但程序中并没有定义接收 2 个整数参数的 play 函数。编译器发现只要将 int 隐式转换为 double,则以上 2 个函数均适用。显然,这是有二义性的,编译器无法替程序员做出决定,编译器决定给程序员报编译错误。

例 6.5　通过 const 重载成员函数。

```
//OverloadByConst.cpp
#include <iostream>
using namespace std;
```

```cpp
struct Point{
    double x, y;
    void print(){
        cout << "Variable Point(" << x << "," << y << ")\n";
    }
    void print() const{              //常成员函数
        cout << "Const Point(" << x << "," << y << ")\n";
    }
};
int main(int argc, char** argv){
    Point point1 = { 8, 6 };
    const Point point2 = { 5, 5 };
    const Point &point3 = point1, * p = &point1;
    point1.print();
    point2.print();                  //point2是常对象
    point3.print();                  //point3是常引用
    p->print();                      //p是指向常对象的指针变量
    return 0;
}
```

【运行结果】

```
Variable Point(8,6)
Const Point(5,5)
Const Point(8,6)
Const Point(8,6)
```

【代码解读】

程序中两个 print 函数通过 const 实现了重载。第一个是非 const 成员函数，可以修改类的成员。第二个是常成员函数，不能修改类的成员。对比如下：

```
void Point::print() { }
void Point::print() const { }
```

程序中，point2 是常对象，point3 是常引用，p 是指向常对象的指针变量，通过它们调用 print() 函数时，会调用常成员函数。point1 是变量，是一个成员可变的对象，通过对象名 point1 调用 print() 函数时，调用非 const 的成员函数。

6.5 默认实参

C++ 支持给函数定义默认实参值（Default Argument），默认实参可将一系列简单的重载函数合并成一个。如果一个函数有多个默认实参，则实参默认值必须从右至左逐渐定义。当调用函数时，从左边开始匹配参数。如果函数只有定义，则默认实参在函数定义中给出。当函数即有声明又有定义时，默认实参应该在函数声明中给出。如果一个函数被声明多次，只能在一个声明中给出默认实参。

例 6.6 理解默认实参。

```cpp
//DefaultArgument.cpp
#include <iostream>
```

```cpp
using namespace std;
void f(int a, int b, int c=1000){
    cout<<a<<" "<<b<<" "<<c<<endl;
}
//参数默认值和重载存在冲突
//有多个重载函数"f"实例与参数列表匹配
//void f(int x, int y){
//    cout << x <<" " << y << endl;
//}
//默认实参不在形参列表的结尾
//[Error] default argument missing for parameter 3
//void fun(int a, int b=200, int c){
//    cout<<a<<" "<<b<<" "<<c<<endl;
//}
void func(int m);
void func(int m=2000);           //声明中给出实参默认值
void func(int m);
//void func(int m=2000);         //重定义默认参数
int main(int argc,char** argv){
    f(100, 200);                 //c 取默认值 1000
    f(100, 200, 300);
    func();                      //m 取默认值 2000
    func(500);
    return 0;
}
void func(int m) {               //已在声明中给出默认值,定义中不能再给默认值
    cout << m << endl;
}
```

【运行结果】

```
100 200 1000
100 200 300
2000
500
```

【代码解读】

void f(int a，int b，int c=1000)函数接收三个参数 a、b、c,其中最后一个形参 c 给出了默认实参 1000。在调用这个函数时,如果只传递两个参数,则从左边开始传递,第一个实参传递给形参 a,第二个实参传递给形参 b,形参 c 取默认值 1000。

参数默认值和重载存在冲突的可能性。同名函数 void f(int x，int y)也能接收两个整数参数,编译器发现有多个重载函数"f()"的实例与参数列表匹配,报编译错误。

多个实参默认值必须从右至左逐渐定义,fun 函数第三个形参没有默认实参,那么第二个形参就不能给默认实参。

void fun(int a, int b=200, int c);   //编译错误:默认实参不在形参列表的结尾

在一个函数有多个声明时,实参默认值如果尚未给出,则可以给出一次。即使给出的默认值相同,也不能重复给出。下面四行代码前三行可以正确编译,第四行编译报错。

```
void func(int m);
void func(int m=2000);            //声明中给出实参默认值
void func(int m);
//void func(int m=2000);          //编译报错：重定义默认参数
```

对于 func 函数，已经在声明中给出实参默认值，则定义中不能再给。如果函数定义中再次给出实参默认值，编译器就会报错，提示重复定义默认参数。

```
void func(int m=2000) { }         //错误：函数定义中不能再给 m 默认值
```

6.6 递归函数

一个函数在其定义中直接或间接调用自身称为递归(Recursion)。递归把一个大的问题转换为一个与原问题相同的规模较小的问题来求解。递归方法只需少量的代码就可以描述出解题过程所需要的多次重复计算，大大地减少了程序的代码量。

一般来讲，递归需要有边界条件、递归前进段和递归返回段。当边界条件不满足时，递归持续前进；当边界条件满足时，递归开始返回。构成递归需要具备以下两个条件。

(1)子问题需与原问题为同样的事，且更为简单。比如，n 的阶乘等于 n 乘以 n−1 的阶乘，即 $f(n)=n \times f(n-1), f(n-1)=(n-1) \times f(n-2), \cdots$。

(2)递归不能无限制地调用下去，需有个出口。比如，1 的阶乘等于 1，即 $f(1)=1$。求解 $f(1)$ 无须调用 $f(0)$，$f(1)$ 是出口。程序逻辑上，当边界条件满足时，函数就无须再递归了。内存占用上，每个线程的栈空间是有限的，无限递归会导致线程栈溢出。

递归的原理：函数调用时，通过压栈保护主调函数的 CPU 现场，包括返回地址和数据环境，使得主调函数的状态可以在被调函数返回时全面恢复。递归函数每次被调用时，虽然数据环境的结构是一致的，但每次被调用时压栈的实参、返回地址、CPU 现场、本地变量是不同的，即数据环境是不同的。函数每次被递归调用时，执行的是同一段指令代码，但每次操作的数据是不同的。

递归函数被多次调用，每次被调用时都需要压栈，每次返回时都需要退栈，这带来了很大的时空开销。在空间上，每递归一次，参数压栈、返回地址压栈、保护 CPU 现场、创建局部变量的操作都会让栈增长一截。在时间上，函数调用和返回所执行的指令数量高于非递归实现。递归简化了程序设计，让开发者可以轻易地将数学上的递归函数给出递归实现。但是递归时空开销大，如果能够消除递归，找到非递归的实现方法，则可提高程序执行效率。

例 6.7 利用递归函数求 n 的阶乘和斐波那契数列第 n 项的值。

一个正整数的阶乘(Factorial)是所有小于或等于该数的正整数的乘积，并且 0 的阶乘为 1。自然数 n 的阶乘写作 n!：

$$n! = 1 \times 2 \times 3 \times \cdots \times (n-1) \times n$$
$$0! = 1$$

斐波那契数列(Fibonacci Sequence)，又称黄金分割数列，指的是这样一个数列：0、1、1、2、3、5、8、13、21、34、…，每个数值是其前面两个数值的和。斐波那契数列可以用以下递归的方法定义：

$$F(n) = F(n-1) + F(n-2) \quad (n \geqslant 2)$$
$$F(0) = 0 \quad\quad\quad\quad\quad\quad (n=0)$$
$$F(1) = 1 \quad\quad\quad\quad\quad\quad (n=1)$$

```cpp
//recursion.cpp
#include <iostream>
using namespace std;
typedef unsigned long long UINT_64;
typedef unsigned int UINT_32;
bool debug = true;                    //全局变量 debug 为真时输出更多信息
UINT_64 fact(UINT_32 n){              //计算 n 的阶乘
    if(debug){
        cout<<"fact("<<n<<") called.\n";
    }
    if(n<2){
        return 1ULL;                  //0!=1  1!=1   ULL=unsigned long long
    }else{
        return n * fact(n-1);         //n!= n * (n-1)!
    }
}
UINT_64 fib(UINT_32 n){               //求斐波那契数列的第 n 项的值
    if(debug){
        cout<<"fib("<<n<<") called.\n";
    }
    if(n<2){                          //f(0)=0  f(1)=1
        return n;
    }else{                            //f(n)=f(n-1)+f(n-2)
        return fib(n-1) + fib(n-2);
    }
}
int main(int argc,char** argv){
    UINT_32 n;
    cout<<"Input n: ";
    cin >> n;
    UINT_64 result = fact(n);
    cout << n << "的阶乘: " << result << endl;
    result = fib(n);
    cout << "斐波那契数列第" << n << "项: " << result << endl;
    return 0;
}
```

【运行结果】

```
Input n: 4 ↵                          fib(4) called.
fact(4) called.                       fib(3) called.
fact(3) called.                       fib(2) called.
fact(2) called.                       fib(1) called.
fact(1) called.                       fib(0) called.
4 的阶乘: 24                          fib(1) called.
                                      fib(2) called.
                                      fib(1) called.
                                      fib(0) called.
                                      斐波那契数列第 4 项: 3
```

【代码解读】

递归计算 4 的阶乘时,函数递归调用和返回的关系如图 6-3 所示。f(4)调用 f(3),f(3)调用 f(2),f(2)调用 f(1)。1 的阶乘是 1,f(1)到达递归边界。f(1)返回给 f(2),f(2)计算 2×f(1)返回给 f(3),f(3)计算 3×f(2)返回给 f(4),f(4)计算 4×f(3)返回到主函数中调用 f(4)的位置。fact(4)的返回值作为主函数中变量 result 的初值。

递归计算斐波那契数列第 4 项的值时,函数递归调用关系如图 6-4 所示。六边形中的数字给出了调用的次序,计算 fib(4)总共发生了 9 次函数调用,最终计算结果赋值给了变量 result,覆盖了 result 之前的值。

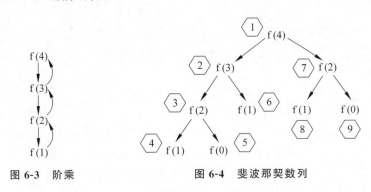

图 6-3　阶乘　　　　　　图 6-4　斐波那契数列

习　　题

1. 定义一个判别素数的函数,在主函数中输入一个整数,输出是否为素数的信息。
2. 将一个正整数逆序的函数声明如下,给出对应的函数定义并使用这个函数。

```
typedef unsigned long long UINT_64;
UINT_64 Reverse(UINT_64 n);          //12345→54321
```

3. NineNine(int m)函数的作用是以不同的形式打印九九乘法表。函数参数 m 为 0 时打印完整的九九乘法表;为 1 时打印挖去右上部分的九九乘法表;为 2 时打印挖去左下部分的九九乘法表;为其他正数时仅打印对角线上的数字。本题为填空题,只能在下画线处填一个表达式。

```
#include <iostream>
#include <iomanip>
using namespace std;
void NineNine(int m); //参数 m 决定打印的形式
int main(){
    int m;
    do{
        cout << "mode:";
        cin >> m;
        NineNine(m);
    }while(m >= 0); //输入负数退出循环
}
```

```
void NineNine(int m){
    cout << "  * ";  //2个空格
    for(int i=1; i<=9; i++)
        cout << "  " << i; //2个空格
    cout << endl;
    for(int i=0; i<32; i++) cout << "-";
    cout << endl;
    for(int i=1; i<=9; i++){
        cout << "  " << i; //2个空格
        for (int j=1; j<=9; j++){
            if(_____)
                cout << setw(3) << i*j;
            else
                cout << "   ";//3个空格
        }
        cout << endl;
    }
}
```

4. 猴子第一天摘了 n 个桃子,当时就吃了一半,还不过瘾,就又多吃了一个。第二天又将剩下的桃子吃掉一半,又多吃了一个。以后每天都吃前一天剩下的一半零一个。到第十天再想吃的时候就只剩一个桃子了,问第一天共摘了多少个桃子？使用递归函数求解猴子吃桃问题,并反向打印每天所剩桃子数。

第 7 章 函数进阶

本章介绍：变量的作用域、指针和传地址、引用和传别名、内联函数、分离编译。

7.1 变量的作用域

C++变量具有多种不同的作用域，不同作用域的C++变量保存在不同的存储区域。

7.1.1 程序的内存结构

一个可执行程序文件在计算机硬件上运行起来，其实质是静态文件被加载到内存中的过程，可执行程序文件只是一个程序的载体。那么执行一个应用时，它在内存中是一个怎样的结构呢？分配给一个程序的内存有两种：静态分配的内存和动态分配的内存。静态分配的内存是在程序编译和链接时就确定好的内存。动态分配的内存是在程序加载、调入、执行的时候分配/回收的内存。

处于运行状态的程序又称为进程(Progress)，每个进程运行在自己的空间中，空间相对独立，受操作系统保护。在操作系统的规则中，资源一般都是针对进程分配的，必须要先有一个进程，才能对其分配资源。在每个进程空间中，一般都会有一个或者多个线程在运行。线程(Thread)是操作系统调度执行的单位，操作系统调度多线程分时占用处理器，多线程并发执行(Concurrent Execution)。

一个C++程序运行起来就变成了一个进程，这个进程至少拥有一个线程。一个运行中的C++程序将内存分为以下几个存储区域。

(1) 程序代码区(Code Area)：存放程序的二进制代码，即程序中各个函数的代码块。

(2) 全局(静态)数据区(Data Area)：分为DATA段和BSS段。DATA段(全局初始化区)存放初始化的全局变量和静态变量；BSS段(全局未初始化区)存放未初始化的全局变量和静态变量。BBS段在程序执行之前会被系统自动清0，所以未初始化的全局变量和静态变量在程序执行之前已经为0。全局数据区在程序运行结束时自动释放。

(3) 文字常量区(Const Data Area)：存放常量，程序结束后由系统释放。

(4) 栈(Stack)：每个线程一个栈，操作方式为后进先出，存放程序的局部数据，即各个函数的数据：函数的参数、函数返回地址、函数的局部变量。局部变量占用的栈内存在函数返回时自动释放。

(5) 堆(Heap)：程序根操作系统动态申请和释放的内存空间。

C++的全局变量和局部变量在内存中是有区别的。全局变量包括外部变量和静态变量，均是保存在全局存储区中，占用永久性的存储单元；局部变量即自动变量，保存在栈中，只有在所在函数被调用时才由系统动态在栈中分配临时性的存储单元。

C++变量根据定义的位置，拥有不同的生命周期，具有不同的作用域。作用域可分为6种：全局作用域、文件作用域、命名空间作用域、类作用域、函数作用域、语句块作用域。

不同作用域的C++变量保存在不同的存储区域。通常来讲，全局变量保存在进程的全局存储区中，占用静态的存储单元；局部变量保存在栈中，只有在所在函数被调用时才动态地为其分配存储单元。在C++中，可以定义作用域不同的变量，当变量间出现重名时，作用域小的屏蔽作用域大的。

7.1.2 全局变量

全局变量是在函数和类外面定义的变量，在每个函数和类中都是可见的，存放在程序的全局数据区。全局变量由编译器建立，并自动初始化为0，也可以在定义时给出初始化值。但是，全局变量定义之前的所有函数和类定义，不会知道该变量。全局变量的默认可见性是从变量定义位置开始，到本源文件的末尾。如果想在全局变量定义前的函数中使用这个全局变量，则需要在使用前声明这个全局变量。为了区分变量声明和变量定义，C++中使用关键词extern来声明变量。例如：

```
extern int m;           //声明全局变量m，声明时不能给初始化值
void func(){
    cout << m;          //有声明即可使用，读取到100
}
int m = 100;            //定义全局变量m，初始化为100
```

变量声明与变量定义的区别：变量定义是会建立存储空间的。例如："int m;"为变量m建立了存储空间。变量声明是不会建立存储空间的。例如："extern int m;"仅仅是声明有一个变量m，而没有为m分配存储空间。不能在变量声明时给出变量的初始化值，如果给出初始化值，就变成了变量定义，例如：

```
extern int n=300;   //虽然有extern，但由于有初始化值，所以定义了变量n
```

声明的目的是为了提前使用，即在定义之前使用，如果不需要提前使用就没有单独声明的必要，变量是如此，函数也是如此，类（结构）也是如此，所以声明不会分配存储空间，只有定义时才会分配存储空间。下面四行代码是变量、函数、类、结构的声明，声明均以分号结束，变量声明需要使用关键词extern。

```
extern int m;       //变量声明
void func();        //函数声明
class Date;         //类声明
struct Time;        //结构声明
```

全局变量具有全局作用域。在一个由多个源文件构成的项目中，全局变量在一个源文件中定义，就可以作用于所有的源文件。当然，其他不包含全局变量定义的源文件需要用extern关键字来声明这个全局变量。或者，单独设计一个头文件，在头文件中声明这个全局变量，则包含这个头文件的源文件都能使用这个全局变量。例如，在mylib.cpp中定义全局变量n，在mylib.h中声明这个全局变量，则包含了头文件mylib.h的所有源文件都可以使用全部变量n。

静态全局变量

全局变量的作用域是整个项目的全部源文件，当一个程序由多个源文件组成时，全局变量在各个源文件中都是有效的。而静态全局变量则限制了其作用域，即只在定义该变量的源文件内有效，在同一程序的其他源文件中不能使用它。例如，在源文件 mylib.cpp 中有静态全局变量 k。

```
static int k=2000;              //只能在定义 k 的源文件中使用
```

变量 k 只能在 mylib.cpp 中使用，其他文件即使声明 k 也无法使用。static 修饰全局变量，改变了变量的作用范围，但并不改变存储位置。静态全局变量存储在全局数据区，使用范围是文件作用域。

例 7.1 理解全局变量和变量声明。

```
//GlobalVar.cpp
#include <iostream>
using namespace std;
extern int m;                   //全局变量的声明,不能给出初值
extern int n = 300;             //虽然有 extern,但由于有初始化值,所以定义了变量 n
void func();                    //函数声明
class Date;                     //类声明
struct Time;                    //结构声明
void func0(){
    cout << "m=" << m << endl;  //定义前使用全局变量 m
}
int m = 100;                    //全局变量的定义,m 初始化为 100
void func1(){
    cout << "m=" << m << endl;  //使用全局变量 m
}
int main(int argc, char** argv){
    cout << "m=" << m << endl;  //100
    cout << "n=" << n << endl;  //300
    m += 2;                     //修改全局变量 m
    func0();                    //102
    func1();                    //102
    int m = 200;                //定义 main 中局部变量 m,作用域是从定义位置到 main 结束
    cout << "m=" << m << endl;  //main 中的局部变量 m 200
    cout << "m=" << ::m << endl;//通过::访问全局的 m 102
    return 0;
}
```

【代码解读】

func0 函数中，在定义前使用了全局变量 m，这就需要在前面加上变量 m 的声明。"extern int m;"声明了变量 m，此时并没有为变量 m 分配存储空间，只是说有这样的一个变量，这个变量可能在本文件中后面某个位置定义，也可能在其他源文件中定义。只要有全局变量声明，程序中就可以使用这个变量，编译时就可以通过，链接时才去寻找这个全局变量的定义。

声明变量时不能给出初始化值。如果声明时给出了初始化值，则会真正定义这个变量。变量 n 前面虽然有 extern，但由于有初始化值 300，所以是定义了变量 n。主函数中输出了

变量 n 的值 300,验证了 n 的存在。

可以定义作用域不同的变量,当变量间出现重名的情况下,作用域小的屏蔽作用域大的。主函数中定义了局部变量 m 之后,全局变量 m 被屏蔽。m 表示主函数中的局部变量,::m 表示默认命名空间内部的全局变量。

7.1.3 命名空间变量

命名空间(Namespace)是 C++ 为解决命名冲突而引入的一种机制,不同的命名空间内可以定义同名的全局变量。命名空间变量存储在全局数据区。相同的空间名称是可以被多次声明的,这种声明是相互补充的,这就使得一个命名空间可以被分割到几个文件中或者是在同一个文件的不同地方。默认命名空间没有名字,又叫全局命名空间,没有放在任何命名空间内的变量、函数、类都属于默认命名空间。例如:

```
int m = 100;            //定义默认命名空间内的全局变量 m
namespace myspace{
    int m = 200;        //定义命名空间 myspace 内部的全局变量 m
}
```

一般来讲,在命名空间之外想要访问命名空间内部的成员,需要在成员前面加上命名空间和作用域运算符。由于默认命名空间没有名字,作用域运算符前面无任何前缀就是访问默认命名空间内的成员。例如:

```
cout << ::m << endl;            //访问默认命名空间的全局变量 m
cout << myspace::m << endl;     //访问命名空间 myspace 内部的全局变量 m
```

如果在程序中需要多次引用某个命名空间的成员,按照上面的说法,每次都要使用作用域运算符来指定该命名空间,这是一件很麻烦的事情。为了解决这个问题,C++ 引入了 using 关键字。using 语句通常有以下两种使用形式:

```
using namespace 命名空间名称;
using 命名空间名称::成员;
```

第一种形式引入了整个命名空间,指定命名空间中的所有成员都会被引到当前范围中。也就是说,他们都变成当前命名空间的一部分了,使用的时候不再需要使用作用域运算符。第二种形式只引入了指定命名空间中的指定成员。例如:

```
using namespace myspace;    //引入整个命名空间 myspace
using myspace::m;           //引入命名空间 myspace 内部的变量 m
using std::cout;            //引入命名空间 std 内部的 cout 对象
```

例 7.2 理解命名空间变量。

```
//NamespaceVar.cpp
#include <iostream>
using namespace std;
extern int m;               //声明全局变量,这个变量属于默认命名空间
namespace myspace{
    extern int m;           //声明 myspace 内部的全局变量
    extern int n;
```

```
}
int main(int argc, char** argv){              //双冒号::是作用域运算符
    cout << "m=" << m << endl;                //100 默认命名空间的 m
    cout << "m=" << ::m << endl;              //100 默认命名空间的 m
    cout << "m=" << myspace::m << endl;       //200
    using myspace::m;
    cout << "m=" << m << endl;                //200
    cout << "n=" << myspace::n << endl;       //300
    return 0;
}
int m = 100;           //全局变量的定义,这个变量属于默认命名空间
namespace myspace{
    int m = 200;       //命名空间 myspace 内部的 m,是全局变量
}
namespace myspace{     //相同的空间名称可以被多次声明
    int n = 300;
}
```

【代码解读】

程序在主函数前声明了默认命名空间内的一个全局变量和命名空间 myspace 内部的两个全局变量,在主函数后面给出了这三个变量的定义。相同的空间名称 myspace 多次被声明。在主函数中,using 之前,m 表示默认命名空间的全局变量,在"using myspace::m;"之后,m 表示命名空间 myspace 内部全局变量 m。

7.1.4 局部变量

局部变量也称内部变量、本地变量,是指在一个函数内部或复合语句内部定义的变量。局部变量的作用域是定义该变量的函数或定义该变量的复合语句。

函数内部定义的局部变量的生存期,是从变量定义的位置开始,到函数返回调用处的时刻结束。函数的形参也属于函数内部的局部变量。在函数内部定义的变量,仅在该函数内部可见,函数被调用时,局部变量在栈上分配空间。只有在函数正在执行时,局部变量才存在。当函数被调用时,形参变量和局部变量都在栈上创建。当函数返回时,形参和局部变量被销毁,这意味着存储在形参或局部变量中的任何值在函数返回后都会丢失。例如:

```
int add(int x, int y){
    int z = x + y;
    return z;
}
```

add 函数每次被调用时,创建局部变量 x、y、z;add 函数每次运行结束时,x、y、z 都被销毁。函数每次被调用时,x、y、z 在线程栈上分配存储空间,函数返回后,通过退栈操作释放了 x、y、z 所占用的存储空间。

复合语句内部定义的局部变量,作用域是从变量定义的位置开始,到复合语句右半花括号结束。例如:

```
if(5>2){
    int m = 400;        //定义 if 语句块内部的局部变量 m
```

```cpp
        //if结束后,if内部的m就消失了
    }
    for(int m=0; m<10; m++){        //m前有int,是变量定义
        //for语句内部的m, for结束后m消失
        cout << "m=" << m << " ";
    }
```

例 7.3 理解局部变量。

```cpp
//LocalVar.cpp
#include <iostream>
using namespace std;
int func(int x, int y){                         //传值,形参是实参的复本
    x += 2;                                     //形参是局部变量
    y += 3;
    int z = x+y;
    return z;
}
int main(int argc, char** argv){
    int x=1, y=2, z;
    z = func(x, y);
    cout << x << " " << y << " " << z << endl;  //1,2,8
    if(5>2){
        int m = 500;                            //定义if语句块内部的局部变量m
        //if结束后,if内部的m就消失了
        cout << "[if] m=" << m << endl;         //if语句块中的m=500
    }
    //cout << m;                                //未声明的标识符m
    for(int m=0; m < 10; m++){                  //m前有int,是变量定义
        //for语句内部的m, for结束后m消失
        cout << "m=" << m << " ";
    }
    //cout << m;                                //未声明的标识符m
    return 0;
}
```

【运行结果】

```
1 2 8
[if] m=500
m=0 m=1 m=2 m=3 m=4 m=5 m=6 m=7 m=8 m=9
```

【代码解读】

主函数中的 x、y、z 是主函数内部的局部变量,作用域到主函数返回时结束。func 函数的形参 x、y 是其内部的局部变量,func 函数内部定义了局部变量 z。func 函数的形参和局部变量在其每次被调用时产生,返回时被销毁。主函数调用 func 函数时,在栈上为形参 x 和 y 分配存储空间,然后将主函数中 y 和 x 的值复制给形参 y 和 x。形参 x 和 y 是实参的复本,是 func 函数的局部变量。func 函数的返回值是一个整数,通过寄存器返回,函数返回后将返回值从寄存器中复制到主函数中局部变量 z 的内存空间。

复合语句内部定义的局部变量的作用域,从定义位置开始,到语句块结束为止。if 语句

内部定义的变量 m 的初始化值是 500，在 if 语句内部可以读取 m 的值。if 语句结束后，其内部定义的 m 就消失了。for 语句的第一个表达式中定义的变量 m 属于 for 语句内部的局部变量，在每次循环时都是可用的。for 循环结束后，其内部定义的 m 就消失了。

7.1.5 静态局部变量

局部变量是在函数内部定义的变量，仅在该函数内部可见。在局部变量前加上 static 关键字，它就成了静态局部变量。

静态局部变量存放在进程的全局数据区。静态局部变量与全局变量共享全局数据区，但静态局部变量只在定义它的函数中可见。静态变量用 static 告知编译器，自己仅仅在变量的作用范围内可见。

如果不为静态局部变量显式初始化，则 C++ 自动将其初始化为 0。函数被调用前，静态局部变量已经存在；每次调用该函数时，也不会为其重新分配空间；函数调用结束后，它也不会消失，而是始终驻留在全局数据区，直到程序运行结束。例如：

```cpp
void func(){
    static int a=1000;         //静态局部变量a,保存在全局数据区
    //在函数第一次被调用前,a已经初始化为1000
}
```

例 7.4 理解静态局部变量。

```cpp
//StaticLocalVar.cpp
#include <iostream>
using namespace std;
int plus1(){
    int m=100;                 //每次函数被调用时,重新为m分配存储空间
    return ++m;                //每次函数调用结束后, m消失
}
int plus2(){
    static int n=200;          //静态局部变量
    return ++n;
}
int main(int argc, char** argv){
    for(int i=0; i<5; i++){ //101 101 101 101 101
        cout << plus1() << endl;
    }
    for(int i=0; i<5; i++){ //201 202 203 204 205
        cout << plus2() << endl;
    }
    return 0;
}
```

【代码解读】

在 plus1 函数中，定义了局部变量 m。每次函数被调用时，重新为局部变量 m 分配存储空间并初始化为 100，每次函数调用结束后，m 被销毁。因此，主函数中 5 次调用 plus1 函数的输出结果是 101、101、101、101、101。

在 plus2 函数中，定义了静态局部变量 n。与全局变量一样，静态局部变量存储在全局

数据区。第一次调用函数之前，n已经被初始化，初始化值为200。函数返回之后，n并不会被释放。变量n始终存在，但是只能在plus2函数内部使用n。主函数中5次调用plus2函数的输出结果是201、202、203、204、205。

7.1.6 文字常量区

文字常量区（Const Data Area）存放常量，程序结束后由系统释放。文字常量又称为"字面常量"，包括数值常量、字符常量、符号常量。

例 7.5 理解全局常量。

```
//GlobalConst.cpp
#include <cstdio>
using std::printf;
constexpr int M = 100;                  //常量
const int &N = 100;                     //常引用
constexpr int &&K = 100;                //常右值引用
#define LEN 128                         //宏定义，符号常量
constexpr int COUNT = M+50;             //常表达式
const char * s1 = "Hello World!";       //s1是指向常量字符串的指针变量
const char * s2 = "Hello World!";       //s2指向的地址会和s1相同吗？
int main(int argc, char** argv){
    printf("%d %d %d\n", M, N, K);      //100,100,100
    printf("%s %s\n", s1, s2);
    printf("%d %d\n", LEN, COUNT);      //128,150
    printf("%p %p %p\n", &M, &N, &K);
    printf("%p %p\n", s1, s2);          //地址在有的编译器上相同
    s1 = "Hello Again!";                //s1是变量
    printf("%s %p\n", s1, s1);
    return 0;
}
```

【运行结果】

```
100 100 100
Hello World! Hello World!
128 150
000000000040904c 0000000000408010 0000000000408014
0000000000409000 0000000000409000
Hello Again! 0000000000409036
```

【代码解读】

程序在主函数之前定义了多个常量和常引用，使用了C语言的宏定义和C++的关键词const和constexpr。注意，s1和s2是变量，其余都是常量。常量字符串"Hello World!"保存在文字常量区，自身是常量，不可改变。s1和s2是指针变量，保存了常量字符串的起始地址。s1和s2自身是可变的，可以被修改为指向其他字符，但是不能通过s1和s2修改其指向的常量字符串。由于常量字符串是不可变的，如果多个字符指针指向的常量字符串相

同,是可以只保存一份字符串常量的。以上运行结果是使用 g++编译器构建的 64 位程序的输出,从程序中可见,s1 和 s2 的指向相同,即只有一份"Hello World!"。

const 和 constexpr:在 C++11 之前只有 const 关键词,从功能上来说这个关键词有双重语义:变量只读,修饰常量。在 C++11 中添加了一个新的关键词 constexpr,这个关键词是用来修饰常量表达式的。所谓常量表达式,指的就是由多个常量(值不会改变)组成并且在编译过程中就得到计算结果的表达式。在使用时,可以将 const 和 constexpr 的功能区分开,表达"只读"语义的场景使用 const,表达"常量"语义的场景使用 constexpr。

7.1.7 堆内存

堆(Heap)是程序动态申请和释放的内存空间。C 语言中的 malloc 和 free,C++ 中的 new 和 delete 均是在堆中进行的。注意:这里的"堆"并不是数据结构中的"堆",而是从操作系统新申请到的内存。C/C++ 不提供垃圾回收机制,因此需要对堆中的数据进行及时销毁,防止内存泄漏,使用 free 和 delete 释放 new 和 malloc 申请的内存。

例 7.6 理解堆内存。

```cpp
//HeapData.cpp
#include <iostream>
using namespace std;
int main(int argc, char** argv){
    int * p = nullptr;          //p 是主函数内部的局部变量
    p = new int[10];            //p 指向堆数据
    for(int i=0; i<10; i++){
        p[i] = i+1;
        cout << p[i] << " ";
    }
    cout << hex << p << endl;
    delete[] p;                 //释放指针 p 指向的空间
    return 0;
}
```

【运行结果】

1 2 3 4 5 6 7 8 9 10 0000025C85DBF900

【代码解读】

C++ 运算符 new 和 delete 用于动态申请和释放内存。指针 p 自身是栈上的局部变量,但是 p 指向的是位于堆上的 40 字节的内存空间,如图 7-1 所示。堆内存的申请和释放由程序员自己手动控制,容易产生内存泄漏。

图 7-1 堆内存

7.2 指针和传地址

指针(Pointer)是一个整数,保存的是另外一个变量的地址,即它指向内存中的另一个地方。例如:

```
int n = 100;
int * p = &n;              //& 取地址, * 定义指针
* p = 200;                 //* 解引用符
cout << n << endl;         //输出 200,讲解参考例 5.1
```

传递地址参数时,是将变量的地址传递给被调函数。传地址实际是复制实参变量的地址给形参的指针变量。在函数调用过程中,如果通过地址修改了形参指针指向的实参变量,则实参的值也跟着改变。例如:

```
double a;                  //定义变量 a
void func(double * p){     //形参是指针变量
    * p= 300;              //修改指针指向的变量
}
func(&a);                  //变量 a 的地址传递给形参 p,a 被修改为 300
```

例 7.7 指针与传地址。

```
//PointerAsParam.cpp
#include <stdio.h>
void change(double x){     //传值:形参是实参的副本
    x += 5;
    printf("change: x=%.2lf\n", x);
}
void alter(double * q){    //传地址:形参是指针,接收变量的地址
    * q += 5;
    printf("alter: * q=%.2lf\n", * q);
}
int main(int argc, char** argv){
    int n=100;             //定义了变量 n
    int * p;               //定义了指针变量 p,p 的指向是不确定
    p = &n;                //将变量 n 的地址取出来放到 p 里面,即 p 指向了 n
    * p = 200;             //p 是已经存在的指针, * p 是通过指针访问其指向的变量 n
    printf("n=%d * p=%d\n", n, * p);     //200,200
    printf("&n=%p p=%p\n", &n, p);       //n 的地址 p 里面存的内容
    double x = 7.5;
    change(x);
    printf("main: x=%.2lf\n", x);
    alter(&x);             //将变量 x 的地址传递给指针 q
    printf("main: x=%.2lf\n", x);
    return 0;
}
```

【运行结果】

```
n=200 *p=200
&n=000000A85D3EF604 p=000000A85D3EF604
change: x=12.50
main: x=7.50
alter: *q=12.50
main: x=12.50
```

【代码解读】

指针 p 指向变量 n 之后,则可通过指针 p 修改变量 n 的值。在调用 alter 函数时,将变量 x 的地址传递给指针 q,在函数内部通过这个指针修改了外面的变量 x。

7.3 引用和传别名

引用(Reference)是某一个变量的别名,对引用的操作与对原变量直接操作完全一样。例如:

```
int a = 100;
int &b = a;                    //& 用来定义引用,b 成为 a 的别名,定义时必须初始化
b = 200;
cout << a << " " << b << endl; //输出 200,200,讲解参考例 5.2
```

使用引用参数时,形参成为实参的别名。被调函数可以改变传递给引用参数的实参变量,因为被调函数操作的是实参的别名,而不是它的副本。例如:

```
double a;                      //定义变量 a
void func(double &b){          //形参是引用变量,形参会成为实参的别名
    b = 300;
}
func(a);                       //形参 b 成为实参 a 的别名,a 被赋值为 300
```

例 7.8 引用与传别名。

```
//ReferenceAsParam.cpp
#include <iostream>
#include <cstdio>
using namespace std;
void change(double x){      //形参是实参的副本
    x += 5;
    printf("change: x=%.2lf\n", x);
}
void alter(double &x){      //形参 x 是引用,会成为实参的别名
    x += 5;
    printf("alter: x=%.2lf\n",x);
}
int main(int argc, char** argv){
    int a = 100;
    int &b = a;             //b 是正在定义的变量,& 的作用是定义引用变量,b 成为 a 的别名
    b = 200;
```

```
    cout << "a=" << a << " b=" << b << "\n";   //a和b都是200,b就是a
    double y = 7.5;
    change(y);                                  //y复制一份给x, x是y的复本
    printf("main: y=%.2lf\n", y);               //y依然是7.5
    alter(y);                                   //形参x成为实际参数y的别名
    printf("main: y=%.2lf\n", y);               //y变成了12.5
    return 0;
}
```

【运行结果】

```
a=200 b=200
change: x=12.50
main: y=7.50
alter: x=12.50
main: y=12.50
```

【代码解读】

主函数中定义了引用变量 b 作为变量 a 的别名。别名是没有独立存储空间的,在定义时必须初始化,引用初始化之后不能再改变。b 是 a 的别名,将整数 200 赋值给 b,实际修改的是 a。

alter 函数的形参 x 是引用,会成为实参的别名。主函数中调用 alter 函数时,实参是变量 y,形参 x 就成了主函数中变量 y 的别名。因此,alter 函数中的语句"x+=5;"修改的实际上是主函数中的变量 y。

7.4 内联函数

函数调用需要建立栈环境,传递参数,保护现场,产生程序执行转移,返回时还要进行返回值复制和恢复现场。函数调用需要时间和空间开销,而内联函数产生的代码类似 C 语言的宏展开,没有函数调用的开销。内联函数有以下优点。

(1) 关键词 inline 定义的内联函数,函数代码被放入符号表中,在使用时进行替换,像宏一样展开,效率很高。

(2) 类的成员函数也可以声明为内联函数,可以使用所在类的保护成员及私有成员。

(3) 编译器在调用一个内联函数时,首先会检查参数,保证调用正确,像对待真正的函数一样,消除 C 语言宏展开的隐患及局限性。

对函数的内联声明必须在调用之前,因为内联函数的代码是直接嵌到调用处执行的,编译器需要在调用函数的时候知道这是一个内联函数。内联函数以复制为代价避免函数调用的开销,这会使生成的可执行文件变大,如果函数的代码较长,内联将消耗过多的内存。

内联函数体应尽可能小,且结构简单,这样嵌入的代码才不会影响主调函数的主体结构。所以内联函数不能含有复杂的结构控制语句,如 switch 语句和循环语句。如果内联函数中有这些语句,则编译器无视内联声明,产生和普通函数一样的调用代码。inline 只是给编译器的一个建议。

C++ 引入内联函数的主要原因是用它替代 C 语言中带参数的宏定义。在宏定义中的参数称为"形式参数(形参)",在宏调用中的参数称为"实际参数(实参)",这点和函数有些类

似。与函数不同,调用带参数的宏,只是用实参替换字符串中形参的宏展开过程。带参数的宏形式为

#define 宏名(形参列表) 字符串

宏名和形参列表之间不能有空格出现,各个形参用逗号分隔,后面的字符串中含有各个形参。字符串内的形参通常要用圆括号包起来以避免出错,不仅要在形参两侧加括号,还应该在整个字符串外加圆括号。在宏定义中,形参不能指明数据类型;在宏调用中,实参包含了具体的数据,具有数据类型。对于函数调用,形参和实参是两个不同的变量,分别具有自己的作用域,调用时实参的值传递给形参;而在带参数的宏定义中,只是符号的替换,不存在值传递。调用带参数的宏的一般形式为

宏名(实参列表);

例 7.9 带参数的宏。

```
//MacroWithParams.cpp
#include <stdio.h>
//宏定义,求平方
#define SQ1(x) x * x
#define SQ2(x) (x) * (x)
#define SQ3(x) ((x) * (x))
//宏定义,求两个数中较大的
#define MAX(x,y) ((x)>(y)?(x):(y))
int main(int argc, char** argv){
    double a=6, b=7, c=2, d=3;
    double x = SQ1(a+b)/SQ1(c+d); //a+b*a+b/c+d*c+d=6+7*6+7/2+3*2+3=60.5
    //(a+b) * (a+b)/(c+d) * (c+d) =13*13/5*5=33.8*5=169
    double y = SQ2(a+b)/SQ2(c+d);
    //((a+b) * (a+b))/((c+d) * (c+d))=(13*13)/(5*5)=6.76
    double z = SQ3(a+b)/SQ3(c+d);
    printf("x = %.2lf\n", x);     //60.50
    printf("y = %.2lf\n", y);     //169.00
    printf("z = %.2lf\n", z);     //6.76
    int i=10;
    int m = MAX(++i, 8);          //((++i)>(8)?(++i):(8)),变量i自增了2次
    printf("m=%d i=%d\n", m, i);  //12,12
    return 0;
}
```

【运行结果】

```
x = 60.50
y = 169.00
z = 6.76
m=12 i=12
```

【代码解读】

使用带参数的宏时,只是符号的替换,不存在值传递的问题。宏展开之后,运算的顺序由运算符的优先级和结合性决定。代码注释中给出了三组"$(a+b)^2/(c+d)^2$"展开后求值的过程,前两组由于缺少足够多的圆括号产生了错误的运算结果。

虽然带参数的宏 MAX 已经把圆括号加到最多,但是表达式"MAX(＋＋i,8)"的结果依然是错误的,这是因为"＋＋i"被执行了两次。"MAX(＋＋i,8)"的展开结果是"((＋＋i)>(8)?(＋＋i):(8))",计算问号前的条件表达式时执行了一次自增,接着判断"11>8"的结果为真,然后计算冒号前的表达式时再次自增。

综上,在使用带参数的宏时需要格外小心。

例 7.10 内联函数。

```
//inline.cpp
#include <iostream>
using namespace std;
inline double Square(double x){    //求平方
    return x * x;
}
inline int Max(int x, int y){    //求更大数
    return x > y ? x : y;
}
inline bool IsAlpha(int ch){    //是否是英文字母
    return ch>='A' && ch<='Z' || ch>='a' && ch<='z';
}
int main(int argc, char** argv){
    double a=6, b=7, c=2, d=3;
    double x = Square(a+b)/Square(c+d);
    cout << "x=" << x << endl;
    int i = 10;
    int m = Max(++i, 8);
    printf("m=%d i=%d\n", m, i); //11,11
    if(IsAlpha(100)){
        cout << "100是英文字母" << (char)100 << endl;
    }
    return 0;
}
```

【运行结果】

x=6.76
m=11 i=11
100是英文字母 d

【代码解读】

程序中定义了三个内联函数:Square、Max、IsAlpha,作用分别是求平方、求两个数中较大的、判断一个数是否是英文字母。这三个 inline 函数的代码会被编译器放入符号表中,调用时像宏一样展开进行代码替换,效率很高。而且内联函数毕竟是函数,是将实参表达式的计算结果再拿去做替换,不存在带参数的宏直接展开所导致的问题。

7.5 分 离 编 译

通常,一个程序(项目)由若干个源文件共同实现,每个源文件单独编译生成目标文件,最后将所有目标文件链接起来形成单一的可执行文件。

分离编译模式是 C++ 组织源代码和生成可执行文件的方式。在开发大型项目的时候，不可能把所有的源程序都放在一个文件中，而是分别由不同的程序员开发不同的模块，再将这些模块汇总成最终的可执行程序。

这就涉及不同的模块（源文件）定义的函数和变量之间的相互调用问题。C++ 采用的方法：只要给出函数原型（或外部变量声明），就可以在本源文件中使用该函数（或变量）。每个源文件都是独立的编译单元，在当前源文件中使用但未在此定义的变量或者函数，就假设在其他的源文件中定义好了。每个源文件都生成独立的目标文件（obj 文件），然后通过链接（Linking）将目标文件链接成最终的可执行文件。

C++ 程序构建（Build）的过程包括预处理（Preprocessing）、编译（Compilation）、汇编（Assembly）和链接（Linking）。分离编译时，需要程序员自己控制代码编译和链接时不会出现重复的定义。源文件是编译单元，项目构建时仅需要编译源文件。头文件里面只有声明，是用来被源文件包含的文件，不能直接去编译一个头文件。

一个头文件可能被间接包含多次，防止头文件的内容被重复编译的方法是使用条件编译，即只有条件满足时才编译头文件的内容。为了避免头文件内容被重复编译，可以在头文件中加入以下条件编译的逻辑。

```
#ifndef _MYLIB_H_
#define _MYLIB_H_        //独一无二的宏
    //不会被重复编译的内容
#endif
```

第一次包含这个头文件时，没有定义宏"_MYLIB_H_"，则会定义这个宏并编译 #ifndef 到 #endif 的内容。再次包含这个头文件时，#ifndef 指令发现已经定义了宏"_MYLIB_H_"，则不再编译直到 #endif 的全部内容。每个头文件都应该有一个在整个项目中独一无二的宏定义，通过这个宏定义来控制自身内容不被重复编译。

防止头文件中的符号在链接时重复的方法：不要在头文件中给出定义，头文件中只能放声明。也就是说，在头文件中只能给出变量的声明和函数的声明，而不能给出变量的定义或函数的定义。如果多个源文件包含的头文件中有变量定义或函数定义，变量和函数就会生成到多个目标文件中导致重复。如图 7-2 所示，两个包含了相同头文件的源文件生成的目标文件中含有相同的变量和函数定义，导致链接时符号重复。

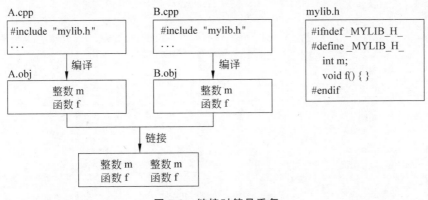

图 7-2 链接时符号重复

C++中常用的编译指令如表7-1所示。

表7-1　C++中常用的编译指令

编译指令	用　　途
＃	空指令，无任何效果
＃include	包含一个代码文件
＃define	定义宏
＃undef	取消已定义的宏
＃if	如果给定条件为真，则编译下面代码
＃ifdef	如果宏已经定义，则编译下面代码
＃ifndef	如果宏没有定义，则编译下面代码
＃elif	如果前面的＃if给定条件不为真，当前条件为真，则编译下面代码
＃else	如果前面的条件不为真，则编译下面代码
＃endif	结束一个＃if…＃else条件编译块
＃error	停止编译并显示错误信息

例7.11　掌握分离编译。

```cpp
//文件一：mylib.h
#ifndef _MYLIB_H_           //加入避免重复编译的编译指令，到#endif的内容不会重复编译
#define _MYLIB_H_
namespace myspace {         //自定义命名空间myspace
    extern int n;           //只能是变量声明，不能是定义
    void func(double x=1.0);   //只能是函数声明，不能是定义
    //如果被编译多次，错误信息是重定义默认参数
    //extern int k;         //不能暴露静态全局变量，有的编译器报错
}
//int m;                    //头文件中不能有定义，链接时会重复
//void f() { }              //定义可能出现在多个目标文件中，链接时会重复
#endif

//文件二：mylib.cpp
#include "mylib.h"   //包含mylib.h以校验声明和定义是否一致，可以不包含mylib.h
#include <iostream>
namespace myspace {
    int n = 1000;         //使用n只包含mylib.h即可，链接时在mylib.obj目标文件中可找到n
    static int k = 2000;  //静态的全局变量，仅限此文件中使用
    void func(double x){
        std::cout << "Big Project! k=" << k << " x=" << x << std::endl;
    }
}

//文件三：main.cpp
#include <iostream>
#include "mylib.h"
#include "mylib.h"          //同一个头文件被包含了2次
```

```
using namespace std;
using namespace myspace;
using std::cout;
int main(int argc, char** argv){
    cout << "n=" << n << endl;
    //cout << k << endl;          //无法访问其他源文件中的静态全局变量
    func(500);
    return 0;
}
```

【运行结果】

```
n=1000
Big Project! k=2000 x=500
```

【代码解读】

程序由三个文件构成：两个源文件和一个头文件。构建可执行文件的过程分为以下三个步骤。

(1) 编译源文件 main.cpp 生成目标文件 main.obj。

(2) 编译源文件 mylib.cpp 生成目标文件 mylib.obj。

(3) 链接 main.obj 和 mylib.obj 生成可执行文件 ch07.exe。

main.cpp 包含了 mylib.h，编译时就可以使用 mylib.h 中声明的变量和函数。mylib.cpp 中给出了 mylib.h 中声明的变量和函数的定义。只要将 mylib.obj 和 main.obj 链接到一起，最终就能找到变量和函数的代码。源文件 mylib.cpp 的主文件名不必和头文件 mylib.h 的主文件名相同，也不必包含 mylib.h。相同的主文件名是为了方便在项目中管理众多的文件，包含 mylib.h 则可以校验声明和定义是否一致。通常，一个项目下的全部源文件都会编译并链接到一起，形成一个可执行文件，当然也可以人为控制构建的逻辑。本书提供的代码使用如下 CMake 函数将两个源文件构建成一个可以执行文件。

```
# 编译时输出提示信息
message("main.cpp mylib.cpp -> ch07.exe")
# 使用指定的源文件来生成目标可执行文件
add_executable("ch07" "main.cpp" "mylib.cpp")
```

静态全局变量"static int k=2000;"只能在定义它的源文件中使用。不同编译器在限制这一点时处理方式不同，有的是声明这个变量即报错，有的是可以声明它，但是使用时会报错。

习 题

1. 下面程序输出的数值是多少？为什么（静态局部变量）？

```
#include <iostream>
using namespace std;
int func(int k){
    static int a = 0;
```

```
        return a += k;
}
int main(){
    for(int i=1; i<=10; i++){
        func(i);
    }
    cout << func(100) << endl; //输出多少？
    return 0;
}
```

2. 为以下程序撰写代码讲解(命名空间、变量声明)。

```
#include <iostream>
using namespace std;
namespace mycode{
    extern int x;
}
int main(){
    using mycode::x;
    cout << x << endl;
    return 0;
}
namespace mycode{
    int x = 123;
}
```

3. 给出下面程序中 Triangle 函数的定义(传地址,通过输出参数返回数据)。
程序运行结果如下：

请输入边长：3 4 5↵
三角形面积：6 周长：12

```
#include <iostream>
#include <cmath>
using namespace std;
/*
    函数功能：判断输入的三边长度是否构成三角形,并计算面积和周长
    输入参数 a, b, c   三角形的三边长度
    输出参数 pArea, pPerimeter   通过传递变量的地址,修改变量值达到输出的目的
    函数返回值：如果构成三角形则返回 true,否则返回 false
*/
bool Triangle(double a, double b, double c,
              double * pArea, double * pPerimeter);
int main(int argc, char * argv[]){
    double a, b, c;//从键盘输入的三边的长度
    double area, perimeter;//面积和周长
    cout << "请输入边长：";
    cin >> a >> b >> c;
    if(Triangle(a, b, c, &area, &perimeter)){
```

```
        cout << "三角形面积: " << area << " 周长: " << perimeter << endl;
    }else{
        cout << "不构成三角形" << endl;
    }
    return 0;
}
```

4. 什么是内联函数？什么时候使用内联函数？

5. 在 C++ 分离编译的项目中，是否可以在头文件中定义全局变量？是否可以在头文件中给出函数定义？为什么？

第 8 章 数 组

数组,就是相同数据类型的元素按线性顺序排列的一组数,是把有限个类型相同的变量用一个名字来表示,然后用编号区分的变量的集合。这个名字称为数组名,编号称为下标。

8.1 一维数组的定义和初始化

一维数组存储在一块连续的内存中。具有 N 个元素的类型为 Type 的一维数组占用的字节数为"sizeof(Type) * N"。数组元素通过下标访问,下标从 0 开始,最后一个元素的下标是 N-1。定义一维数组的语法为

```
Type ArrayName[N]
```

其中,N 为整数常量表达式。具有 10 个元素的整数数组定义如下:

```
int a[10];        //数组名为 a,数组元素为整数,有 10 个元素,下标 0~9
```

数组定义后,可以使用下标来访问数组中的某一个元素,访问形式为

```
ArrayName[index]
```

例如:

```
a[0] = 100;       //将数组 a 的第一个元素赋值为 100
```

数组可以在定义的时候给出初值,这称为数组的初始化。一维数组的初始化是将数组元素的初值一次都放在一对花括号内。一维数组定义时初始化有以下几种方式。

(1) 在定义数组时给出全部数组元素的初始化值。

```
int a[10] = {0,1,2,3,4,5,6,7,8,9};           //给出了全部 10 个元素的初值
```

(2) 只给出前一部分元素的值。

```
int a[10]= {0,1,2,3,4};       //给出前 5 个元素的值,后 5 个元素编译器用 0 填充
```

(3) 在对全部数组元素赋初值时,可以不指定数组长度。

```
int a[] = {0,1,2,3,4};        //编译器根据元素个数,自动确定数组长度为 5
```

(4) 定义数组时将数组中的全部元素初始化为 0。

```
int a[10]={0};  //第一个元素给出初值 0,其余元素填充默认值 0
```

(5) 作为局部变量定义数组时,如果没有初始化,数组元素的值是不确定的。

```
int a[10];              //局部变量,未初始化,数组各个元素的值取决于内存中原有的数据
```

(6) 使用 memset 函数将数组清零。

```
int a[10];
memset(a, 0, sizeof(a));    //每个字节清零,需包含<cstring>
```

例 8.1 一维数组的定义和索引。

```
//ArrayIndex.cpp
#include <iostream>
#include <ctime>                    //time 函数
#include <cstdlib>                  //srand 和 rand 函数
using namespace std;
int main(int argc, char** argv){
    int a[10];                      //10 个整数的数组
    double b[15];                   //15 个双精度浮点数的数组
    cout << "sizeof(a)=" << sizeof(a) << endl; //40 字节
    cout << "sizeof(b)=" << sizeof(b) << endl; //120 字节
    //访问数组的元素
    a[0] = 101;                     //第一个元素下标是 0
    a[9] = 999;                     //最后一个元素下标是 n-1
    //其他元素 a[1]~a[8]是不确定的
    for(int i=0; i<10; i++)
        cout << a[i] << " ";
    cout<<endl;
    //数组元素赋值为两位随机整数
    srand((unsigned int)time(NULL)); //使用当前时间初始化伪随机数发生器
    for(int i=0; i<10; i++){
        a[i] = rand()%90 + 10; //[10,99]
    }
    //输出数组全部元素
    for(int i=0; i<10; i++)
        cout << a[i] << " ";
    cout<<endl;
    return 0;
}
```

【运行结果】

```
sizeof(a)=40
sizeof(b)=120
101 0 40 0 0 0 0 0 8 999
97 19 24 16 23 50 22 75 73 30
```

【代码解读】

程序中定义了具有 10 个元素的整数数组 a 和 15 个元素的双精度浮点数数组 b。每个整数 4 字节,数组 a 占用的内存是 4×10=40 字节。每个双精度浮点数 8 字节,数组 b 占用的内存是 8×15=120 字节。数组 a 和数组 b 是主函数内部定义的局部变量,占用的空间在栈上分配。数组的下标从 0 开始,a[0]是数组 a 的第一个元素。数组元素的最大下标是元素个数减一,数组 a 的长度是 10,a[9]是其最后一个元素。

局部变量的内存空间通过压栈产生，未初始化的局部变量的值是不确定的，这一点同样适用于数组。数组 a 和数组 b 在定义时都没有初始化，定义完成后元素的值是不确定的。

time 函数在头文件 time.h 中声明，作用是获得当前的时钟时间，函数原型为

```
time_t time(time_t* timer);        //形参为指针，用于接收变量的地址
```

其中，time_t 是使用 typedef 定义的类型别名，等价于长整数 long long，即

```
typedef long long time_t;
```

time 函数的返回值是当前时间，如果实参 timer 不是空指针，time 函数也将 timer 指向的长整数设置为当前时间。time 函数的返回值是与世界统一时间"1970-1-1 00:00:00"相差的秒数。世界统一时间也称协调世界时间（Universal Time Coordinated，UTC）。以下三行代码通过参数传递地址的方式获得当前时间，并输出。

```
time_t m;
time(&m);
cout << m << endl;
```

srand 函数在头文件 stdlib.h 中声明，作用是使用给定的种子（Seed）初始化伪随机数发生器（Pseudo-random Number Generator）。如果两次初始化的种子相同，则随后调用 rand 函数产生的随机数序列相同。srand 函数的声明如下，其形参是一个无符号整数。

```
void srand(unsigned int seed);
```

使用每过一秒就不同的整数初始化伪随机数发生器，是获得不同伪随机数序列的有效方法。下行代码将自 1970 年 1 月 1 日 0 时逝去的秒数强制转换为无符号整数，传递给 srand 函数，作为伪随机数发生器的种子。

```
srand((unsigned int)time(NULL));
```

rand 函数也在头文件 stdlib.h 中声明，作用是返回范围是[0, RAND_MAX]的伪随机整数。每次调用 rand 函数产生一个伪随机整数，如果种子相同，则调用 rand 函数产生的随机数序列相同。RAND_MAX 的取值在某些编译器中是 32 767，RAND_MAX 通过以下宏定义给出。

```
#define RAND_MAX 0x7fff    //32767
```

程序中使用[10,99]的两位随机整数给整数数组 a 的每个元素赋值。数组 a 是 10 个元素的数组，下标范围是[0,9]，循环变量 i 的初值为 0，循环条件为"i<10"。rand 函数对 90 求余的结果是[0,89]的整数，再加上 10 就是[10,99]的整数。

```
a[i] = rand()%90 + 10;        //[10,99]
```

例 8.2 一维数组的初始化。

```
//ArrayInit.cpp 一维数组的初始化
#include <iostream>
#include <cstring>
using namespace std;
```

```cpp
int main(int argc, char** argv){
    int a[10] = {11,12,13,14,15,16,17,18,19,20};
    int b[10] = {11,12,13,14,15};              //10个元素的数组,后5个元素填0
    cout << "sizeof(b)=" << sizeof(b) << endl;//40字节,10个整数
    int c[] = {11,12,13,14,15};                //数组c只有5个元素
    cout << "sizeof(c)=" << sizeof(c) << endl;//20字节,5个整数
    int d[10] = {0};                           //第一个给出初值0,后面9个给默认值0
    int e[10];                                 //e的各个元素的取值是不确定的
    int f[10];
    memset(f, 0, sizeof(f));                   //每个字节都清零
    cout<<"a: ";
    for(int i=0; i<sizeof(a)/sizeof(int); i++){
        cout << a[i] << " ";
    }
    cout<<endl;
    //与输出a的代码相同,这里省略输出数组b c d e f的代码
    return 0;
}
```

【运行结果】

```
sizeof(b)=40
sizeof(c)=20
a: 11 12 13 14 15 16 17 18 19 20
b: 11 12 13 14 15 0 0 0 0 0
c: 11 12 13 14 15
d: 0 0 0 0 0 0 0 0 0 0
e: 4254384 0 40 0 0 0 0 0 8 0
f: 0 0 0 0 0 0 0 0 0 0
```

【代码解读】

程序中定义了a、b、c、d、e、f共六个数组。数组a的长度是10,定义时给出了全部初始化元素。数组b的长度为10,初始化值只给出了前5个元素,后5个元素由编译器填充默认值0。定义数组c时方括号里面是空的,初始化值给出了5个元素,编译器自动计算数组长度为5。数组d长度为10,定义时给出了第一个元素的初值0,后面9个元素由编译器使用默认值0填充,数组d里面是10个0。数组e在定义时没有初始化,e是主函数内部的局部变量,在栈上分配存储空间,数组e的值是不确定的。程序中使用memset函数将数组f的每个字节清零。

memset的函数原型为

```
void* memset(void* ptr, int value, size_t num);
```

其中,memset函数的第一个参数是void*类型的指针,可以接收任何类型变量的地址;第二个参数是int类型,但仅使用整数最低位的一个字节;第三个参数是要设置为value的内存字节数;memset函数的返回值为第一个参数ptr。size_t是使用typedef定义的无符号长整数类型,即

```
typedef unsigned long long size_t;   //64位无符号长整数
```

8.2 一维数组和指针

数组的名字是指向数组第一个元素的指针常量,即只能指向数组第一个元素而不能再指向其他地方。可以将数组名赋值给指针变量,并利用指针变量访问数组的元素。例如:

```
int a[10];
int * p = a;           //同 int * p=&a[0];
p[2] = 100;            //指针也可以写成数组的形式,同 a[2]=100
* (p+3) = 200;         //偏移 sizeof(int) * 3=12 字节,访问第 4 个元素 a[3]
p = &a[4];             //p 指向数组 a 的第 5 个元素
p[3]=1;                //从 p 指向的第 5 个元素往后偏移 3 个元素,访问第 8 个元素 a[7]
```

数组名是指向数组首地址的指针常量,将数组名传递给函数,实际是传递数组第一个元素的地址。数组名传递给形参,形参即可以写成数组的形式,也可以写成指针的形式。例如,有一维整型数组定义如下:

```
int a[10];
```

那么,接收该数组的函数可以为

```
void f1(int a[10]);           //数组元素个数为 10
void f2(int a[], int len);    //len 为数组的元素个数
void f3(int * a, int len);    //len 为要处理的元素个数
```

形参类型 int[10]、int[]、int * 都可以接收一个整数数组的名字作为实参,传递的将是数组中第一个元素的地址,即数组的起始地址。数组的长度需要通过另外一个参数传递给函数,才能在函数里面知道要处理的元素个数。

例 8.3 一维数组和指针。

```
//ArrayAndPointer.cpp
#include <iostream>
using namespace std;
int main(int argc, char** argv){
    int a[10] = {11, 12, 303, 14, 505, 16, 17, 808, 19, 20};
    int * p;                      //定义了一个整数类型的指针
    p = a;                        //一维数组名可以直接赋值给指针变量
    cout << p[2] << endl;         //读取数组中的第 3 个元素
    cout << * (p+2) << endl;      //读取数组中的第 3 个元素
    cout << * p + 2 << endl;      //读取第 1 个元素的值,加 2
    //指针指向某一个数组元素
    p = &a[4];                    //p 指向 a 中的第 5 个元素
    cout << * p << endl;          //505,第 5 个元素
    cout << p[3] << endl;         //第 8 个元素
    cout << * (p+3) << endl;      //第 8 个元素
    return 0;
}
```

【运行结果】

```
303  303  13  505  808  808 (第 1~6 行输出)
```

【代码解读】

数组名是指向数组首地址的指针常量，一维数组名可以直接赋值给指针变量。语句"p＝a;"执行后，指针 p 指向了数组 a 的起始地址。p[2]中，p 是一个指针，2 是相对于 p 偏移的元素个数。p+2 是相对于指针 p 偏移 2 个元素的指针，*(p+2)取 p 偏移 2 个元素之后的元素。星号作为解引用运算符，是一个一元运算符，优先级非常高。因此，*p+2 先取 p 指向的元素的值，再执行加法运算。

在 &a[4]中，a[4]表示数组 a 的第 5 个元素，& 是取地址运算符，&a[4]得到的是数组中第 5 个元素的地址。语句"p＝&a[4];"执行后，p 指向了数组中的第 5 个元素，*p 表示 p 指向的这个元素，p[3]和 *(p+3)都表示相对第 5 个元素再偏移 3 个元素之后的第 8 个元素。

例 8.4　一维数组传递给函数。

```
//ArrayToFunction.cpp
#include <iostream>
using namespace std;
void f1(int a[10]){
    cout << "sizeof(a)=" << sizeof(a) << endl; //sizeof(a)=8
    for(int i=0; i<10; i++)
        cout << a[i] << " ";
    cout << endl;
}
void f2(int a[], int len){
    cout << "sizeof(a)=" << sizeof(a) << endl; //sizeof(a)=8
    for(int i=0; i<len; i++) //len是数组长度
        cout << a[i] << " ";
    cout << endl;
}
void f3(int * a, int len){
    cout << "sizeof(a)=" << sizeof(a) << endl; //sizeof(a)=8
    for(int i=0; i<len; i++)
        cout<<a[i] << " ";
    cout << endl;
}
int main(int argc, char** argv){
    int a[10] = {11,12,13,14,15,16,17,18,19,20};
    int b[15] = {21,21,23,24,25,26,27,28,29,30,31,32,33,34,35};
    f1(a);              //11 12 13 14 15 16 17 18 19 20
    f1(b);              //21 21 23 24 25 26 27 28 29 30,只输出前 10 个
    f2(a,10);           //11 12 13 14 15 16 17 18 19 20
    f2(b,15);           //21 21 23 24 25 26 27 28 29 30 31 32 33 34 35
    f3(a,10);           //11 12 13 14 15 16 17 18 19 20
    f3(b,15);           //21 21 23 24 25 26 27 28 29 30 31 32 33 34 35
    f3(&a[2], 4);       //13 14 15 16,从第 3 个元素开始的 4 个元素
    return 0;
}
```

【代码解读】

程序运行结果见代码注释。将一维数组传递给函数时，形参可以写成数组或指针的形

式：int a[10]、int a[]、int * a。无论形参写成哪种形式,将一维数组传递给函数时,C++都是传递内存地址,而不会复制数组元素的值。f1、f2 和 f3 函数中形参 a 使用 sizeof 求长度,值均为 8。可见,三个函数的形参 a 都是指针。所以,将一维数组传递给函数时,形参写成指针的形式更准确地描述了形参的数据类型。

形参 a 是数组的起始地址,函数内部无法从 a 知道数组的长度。因此,需要设计另外一个整数参数用于接收要处理的数据个数。

f3 函数的形参 a 可以接收任意整数类型的地址,而形参 len 则表示从这个地址开始的整数个数。因此,可以将某个数组元素的地址和要处理的元素个数传递给 f3 函数,实现只打印数组中部分元素的功能,例如:函数调用 f3(&a[2], 4) 将输出数组 a 中从第 3 个元素开始的 4 个元素。

8.3 二维数组的定义和初始化

具有两个下标的数组称为二维数组,第一维是行号,第二维是列号,行号和列号都从 0 开始。C++ 将二维数组线性化成一维存储在一块连续的内存中,先存储第 1 行(下标为 0 的行)的元素,再存储第 2 行的元素,以此类推。定义二维数组的形式为

```
Type  ArrayName[M][N];
```

其中,M 和 N 都是常量表达式,M 是行数,N 是列数。
例如：

```
int a[3][4];          //定义了一个 3 行 4 列的整数数组,元素个数 12,占用 48 字节内存
```

索引二维数组的元素的形式为

```
ArrayName[i][j]       //i 为行下标,j 为列下标,都从 0 开始
```

例如：

```
a[2][3] = 8;          //第 3 行第 4 列的元素赋值为 8
```

C++ 支持只给出二维数组某一行的行号 i,这将得到这一行第 1 个元素的地址。

```
int *p = a[1];        //p 指向数组 a 第 2 行的第 1 个元素,同 int *p=&a[1][0];
p[2]=100;             //同 *(p+2)=100; 即 a[1][2]=100;
```

二维数组可以在定义的时候给出初始值。以下介绍二维数组初始化的几种方式。
(1) 按行给二维数组全部元素赋初值。

```
int a[3][4] = {{1,2,3,4}, {5,6,7,8}, {9,10,11,12}};
```

这种赋初值的方法比较直观,第 1 个内层花括号中的数据给第 1 行的元素,第 2 个内层花括号中的数据给第 2 行的元素,以此类推,即按行赋初值。

(2) 可以将所有元素写在一个花括号内,此时按存储顺序给数组的每一个元素赋值,如果给出的初值个数不足,后面填充默认值 0。

```
int a[3][4]= { 1, 2, 3, 4, 5, 6 };
```

赋初值后数组各元素为

```
1 2 3 4
5 6 0 0
0 0 0 0
```

（3）可以利用内层花括号给每行开头的部分元素赋初值，后面元素填充默认值 0。

`int a[3][4] = {{1}, {2, 3}, {4, 5, 6}};`

赋初值后数组各元素为

```
1 0 0 0
2 3 0 0
4 5 6 0
```

（4）可以只给前几行的每行开头的部分元素赋初值，其余填充默认值 0。

`int a[3][4] = {{1}, {2, 3}};`

赋初值后数组各元素值为

```
1 0 0 0
2 3 0 0
0 0 0 0
```

（5）可以省略行数，编译器自动根据元素个数和列数确定行数并补 0。

```
int a[][4]={ 1, 2, 3, 4, 5, 6, 7 };
cout << sizeof(a)/sizeof(int) << endl;       //8 个元素
```

数组 a 中有 2 行 4 列共 8 个元素，各元素的值为

```
1 2 3 4
5 6 7 0
```

（6）最简单的将二维数组中每个元素都初始化为 0 的方法。

`int a[3][4]={ 0 };`   //第一个元素给初值 0，其余元素填充默认值 0

数组 a 有 3 行 4 列共 12 个元素，各元素的值均为 0。

例 8.5 二维数组的定义和索引。

```cpp
//Array2D.cpp
#include <iostream>
#include <ctime>      //time
#include <cstdlib>    //srand rand
#include <iomanip>    //setw
using namespace std;
int main(int argc, char** argv){
    int a[3][4]; //3 行 4 列的数组
    cout << "sizeof(a)=" << sizeof(a) << endl; //48
    srand((unsigned int)time(NULL));
    for(int i=0; i<3; i++)         //0~2 行
        for(int j=0; j<4; j++)     //0~3 列
```

```
            a[i][j] = rand()%90 + 10;
    cout <<"第一个数:" << a[0][0] << endl; //第一个数,第 1 行第 1 列的数
    cout <<"第二个数:" << a[2][3] << endl; //最后一个数,即第 3 行第 4 列的那个数
    for(int i=0; i<3; i++){                //0~2 行
        for(int j=0; j<4; j++){            //0~3 列
            cout << setw(3) << a[i][j];    //打印 a[i][j],总宽为 3
        }
        cout << endl;
    }
    return 0;
}
```

【运行结果】

```
sizeof(a)=48
第一个数:93
第二个数:13
 93 47 20 18
 39 15 43 53
 52 63 43 13
```

【代码解读】

程序中定义了一个 3 行 4 列的整数数组 a,它占用的内存是 $3 \times 4 \times 4 = 48$ 字节。使用双层循环可以遍历二维数组每一行的每一列,行下标和列下标都从 0 开始。第 1 行第 1 列数的元素是 a[0][0],第 3 行第 4 列的元素是 a[2][3]。程序第一次遍历数组时使用两位随机整数给数组的每个元素赋值,第二次遍历输出了数组的全部元素。

例 8.6 二维数组的初始化。

```
//Array2DInit.cpp
#include <iostream>
#include <iomanip>
#include <cstring>
using namespace std;
int main(int argc, char** argv){
    //1. 给出全部元素
    int a[3][4]={{1,2,3,4},{5,6,7,8},{9,10,11,12}};
    cout << "a 的元素个数:" << sizeof(a)/sizeof(int) << endl;
    //打印数组的全部元素
    for(int i=0; i<3; i++){ //0~2 行
        for(int j=0; j<4; j++){ //0~3 列
            cout<< setw(3) << a[i][j];
        }
        cout<<endl;
    }
    //2. 单层花括号
    int b[3][4]={ 1, 2, 3, 4, 5, 6 };
    //省略输出 b 全部元素的代码
    cout<<"b 的元素个数:"<< sizeof(b)/sizeof(int) << endl;
t    b 的元素个数:12
```

```
        1 2 3 4
        5 6 0 0
        0 0 0 0
    //3.利用内层花括号给每行开头的部分元素赋初值
    int c[3][4] = {{1}, {2, 3}, {4, 5, 6}};
    cout<<"c的元素个数:"<< sizeof(c)/sizeof(int) << endl; //省略输出 c 的代码
    c的元素个数:12
        1 0 0 0
        2 3 0 0
        4 5 6 0
    //4.只给前几行的每行开头的部分元素赋初值
    int d[3][4] = {{1}, {2, 3}};
    cout<<"d的元素个数:"<< sizeof(d)/sizeof(int) << endl; //省略输出 d 的代码
    d的元素个数:12
        1 0 0 0
        2 3 0 0
        0 0 0 0
    //5.省略行数
    int e[][4] = { 1, 2, 3, 4, 5, 6, 7 }; //8个元素,2行4列
    cout<<"e的元素个数:"<< sizeof(e)/sizeof(int) << endl; //遍历代码中行 0~1
    e的元素个数:8
        1 2 3 4
        5 6 7 0
    //6.全部元素初始化为 0
    int f[3][4] = {0};
    //省略输出 f 全部元素的代码
    cout<<"f的元素个数:"<< sizeof(f)/sizeof(int) << endl;
    f的元素个数:12
        0 0 0 0
        0 0 0 0
        0 0 0 0
    //7.使用 memset 清零
    int h[3][4]; //h的内容是不确定的
    memset(h,'\0',sizeof(h)); //#include <cstring>
    //'\0'是每个比特都是 0 的一个字节整数,即 00000000
    cout<<"h的元素个数:" << sizeof(h)/sizeof(int) << endl; //省略输出 h 的代码
    h的元素个数:12
        0 0 0 0
        0 0 0 0
        0 0 0 0
    return 0;
}
```

【代码解读】

数组 a 在定义时使用双层花括号给出了每一行每一列的全部元素。数组 b 在定义时使用单层花括号给出了数组的前 6 个元素,第一行放 4 个,第二行放 2 个,第 2 行后两个元素和第 3 行全部 4 个元素填充默认值 0。数组 c 在定义时利用内层花括号给每行开头的部分元素赋初值。数组 d 在定义时只给前几行每行开头的部分元素赋初值。数组 e 定义时省略了行数,编译器根据初始化元素的个数和每行元素的个数确定数组的行数。数组 f 的初始

化花括号中只有一个0,编译器使用默认值0填充剩余的每一行每一列的全部元素。数组h在定义时没有初始化,定义完成时其内容是不确定的。

8.4 二维数组和指针

索引二维数组时,C++允许只给出二维数组某一行的行号i,这将得到第i行的第1个元素的地址,即第i行的起始地址。例如:

```
int a[3][4];              //定义了一个3行4列的整型数组
int *p = a[1];            //p指向数组a第2行第1个元素,同 int *p = &a[1][0];
p[2]=100;                 //同 *(p+2)=100; a[1][2]=100;
```

将二维数组传递给函数时,作为形参的数组可以省略第一维,即行数。假设二维整数数组定义如下:

```
int a[3][4];
```

那么,接收该数组的函数声明可以为

```
void f1(int a[3][4]);         //3行4列
```

或

```
void f2(int a[][4], int m);   //m行4列
```

但是这样的函数声明中列数始终是固定的。如果希望编写更通用的函数,可以处理m行n列的数组,可以将二维数组的第1行第1列的元素的地址传递给函数,同时传递行数m和列数n,然后在函数内部根据二维数组第1个元素的地址和二维数组按行存储的特点,计算元素a[i][j]的地址为

```
&a[0][0] + i * n + j
```

在函数中可以使用a[i][j]的地址间接访问第i行第j列的元素,而不能在函数内直接书写为a[i][j]。这样的函数定义形式为

```
void func(int *p, int m, int n){    //m行n列首地址为p的二维数组
    ...
    p[i*n+j]=100;
    ...
}
```

语句"p[i*n+j]=100;"的含义与下面两行代码相同:

```
int *p = a+i*n+j;         //计算第i行第j列的元素的地址
*p = 100;                 //通过地址间接访问a[i][j],并不能直接写成p[i][j]
```

在调用func函数时,传递二维数组的起始地址,可书写成以下几种形式:

```
func(a[0], 3, 4);         //取第1行的起始地址
func(&a[0][0], 3, 4);     //取第1行第1列的元素的地址
```

```
func((int*)a, 3, 4);        //将二维数组名强制类型转换为 int*
func(*a, 3, 4);             //使用解引用符 * 从 int(*)[4]转换到 int[4]
```

例 8.7 二维数组和指针。

```
//Array2DAndPointer.cpp
#include <iostream>
using namespace std;
int main(int argc, char** argv){
    int a[3][4] = {{11,12,13,14},{15,16,17,18},{19,20,21,22}};
    int *p;                 //整数类型的指针
    //p = a;                //二维数组的名称不能直接赋值给指针
    p = a[1];               //p 指向第 2 行的第 1 个元素
    cout << *p << endl;     //a[1][0]
    cout << p[0] << endl;   //a[1][0]
    p = a[0];               //第 1 行的起始地址
    cout << *p << endl;
    p = &a[0][0];           //第 1 行第 1 个元素的地址
    cout << *p << endl;
    p = (int*)a;            //强制类型转换,转成 int*
    cout << *p << endl;
    p = *a;                 //int[3][4]加上星号 -> int[4] -> int*
    cout << *p << endl;
    //二维数组在内存中是按行存储的
    p = a[0];
    for(int i=0; i<3*4; i++){
        cout << p[i] << " ";
    }
    cout << endl;
    //输出第 2 行的全部 4 个元素
    p = a[1];               //a[1]是第 2 行的起始地址
    for(int i=0; i<4; i++){
        cout << p[i] << " ";
    }
    cout << endl;
    return 0;
}
```

【运行结果】

```
15  15  11  11  11  11 (第 1~6 行输出)
11  12  13  14  15  16  17  18  19  20  21  22
15  16  17  18
```

【代码解读】

对于二维数组,如果只写一个下标,则得到某一行的起始地址。a[0]是第一行的起始地址,a[1]是第 2 行的起始地址,a[i]是第 i+1 行的起始地址。

二维数组的名字 a 是指向二维数组起始地址的指针常量,类型是 int(*)[4],a 并不能直接赋值给整数类型的指针变量。将二维数组 a 的类型转换为 int* 的方法有 a[0]、&a[0][0]、(int*)a 和 *a。

C++ 的二维数组在内存中是按行存储的,先存第 1 行,再存第 2 行,然后存第 3 行。将指针 p 指向二维数组的起始位置,输出连续的 12 个数,将先输出第 1 行,再输出第 2 行,然后输出第 3 行。将指针 p 指向第 2 行的起始位置,输出连续的 4 个数即输出二维数组的第 2 行。

例 8.8 二维数组传递给函数。

```cpp
//Array2DToFunction.cpp
#include <iostream>
#include <iomanip> //io manipulators
using namespace std;
void f1(int a[3][4]){            //接收列数为 4 的二维数组
    cout << "sizeof(a)=" << sizeof(a) << endl; //8
    for(int i=0; i<3; i++){ //3 行
        for(int j=0; j<4; j++)
            cout << setw(3) << a[i][j];
        cout << endl;
    }
}
void f2(int a[][4], int m){      //接收 m 行 4 列的二维数组
    cout << "sizeof(a)=" << sizeof(a) << endl; //8
    for(int i=0; i<m; i++){
        for(int j=0; j<4; j++)
            cout << setw(3) << a[i][j];
        cout << endl;
    }
}
void f3(int *p, int m, int n){ //接收 m 行 n 列的二维数组
    cout << "sizeof(p)=" << sizeof(p) << endl; //8
    for(int i=0; i<m; i++){
        for(int j=0; j<n; j++)
            cout << setw(3) << p[i*n+j]; //或 *(p+i*n+j)
        cout << endl;
    }
}
int main(int argc, char** argv){
    int a[3][4] = {{11,12,13,14},{15,16,17,18},{19,20,21,22}}; //3 行 4 列
    int b[2][4] = {{31,32,33,34},{35,36,37,38}};               //2 行 4 列
    int c[3][3] = {41,42,43,44,45,46,47,48,49};                //3 行 3 列
    cout << "sizeof(a)=" << sizeof(a) << endl;                 //48
    cout << "sizeof(b)=" << sizeof(b) << endl;                 //32
    cout << "sizeof(c)=" << sizeof(c) << endl;                 //36
    f1(a);
    f1(b);              //数组越界
    f2(a, 3);           //调用 f2 传递行数
    f2(b, 2);
    f3(a[0], 3, 4);     //调用 f3 传递行数和列数
    f3(b[0], 2, 4);
    f3(c[0], 3, 3);
    return 0;
}
```

【代码解读】

f1、f2 和 f3 函数的原型如下：

```
void f1(int a[3][4]);              //接收列数为 4 的二维数组
void f2(int a[][4], int m);        //接收 m 行 4 列的二维数组
void f3(int * p, int m, int n);    //接收 m 行 n 列的二维数组
```

f1 函数的形参是"int a[3][4]"，可接收列数为 4 的数组，行数大于 3 的数组仅输出前 3 行，行数小于 3 的数组访问越界。f2 函数的第 1 个形参是"int a[][4]"，第 2 个形参是"int m"，可接收 m 行 4 列的二维数组。f3 函数的第 1 个形参是"int * p"，不能直接接收二维数组作为实参，这是因为"int (*)[4]"类型的实参与"int *"类型的形参不兼容。这就需要将"int *"类型的数组起始地址传递给形参 p，传递数组 a 时实参可以写成：a[0]、&a[0][0]、(int*)a、*a。f3 函数后面两个整数参数分别传递行数和列数，函数内部使用 p[i*n+j] 或 *(p+i*n+j) 来访问原数组的 A[i][j]。

无论形参写成何种形式，将数组传递给函数时，C++ 都是传递数组的起始地址，而不会传递数组全部元素的值。f1 和 f2 函数的形参 a 虽然是数组的形式，但本质上是指针，用来接收数组的起始地址。函数中第一条语句输出了 sizeof(a) 的值均为 8，验证了 a 是地址。

8.5 多维数组

C++ 支持多维数组，定义多维数组的一般形式为

```
Type ArrayName[size1][size2]…[sizeN];
```

C++ 将多维数组线性化为一维存储，本质上依然是一维数组。

例 8.9 理解多维数组。

```
//ArrayHD.cpp
#include <iostream>
#include <cstring>
using namespace std;
int main(int argc, char** argv){
    int a[3][4][5] = { 0 };          //三维数组,3 层 4 行 5 列
    int b[2][3][4][5] = { 0 };       //四维数组,2 个 3 层 4 行 5 列的立方体
    int c[3][4][3][4][5] = { 0 };    //五维数组,3 行 4 列个 3 层 4 行 5 列的立方体
    cout << "sizeof(a)=" << sizeof(a) << endl; //240
    cout << "sizeof(b)=" << sizeof(b) << endl; //480
    cout << "sizeof(c)=" << sizeof(c) << endl; //2880
    a[0][0][0] = 1;           //第 1 层第 1 行第 1 列的元素
    b[0][0][0][0] = 1;        //第 1 个立方体的第 1 层第 1 行第 1 列的元素
    c[0][0][0][0][0] = 1;     //第 1 行第 1 列的立方体的第 1 层第 1 行第 1 列的元素
    return 0;
}
```

【运行结果】

```
sizeof(a)=240
sizeof(b)=480
sizeof(c)=2880
```

【代码解读】

数组 a 是三维数组，元素个数为 3×4×5=60 个，占用字节数为 60×4=240 字节。数组 b 是四维数组，元素个数为 2×3×4×5=120 个，占用字节数为 120×4=480 字节。数组 c 是五维数组，元素个数为 3×4×3×4×5=720 个，占用字节数为 720×4=2880 字节。

习　题

1. 求长整数数组 a 中全部元素的平方和。

```
long long a[12] = {16, 12, -7, 21, 0, 18, 0, 15, 11, -9, 17, 23};
```

2. 定义一个将一维数组中的值按逆序重新存放的函数，并使用这个函数。
3. 运算符"＊"有哪几种作用？运算符"&"有哪几种作用？
4. 给出下面程序中 summary 函数的定义。程序运行结果如下：

最大数：max=18
最小数：min=11
平均数：mean=14.5

```cpp
#include <iostream>
using std::cout;
using std::endl;
/*
    功能：求数组中数据的最大值、最小值和均值
    参数：data    数组的起始地址
         len     数组的元素个数
         pmax    用于输出，指向最大数的指针
         pmin    用于输出，指向最小数的指针
         pmean   用于输出，指向平均数的指针
*/
void summary(int * data, int len, int * pmax, int * pmin, double * pmean);
int main(int argc, char** argv){
    int a[] = {15, 12, 14, 18, 16, 11, 17, 13};
    constexpr int len = sizeof(a)/sizeof(int);
    int max, min;        //最大数和最小数
    double mean;         //平均数
    summary(a, len, &max, &min, &mean);
    cout << "最大数：max=" << max << endl;
    cout << "最小数：min=" << min << endl;
    cout << "平均数：mean=" << mean << endl;
    return 0;
}
```

5. 给出下面程序中 row_sums 函数的定义，其功能是求二维数组每行元素的和。

```cpp
#include <iostream>
using std::cout;
void row_sums(double * a, int m, int n, double * s);
```

```
int main(int argc, char** argv){
    constexpr int M=3, N=4;
    double a[M][N] = {{16, 10, 18, 21}, {13, 12, 20, 15}, {11, 17, 19, 11}};
    double c[M];
    row_sums(a[0], M, N, c);
    for(int i=0; i<M; i++) //65 60 58
        cout << c[i] << " ";
    return 0;
}
```

6. 给出下面程序中 which_max 函数的定义,其功能是求二维数组中最大元素的位置。

```
#include <iostream>
using std::cout;
void which_max(int * a, int m, int n, int * prow, int * pcol);
int main(int argc, char** argv){
    constexpr int M=3, N=4;
    int a[M][N] = {{13, 12, 11, 15},{16, 10, 30, 21},{11, 17, 19, 30}};
    int row, col;
    which_max(*a, M, N, &row, &col);
    cout << row << " " << col; //1 2
    return 0;
}
```

第 9 章 排序与查找

本章介绍一维数组的典型应用：排序与查找。

9.1 排序算法

本节介绍三种简单的排序算法。在学习排序算法之前，先了解一下算法的时间复杂度和排序算法的稳定性。

一个算法执行所耗费的时间，从理论上是不能算出来的，必须上机运行测试才能知道。一个算法运行花费的时间，与算法中语句的执行次数成正比，如果算法语句执行次数多，它花费的时间就多。算法的时间复杂度是一个函数，它定性描述该算法的运行时间。时间复杂度常用大 O 符号表示，不包括这个函数的低阶项和首项系数。$O(1)$、$O(n)$、$O(\log n)$、$O(n^2)$ 分别称为常数阶、线性阶、对数阶和平方阶。

假定在待排序的记录序列中，存在多个相同关键字的记录。若经过排序，这些记录的相对次序保持不变，即在原序列中，r[i]＝r[j]，且 r[i]在 r[j]之前，而在排序后的序列中，r[i]仍在 r[j]之前，则称这种排序算法是稳定的，否则称为不稳定的。

9.1.1 冒泡排序

冒泡排序依次比较相邻的两个数，将小数放在前面，大数放在后面。即首先比较第 1 个和第 2 个数，将小数放前，大数放后；然后比较第 2 个数和第 3 个数，将小数放前，大数放后，如此继续，直至比较最后两个数，将小数放前，大数放后。重复以上过程，每次比较的次数少一次，直至最终完成排序。冒泡排序是稳定的，算法的时间复杂度是 $O(n^2)$。

例 9.1 冒泡排序。

```cpp
//BubbleSort.cpp
#include <iostream>
using namespace std;
//p是数组起始地址,n是元素个数,descending为true时降序排序
void bubble_sort(int * p, int n, bool descending=false);
void print_array(int * p, int n);
int main(int argc, char** argv){
    const int N = 6;
    int a[N] = { 3, 6, 4, 2, 5, 1 };
```

```
        int b[N] = { 1, 2, 4, 3, 5, 6 };       //经过一轮交换就有序的数据
        print_array(a, N);
        bubble_sort(a, N);
        bubble_sort(a, N, true);               //降序排序
        bubble_sort(b, N);
        return 0;
}
void bubble_sort(int * p, int n, bool desc){
    for(int i=1; i<n; i++){ //[1,n-1]
        bool swapped = false;
        for(int j=0; j<n-i; j++){ //[0,n-2][0,n-3][0,n-4]...[0,0]
            if(!desc && p[j]>p[j+1] || desc && p[j]<p[j+1]){
                int temp=p[j];
                p[j]=p[j+1];
                p[j+1]=temp;
                swapped=true;
            }
        }
        //每轮内层循环末尾打印全部数组元素
        cout << i << ": "; print_array(p, n);
        if(!swapped){                          //经过一轮内层循环,没有发生交换
            cout<<"数据已经有序,提前结束循环。\n";
            break;
        }
    }
}
void print_array(int * p, int n){
    for(int i=0; i<n-1; i++)
        cout << p[i] << ' ';
    cout << p[n-1] << endl;
}
```

【运行结果】

```
3 6 4 2 5 1        //原来的数据
1: 3 4 2 5 1 6     //执行完 1 轮内层循环后最大的数放在了最后
2: 3 2 4 1 5 6     //执行完 2 轮内层循环后第二大的数放在了倒数第二的位置
3: 2 3 1 4 5 6
4: 2 1 3 4 5 6
5: 1 2 3 4 5 6     //6 个数,需要 5 轮内层循环
1: 2 3 4 5 6 1     //执行完 1 轮内层循环后最小的数放在了最后
2: 3 4 5 6 2 1     //执行完 2 轮内层循环后第二大的数放在了倒数第二的位置
3: 4 5 6 3 2 1
4: 5 6 4 3 2 1
5: 6 5 4 3 2 1
1: 1 2 3 4 5 6     //数组 b 执行完 1 轮内层循环就已经有序
2: 1 2 3 4 5 6     //执行第 2 轮内层循环时,没有发生数据交换
数据已经有序,提前结束循环。
```

【代码解读】

主函数前声明了冒泡排序 bubble_sort 函数和打印数组全部元素的 print_array 函数。

只要有函数声明，就可以调用函数，因此主函数中调用这两个函数是可以编译通过的。bubble_sort 函数和 print_array 函数的定义放在了主函数的后面，如果找不到函数定义，将无法通过链接。

冒泡排序算法每轮内层循环将第 i 大的数放在倒数第 i 的位置。对于 n 个数的排序，需要 n−1 次外层循环，冒出来 n−1 个数之后，只剩最后一个数是最小的，也就完成了排序。外层循环变量 i 从 1 开始，循环条件为"i＜n"，循环共执行 n−1 次。对于降序排序，每轮内层循环是将第 i 小的数放在倒数第 i 的位置，形参 descending 为真时是降序排列。

内层循环变量 j 从 0 开始，到 n−i−1 结束。当 i=1 时，j 从 0 循环到 n−2，内层循环执行的比较是 p[0] vs p[1]、p[1] vs p[2]、p[2] vs p[3]、…、p[n−2] vs p[n−1]。当 i=2 时，j 从 0 循环到 n−3，内层循环执行的比较是 p[0] vs p[1]、p[1] vs p[2]、p[2] vs p[3]、…、p[n−3] vs p[n−2]。第一轮内层循环，一直比较到最后一个数，结果是将最大的数放在了最后的位置。第二轮内层循环是没有必要和最后面的数进行比较的，因为那个数是最大的。因此，第二轮内层循环只需要比较到倒数第二个数即可，结果是将倒数第二大的数放在了倒数第二的位置。最后一轮内层循环，即第 n−1 轮，此时 i=n−1，j 从 0 循环到 n−(n−1)−1=0。最后一轮内层循环只执行一次比较，即 p[0] vs p[1]。

冒泡排序 n−1 轮内层循环的比较次数分别是 n−1、n−2、n−3、…、3、2、1，总的比较次数是 $((n-1)+1)\times(n-1)/2 = n\times(n-1)/2 < n^2/2$。比较运算是冒泡排序的基本操作，冒泡排序的时间复杂度为 $O(n^2)$。

如果经过一轮内层循环没有发生交换，则数据已经是有序的，此时排序可以提前结束。为此，每一轮内层循环开始前将布尔型变量 swapped 赋值为 false，循环时如果发生交换则将 swapped 赋值为 true，变量 swapped 可能被多次赋值为 true。内层循环结束后，如果布尔型变量 swapped 的值依然是 false，则意味着没有发生交换，此时执行 break 语句跳出外层循环，提前结束冒泡排序。

9.1.2 插入排序

插入排序每次从无序表中取出第一个元素，把它插到有序表的合适位置，使有序表依然有序。插入排序是稳定的，算法时间复杂度为 $O(n^2)$。

例 9.2 插入排序。

```
//InsertSort.cpp
#include <iostream>
using namespace std;
void insert_sort(int * , int, bool descending=false);
void print_array(int * , int); //函数定义同上例
int main(int argc, char** argv){
    const int N=6;
    int a[N] = {3,6,4,2,5,1};   print_array(a, N);   //3 6 4 2 5 1
    insert_sort(a, N);          print_array(a, N);   //1 2 3 4 5 6
    insert_sort(a, N, true);    print_array(a, N);   //6 5 4 3 2 1
    return 0;
}
void insert_sort(int * a, int n, bool desc){
```

```cpp
    for(int i=0; i<n-1; i++){                       //n-1个数需插入有序表中
        int m=a[i+1];                               //i+1是要插入的数,0-i是有序表
        for(int j=0; j<=i; j++){                    //遍历有序表,寻找插入位置
            if(!desc && a[j]>m || desc && a[j]<m){  //应该插入下标为j的位置
                for(int k=i; k>=j; k--)             //j~i 的元素后移
                    a[k+1]=a[k];
                a[j]=m;                             //执行插入操作
                break;                              //插入完成后结束内层循环
            }
        }
    }
}
```

【代码解读】

插入排序开始时,有序表中只有一个元素 a[0],自身就是有序的。插入排序的目标是将 a[1] 到 a[n−1] 的 n−1 个数插入一开始只有一个元素的有序表中。每插入一个元素,有序表的长度就增加 1。外层循环变量 i 从 0 开始,循环到 n−2,共循环 n−1 次。第 i 次外层循环执行时(i=0,1,2,…,n−2),有序表是 a[0] 到 a[i] 的数组片段,a[i+1] 是本次外层循环要插入有序表中的元素。

内层循环变量 j 从 0 开始循环到 i,寻找插入位置。升序排时如果 a[j]>a[i+1],降序排时如果 a[j]<a[i+1],则 j 的当前值为插入位置。插入位置 j 的值可能是 0,此时应插入有序表的最前面。如果没有找到插入位置,则意味着升序时 a[i+1] 比前面的都大,降序时 a[i+1] 比前面的都小,此时无须执行插入操作。如果找到了插入位置 j,就需要执行插入操作,首先将下标为 j~i 的元素,从后往前逐个后移一位,a[i+1] 将被覆盖掉,然后将保存在变量 m 中的 a[i+1] 插入下标为 j 的位置。插入完成后,需要使用 break 语句立即结束这一轮内层循环。如果没有 break,则会再次进入循环,升序时找到更大的数,降序时找到更小的数,然后再次执行插入操作导致逻辑错误。

9.1.3 选择排序

选择排序每一趟从待排序的数据元素中选出最小的一个元素,顺序放在已排好序的数列的最后,直到全部待排序的数据元素排完。选择排序是不稳定的排序算法。选择排序算法的时间复杂度是 $O(n^2)$。

例 9.3 选择排序。

```cpp
//SelectSort.cpp
#include <iostream>
using namespace std;
void select_sort(int * p, int n, bool descending=false);
void print_array(int * p, int n);
int main(int argc, char** argv){
    const int N=6;
    int a[N] = {3,6,4,2,5,1};       print_array(a,N); //3 6 4 2 5 1
    select_sort(a,N);               print_array(a,N); //1 2 3 4 5 6
    select_sort(a,N,true);          print_array(a,N); //6 5 4 3 2 1
```

```
        return 0;
    }
    void select_sort(int * a,int n, bool desc){
        for(int i=0; i<n-1; i++){
            int k=i;                            //本轮最小数(最大数)的下标
            for(int j=i+1; j<n; j++){           //在[i+1, n-1]范围内寻找
                if(!desc && a[j]<a[k] || desc && a[j]>a[k]){
                    k = j;                      //更新本轮最小数(最大数)的下标
                }
            }
            if(k!=i){
                int temp=a[i];   a[i] = a[k];   a[k] = temp;
            }
        }
    }
```

【代码解读】

选择排序升序排时每次挑选最小的数,降序排时每次挑选最大的数。外层循环变量 i 从 0 循环到 n−2,挑出来 n−1 个数,剩下最后一个数就不用再挑了。

循环变量 i 从 0 开始,每次外层循环开始时,假设 a[i] 是 [i,n−1] 范围内升序排时的最小数或降序排时的最大数,将下标 i 的值保存到变量 k 中。内层循环变量 j 从 i+1 循环到最后的下标 n−1,如果是升序排,则每次发现更小的数就更新 k 的值为那个更小数的下标,如果是降序排,则每次发现更大的数就更新 k 的值为那个更大数的下标。k 的值始终是升序排时当前最小数的下标或降序排时当前最大数的下标。

内层循环结束后,k 的值是升序时第 i 小的或降序时第 i 大的数的下标。如果 k 和 i 不相等,则交换 a[i] 和 a[k],即升序时把第 i 小的数放到下标为 i 的位置,降序时把第 i 大的数放到下标为 i 的位置。

9.2 查找算法

顺序查找是按照序列原有顺序对数组进行遍历比较查询的基本查找算法。顺序查找的时间复杂度是 O(n),如果在 100 万条记录上查找,最坏需要 100 万次比较。

顺序查找比较次数多,执行时间长,而折半查找算法可以大幅度减少比较次数。

折半查找

折半查找法也称为二分查找法,它充分利用了元素间的次序关系,采用分治策略,可在最坏的情况下用 O(log n) 完成查找任务。

在 100 万条记录上查找最多需要多少次比较呢?

100 万 $=10^6<2^{20}$,其中 $2^{10}=1024$。

$\log 2(2^{20})=20$。

最多 20 次比较!

折半查找的算法要求:

(1) 必须采用顺序存储结构。

(2) 必须按关键字大小有序排列。

在从小到大排好序的有序表中,将待查找数据与查找范围的中间元素进行比较,会有以下三种情况出现:

（1）待查找数据与中间元素正好相等,则返回中间元素值的索引(下标)。
（2）待查找数据比中间元素小,则将整个查找范围的前半部分作为新的查找范围。
（3）待查找数据比中间元素大,则将整个查找范围的后半部分作为新的查找范围。

例 9.4 折半查找。

```cpp
//BinarySearch.cpp
#include <iostream>
using namespace std;
//找到了就返回查找值的下标,没找到返回-1
int binary_search(int value, int * a, int n);
int main(int argc, char** argv){
    const int N = 6;
    int a[N] = { 11, 13, 16, 20, 25, 33 };
    int value;
    do{
        cout << "Input value: ";
        cin >> value;                   //可输入 25, 12
        if(!cin) break;                 //Ctrl+z 并回车结束输入流,此时执行 break 退出循环
        //或 if(cin.fail()) break;
        int index = binary_search(value, a, N);
        if(index!=-1)
            cout << "a[" << index <<"]=" << value << endl;
        else
            cout << "没找到" << value << endl;
    }while(true);
    return 0;
}
int binary_search(int value, int * a, int n){
    int left=0, right=n-1, mid;
    while(left<=right){
        mid = (left+right)/2;
        if (value==a[mid]) {
            return mid;                 //立即从函数返回,得到下标
        }else if(value>a[mid]){         //查找的数比中间的大,那么应该继续在右边找
            left = mid+1;
        }else {                         //查找的数比中间的小,那么应该继续在左边找
            right = mid-1;
        }
    }
    return -1;                          //left>right 已经无法找到了
}
```

【运行结果】

```
Input value: 25
a[4]=25
Input value: 12
没找到 12
Input value: ^Z          //输入 CTRL+Z
```

【代码解读】

在长度为 n 的升序排列的数组上进行折半查找前，查找范围左边界 left 初始化为 0，查找范围右边界 right 初始化为 n−1。下标 0 是数组第一个元素的下标，下标 n−1 是数组最后一个元素的下标。

当查找范围内仅剩一个元素时，仍然是可能找到的，即只要 left＜＝right，就在下标范围[left，right]内可能找到要查找的值。因此，while 循环执行的条件是"left＜＝right"。

在循环体内，首先计算中间数的下标 mid＝(left＋right)/2，第一次循环时，mid 的值是[0＋(n−1)]/2＝(n−1)/2。然后比较查找值和中间数的大小，如果相等则立即返回 mid；如果查找值比中间数大，则继续在右边[mid＋1，right]范围内查找；如果查找值比中间数小，则继续在左边[left，mid−1]范围内查找。缩小查找范围到右半部分的方式是将下标 left 的值赋值为 mid＋1；缩小查找范围到左半部分的方式是将下标 right 的值赋值为 mid−1。

经过多次未找到的循环后，当 left 和 right 相等时，计算 mid＝(left＋right)/2 的值也和它们相等，即 mid、left、right 三个下标的值是相等的。此时是最后可能找到的机会，如果剩下的唯一的数和查找值不相等，则会执行语句"left＝mid＋1;"或"right＝mid−1;"这导致 left＞right，然后判断循环条件"left＜＝right"不再成立，循环结束。

如果循环是正常结束的，而不是通过循环内部的 return 语句提前结束的，则不可能在数组中找到查找值了，函数返回−1 表示未找到。

为什么流对象 cin 可以作为 if 语句的条件呢？

```
if(!cin) break;           //调用 cin 对象的 bool 运算符
```

主函数中的循环将"!cin"作为循环条件，当输入流结束符时，使用 break 语句跳出循环。在 Windows 系统的终端下，按 Ctrl＋Z 组合键再按 Enter 键，表示输入流结束符；在 Linux/Unix 系统的终端下，按 Ctrl＋D 组合键，表示输入流结束符。cin 是 C＋＋中预定义的标准输入流对象，是 istream 类的对象。ios 类是 istream 类的父类，ios 类重载了类型转换运算符 bool(或 void＊)。

C＋＋98 标准中，ios 类重载了类型转换运算符 void＊，函数原型如下，如果流的 failbit 或 badbit 被设置，则返回空指针。

```
ios::operator void* () const;
```

C＋＋11 标准中，ios 类重载了类型转换运算符 bool，函数原型如下，如果流的 failbit 或 badbit 被设置，则返回 false。

```
explicit ios::operator bool() const;
```

C＋＋中，流的状态使用比特位 goodbit、eofbit、failbit、badbit 来表示。

(1) goodbit 被置位表示流未发生错误。

(2) eofbit 被置位表示到达了文件末尾(End of File)。

(3) failbit 表示发生了可恢复的错误，例如，期望读取一个浮点数，却读到一个字母等错误。这种问题通常是可以修复的，流还可以继续使用。

(4) badbit 表示发生了系统级的错误，如不可恢复的读写错误。一旦 badbit 被置位，流就无法再使用了。

成员函数 good、eof、fail、bad 能检查对应的比特位是否被置位,返回 1 表示被置位。当到达文件的结束位置时,eofbit 和 failbit 都会被置位。badbit 被置位时,fail 也会返回 1。如果 badbit、failbit 和 eofbit 任何一个被置位,都应当认为流是无效的。所以使用 good 和 fail 函数是确定流能否可用的正确方法,而 eof 和 bad 函数操作只能表示特定的错误。程序中的 if(!cin)是在调用 bool 运算符,也可以改为调用 fail 函数。

```
if(cin.fail()) break;
```

例 9.5 用递归函数实现折半查找。

```
//BinSearchR.cpp
bool debug = true;
//start 和 end 是查找范围的开始下标和结束下标
int BinSearch(int value, int * data, int start, int end){
    if (debug) cout << "s=" << start << " e=" << end << endl;
    if(start>end) return -1;        //无法再找到了
    int mid = (start+end)/2;
    if(value==data[mid]){
        return mid;
    }else if(value>data[mid]){      //查找值比中间的大,搜索右半部分
        return  BinSearch(value, data, mid+1, end);   //递归
    }else{                          //查找值比中间的小,搜索左半部分
        return BinSearch(value, data, start, mid-1); //递归
    }
}
```

调用递归函数 BinSearch 时需要传递查找值、数组名、开始下标 0 和结束下标 N−1。

```
int index = BinSearch(value, a, 0, N-1);
```

【代码解读】

递归函数被调用时,如果开始下标大于结束下标,即 start>end,则函数立即返回−1,递归结束。否则,计算中间数的下标 mid=(left+right)/2。然后比较查找值和中间数的大小,如果相等则立即返回 mid,递归结束。

如果查找值比中间数大,则继续在右边[mid+1,right]范围内查找,查找的方式为递归调用函数自身,开始下标传递 mid+1。

```
return BinSearch(value, data, mid+1, end);
```

如果查找值比中间数小,则继续在左边[left,mid−1]范围内查找,查找的方式为递归调用函数自身,结束下标传递 mid−1。

```
return BinSearch(value, data, start, mid-1);
```

习　题

1. 从键盘输入若干数并保存到一个数组中,以流结束符作为结束标记。在 Windows 系统下按 Ctrl+Z 组合键可输入流结束符。调用自己实现的排序函数将数组中的有效数据先

升序排列并输出,然后再降序排列并输出。

2. N 个数按从大到小的顺序存放在一个数组中。输入一个数,用折半查找算法找出该数是数组中的第几个数(序号从 0 开始),如果该数不在数组中,则打印"无此数"。

3. 希尔排序(Shell's Sort)是直接插入排序算法的一种改进算法。无论是插入排序还是冒泡排序,如果数组的最大值刚好是在第一位,要将它挪到正确的位置需要移动 n−1 次。也就是说,原数组的一个元素如果距离它正确的位置很远的话,则需要与相邻元素交换很多次才能到达正确的位置。希尔排序是为了加快速度简单地改进了插入排序,通过交换不相邻的元素对数组的局部进行排序。希尔排序的思想是采用插入排序的方法,先让数组中任意间隔为 h 的元素有序,刚开始 h 的大小可以是 h=n/2,接着让 h=n/4,让 h 一直缩小,当 h=1 时,数组中任意间隔为 1 的元素有序,此时的数组就是有序的了。请实现支持升序排列和降序排列的希尔排序函数。

4. 日期类型 DATE 的定义如下,将日期对象数组 dates 中的元素降序排列。

```
typedef struct{
    int year, month, day; //年,月,日
}DATE, * PDATE;
DATE dates[] = {{2020,9,10},{2008,8,8},{2008,8,2},{2020,12,5}};
```

第 10 章

字 符 串

在 C 语言中,字符串实际上是使用空字符'\0'结尾的一维字符数组。C 字符串使用'\0'标记字符串的结束。空字符(Null Character)缩写为 NUL,是 ASCII 码中数值为 0 的控制字符,'\0'是其转义字符,意思是告诉编译器,这不是字符'0',而是空字符。

10.1 字 符 数 组

字符数组用来存放字符数据,字符数组的一个元素存放一个字符的 ASCII 码。一维字符数组的定义为

```
char buf[10];   //定义了一个包含 10 个元素的字符数组,下标为 0~9
```

可以使用 sizeof 运算符获得字符数组占用的字节数:

```
cout << "sizeof(buf)=" << sizeof(buf);      //数组 buf 占用 10 字节的内存
```

可以使用下标来访问字符数组的某个元素,例如:

```
buf[0]='A';                //单引号表示字符常量,实际存储的是'A'的 ASCII 码 65
buf[1]= 66;                //66 是字符'B'的 ASCII 码
buf[2]='C';                //字符'C'的 ASCII 码是 67,即 0x43,01000011
buf[3]= 0;                 //数值 0 是字符串的结束符,也可以写成'\0',即 00000000
cout << buf << endl;       //输出结果是"ABC",cout 遇到'\0'停止
```

长度为 N 的字符数组最长可以存储长度是 N-1 的字符串,再后跟一个字符串结束符'\0'。字符数组的名称是指向其第一个字符的常指针,当输出一个字符指针时,将会输出这个指针指向的字符串,输出时遇到'\0'就停止输出。

C 语言规定了字符串结束的标志,遇到'\0'表示字符串到此结束,它前面的字符组成有效的字符串。程序往往依靠检测'\0'的位置来判断字符串是否结束,而不是根据数组长度来判断字符串长度。

0、'\0'、'0'的区别:

```
char a = 0;                      //0 是 4 字节的整数,取其最低位一个字节: 00000000
char b = '\0';                   //1 字节全 0,二进制为 00000000
char c = '0';                    //字符'0'的 ASCII 码,二进制为 00110000 = 0x30 = 48
printf("a=%02X b=%02X c=%02X\n", a, b, c);   //输出 a=00,b=00,c=30
```

字符数组名是指向数组中第一个字符的常指针,因此可以将字符数组名赋值给一个字符指针,这实际上是使用字符型指针指向了字符数组的起始地址。例如:

```cpp
char buf[]="Hello World!";     //使用常量字符串初始化一个长度为13的字符数组
char * p = buf;                //字符指针p指向字符数组buf的第一个字符'H'
cout << sizeof(buf);           //13,数组的字节数
cout << sizeof(p);             //8或者4,指针自身的字节数
cout << p[6];                  //输出字符W
cout << * (p+6);               //输出字符W,*的优先级高,加圆括号改变计算顺序
p = &buf[6];  cout << * p;     //p指向第7个字符W,然后输出指向的字符
```

例 10.1 字符数组中的字符串。

```cpp
//CharArray.cpp
#include <iostream>
#include <cstring>              //strlen
using namespace std;
int main(int argc, char** argv){
    char buf[50];               //50个字符的字符数组,未初始化
    buf[0] = 65;                //65=='A'
    buf[1] = 'B';               //66=='B'
    buf[2] = 67;                //67=='C'
    buf[3] = 0;                 //0是字符串的结束符
    cout << buf << endl;        //输出字符数组里面的以0结尾的字符串

    char * p = buf;             //字符指针p指向数组的起始地址
    cout << p << endl;          //输出字符指针时,输出p指向的以0结尾的字符串
    cout << * p << endl;        //输出p指向的1个字符
    cout << * buf << endl;      //输出buf指向的1个字符
    cout << "sizeof(buf)=" << sizeof(buf) << endl;   //数组的长度为50
    cout << "sizeof(p)=" << sizeof(p) << endl;       //指针变量自身的字节数为8
    cout << "strlen(p)=" << strlen(p) << endl;       //字符串长度为3

    //理解如何输出字符串的
    while(* p) {                // * p!='\0'
        cout << * p;            //输出指针指向的一个字符
        p++;                    //指针指向下一个字符
    }
    cout<<'\n';
    p = buf;                    //p重新指向数组中的第一个字符
    while(* p) cout << * p++;
    cout<<'\n';
    return 0;
}
```

【运行结果】

```
ABC  ABC  A  A    (第1~4行输出)
sizeof(buf)=50
sizeof(p)=8
strlen(p)=3
ABC  ABC          (第8~9行输出)
```

【代码解读】

程序中定义了一个具有50个元素的字符数组buf,数组的每个元素可以保存一个字符

的 ASCII 码值。buf[0]、buf[1]、buf[2]保存的是 65、66、67,分别表示字符'A'、'B'、'C'。buf[3]保存的是空字符 NUL,对应的转义字符是'\0',即一个字节的 8 个比特都是零(00000000)。在 C 语言中空字符是字符串结束符,因此,数组 buf 中保存了字符串"ABC",字符 C 的后面跟有字符串结束符。

数组名是指向数组起始地址的指针常量,字符数组名也是如此。因此,可以将字符数组的名字 buf 赋值给指针变量 p。输出数组名 buf 或字符指针 p 时,将会输出以 0 结尾的字符串,而输出 * p 是输出 p 指向的一个字符,输出 * buf 是输出数组 buf 中的第一个字符。

sizeof 关键词是 C++ 中编译时的运算符,sizeof(buf)得到的是数组的长度 50,sizeof(p)得到的是指针自身的长度 8 或 4。strlen 函数计算字符指针指向的字符串的长度,字符串长度不含结束符 0。

程序给出了用于理解 C++ 如何输出一个字符串的代码。首先将字符指针 p 指向字符串的起始地址,当 p 指向的字符不是空字符时进入循环体执行,循环体内使用 * p 读取一个字符并输出,然后执行 p++使得 p 指向下一个字符。一次循环结束后,跳到循环条件位置判断是否是空字符。如果不是空字符,则继续下一次循环;如果是空字符,则循环结束。

C 语言中,非零即为真。因此,判断一个表达式的值不等于零是可以省去关系运算的。本例中,while(* p!='\0')就可以直接写成 while(* p)。即'A'是真,'B'是真,'C'是真,然后遇到字符串结束符 0,循环条件为假,循环结束。

字符数组的初始化

字符数组可以在定义时进行初始化,可以使用花括号将多个字符括起来,每个字符用英文逗号分隔,例如:

```
char data[100] = {'H','E','L','L','O'};
//前 5 个字符给出初值,其余 95 个字符填充默认值 0
```

可以使用如下代码验证是否填充了默认值 0。

```
for(int i=0; i<100; i++){
    printf(" %02X", data[i]);     //输出 48 45 4C 4C 4F 00 00 ……
}
```

初始化时如果省略数组长度,编译器就会根据初始值的个数确定数组长度,例如:

```
char a[] = {'C','L','O','U','D'};              //编译器不会填充 0
cout << sizeof(a) <<endl;                      //输出 5,字符数组 a 含 5 个元素
```

注意:变量 a 不是一个字符串,a 只能作为字符数组使用,每次只能访问 a 中的一个字符。"cout<<a;"是错误的用法,因为无法确定字符串结束的位置。

可以使用字符串常量来初始化字符数组,例如:

```
char b[] = "Cloud";                    //双引号给出以 0 结束的字符串常量,结束符 0 是隐含的
cout << sizeof(b) << endl;             //输出 6,数组含 6 个元素,最后一个元素是 0
cout << b;                             //字符数组 b 含字符串结束符,可作为字符串使用
```

如果一个字符数组中,中间的某个元素是'\0',将这个字符数组当作字符串使用时,将会仅使用第一个'\0'之前的字符。例如:

```
char c[] = {'H','o','w', 0,
            'a','r','e','\0', 'y','o','u','\0'};
cout << c << endl;                //输出 How,遇'\0'停止
cout << c+4 <<endl;               //输出 are,遇到'\0'停止
cout << c+8 <<endl;               //输出 you,遇到末尾的'\0'停止
```

例 10.2　使用常量字符串初始化字符数组。

```
//CharArrayInit.cpp
#include <iostream>
using namespace std;
int main(int argc, char** argv){
    char a[] = "Hello world!";          //a 是长度为 13 的字符数组
    const char *b = "Hello world!";     //b 是指针变量,指向常量字符串
    cout << a << endl;
    cout << b << endl;
    cout << "sizeof(a)=" << sizeof(a) << endl; //13
    cout << "sizeof(b)=" << sizeof(b) << endl; //8
    a[0] = 'h';                         //修改字符数组的第一个字符
    cout << a << endl;
    //b[0] = 'h';                       //不能通过字符指针修改文字常量区的常量字符串
    b = "Hello everyone!";              //b 指向另一个字符串
    cout << b << endl;
    //a = "Hello everyone!";            //数组不能整体复制
    return 0;
}
```

【运行结果】

```
Hello world!      Hello world!
sizeof(a)=13      sizeof(b)=8
hello world!      Hello everyone!
```

【代码解读】

C++中,常量字符串使用双引号表示,保存在文字常量区。文字常量区的常量在程序运行期间一直存在,程序结束后由系统释放。常量字符串是不可变的。

在定义字符数组 a 时,没有给出数组长度,但使用常量字符串初始化字符数组 a。常量字符串"Hello world!"位于全局的文字常量区,自身长度是 12 字节,叹号后面还有一个隐含的字符串结束符 0,总长度是 13 字节。因此,编译器确定字符数组 a 的长度为 13 字节,并将包括结束符在内的常量字符串复制到数组 a 中。

变量 b 是一个指针变量,自身是可变的,定义时指向了位于文字常量区的常量字符串 "Hello world!"。后面又通过给变量 b 赋值,使其指向了另一个也位于文字常量区的常量字符串"Hello everyone!"。

sizeof(a)中,a 是一个数组,长度是 13 字节。sizeof(b)中,b 是一个指针,64 位程序中是 8 字节,32 位程序中是 4 字节。

数组 a 是位于栈上的局部变量,a[0]='h'将数组 a 中的第一个字符修改为小写字母 h。指针 b 指向文字常量区的常量字符串"Hello world!",b[0]='h'试图修改位于文字常量区的常量字符串,这是不被允许的。

C++中,数组是不能整体赋值的,只能逐个元素复制。虽然字符数组在定义时可以使用字符串初始化,但是并不能将一个常量字符串直接赋值给一个已经存在的字符数组。

10.2 const 修饰字符指针

字符指针是指向字符型数据的指针。一个字符串在内存中占用一段连续的存储空间,具有确定的首地址。将字符串的首地址赋值给一个字符指针,就可以通过字符指针来访问这个字符串。为了限制通过指针修改字符串的内容,可以使用 const 关键词来修饰字符类型 char。为了限制指针不能再指向其他地方,则可以使用 const 关键词修饰指针名称。const 关键词修饰字符指针的四种情况如下。

(1) 字符指针:

```
char *p;            //p自身可变,也可以通过p修改指向的字符
```

(2) 指向字符常量的指针变量:

```
const char *p;      //p自身可变,但不能通过p修改指向的字符
```

(3) 指向字符变量的常指针:

```
char * const p;     //p的指向不可变,但可以通过p修改指向的字符
```

(4) 指向字符常量的常指针:

```
const char * const p;   //p的指向不可变,也不能通过p修改指向的字符
```

综上,const 修饰 char 则字符不可变,const 修饰 p,则 p 不能改变指向。

例 10.3 字符指针。

```
//CharPointer.cpp 字符指针
#include <iostream>
using namespace std;
int main(int argc, char** argv){
    char str[] = "Hello World!";
    char buf[] = "Hello Again!";
    char * p1 = str;        //p1指向str,即将str的起始地址保存到p1里面
    p1[0] = 'h';            //修改p1指向的字符
    p1 = buf;               //修改p1,使其指向buf
    const char * p2 = str;
    //p2[0]='h';
    p2 = buf;               //p2自身可变,但不能通过p2修改指向的字符
    char * const p3 = str;
    p3[0] = 'h';
    //p3 = buf;             //p3的指向不可变,但可以通过p3修改其指向的字符
    const char * const p4 = str;
    //p4[0] = 'h';
    //p4 = buf;             //p4的指向不可变,也不能通过p4修改其指向的字符
    return 0;
}
```

【代码解读】

变量 str 和 buf 均为主函数内部定义的长度为 13 的字符数组。字符数组 str 和 buf 占用的内存在栈上分配,字符数组的元素是可变的。

字符指针 p1 指向 str 后,就可以通过 p1 修改其指向的字符数组中的元素。p1 自身也是可变的,语句"p1=buf;"修改了 p1。变量 p1 里面之前保存的是数组 str 的起始地址,修改后 p1 里面保存的是数组 buf 的起始地址。

在 p2 的定义中,const 修饰的是 char,p2 是指向常量字符的指针变量,p2 自身可变,但不能通过 p2 修改其指向的字符。虽然 p2 指向的字符数组是可变的,但是不能通过 p2 修改其中的元素。p2 定义中,const 的含义是只读变量(read-only variable)。

在 p3 的定义中,const 修饰的是 p3,p3 是指向字符变量的指针常量。p3 的指向不可变,但可以通过 p3 修改其指向的字符。

在 p4 的定义中,有两个 const,第一个 const 修饰 char,第二个 const 修饰 p4。const 修饰 char 表示不能通过 p4 修改其指向的字符,const 修饰 p4 表示 p4 自身不可改变。

10.3 字符指针数组

指针数组是由指针变量构成的数组,在操作时,既可以对数组元素写入和读取地址值,也可以间接访问数组元素所指向的单元内容。字符指针数组的每个元素是一个字符指针,类型为"char *"或"const char *"。字符指针数组中的每个指针可以指向一个以'\0'结尾的字符串。

例 10.4 理解字符指针数组。

```
//CharPointerArray.cpp
#include <iostream>
#include <cstring>
using namespace std;
int main(int argc, char** argv){
    //长度为5的指针数组,每个元素是一个指向常量字符串的指针
    const char * names[]={"Tony", "Lisa", "Mary", "Victor", "Cristina"};
    cout << "sizeof(names)=" << sizeof(names) << endl; //5个指针,40字节
    for(int i=0; i<5; i++){
        cout << names[i] << endl; //names[i]是一个字符指针
    }
    char kids[5][30]; //二维字符数组,每行存储一个字符串,kids[i]是第 i 行的起始地址
    cout << "sizeof(kids)=" << sizeof(kids) << endl; //150字节
    strcpy(kids[0], "Tony");     strcpy(kids[1], "Lisa");
    strcpy(kids[2], "Mary");     strcpy(kids[3], "Victor");
    strcpy(kids[4], "Cristina");
    for(int i=0; i<5; i++){
        cout << kids[i] << endl;
    }
    return 0;
}
```

【代码解读】

如图 10-1 所示,names 是一个长度为 5 的字符指针数组,每个元素是一个指向常量字

符串的指针。程序使用花括号初始化字符指针数组 names,花括号里面使用双引号给出了多个常量字符串。指针数组 names 自身保存在栈上,每个元素是一个字符指针。数组元素 names[i]是一个指向文字常量区的某个常量字符串的指针变量。

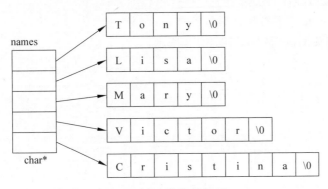

图 10-1　字符指针数组

kids 是一个 5 行 30 列的二维字符数组,运行时在栈上为其分配 150 字节的内存。二维数组 kids 每行可以存储一个最多 29 个字符的字符串和 1 个字符串结束符。对于二维数组 kids,kids[i]是其第 i 行的起始地址。strcpy 函数将包括结束符在内的字符串复制到二维数组的某一行,经过 5 次 strcpy 函数调用后,二维数组的数据如图 10-2 所示。

kids										
	T	o	n	y	\0					
	L	i	s	a	\0					
	M	a	r	y	\0					
	V	i	c	t	o	r	\0			
	C	r	i	s	t	i	n	a	\0	
0	1	2	3	4	5	6	7	8	…	29

图 10-2　二维字符数组保存字符串

10.4　命令行参数与环境变量

命令行参数是在启动程序时给这个程序传递的参数,参数之间使用一个或多个空格分隔。例如,在 Windows 系统的命令提示符下,输入下面两行中的某一行并按 Enter 键。

```
"C:\Windows\notepad.exe" D:\data.txt          //使用记事本打开 D 盘根目录中的 data.txt
"C:\Windows\System32\ping.exe" -w 1000 www.edu.cn          //测试目的 IP 地址是否可达
```

不同程序的启动参数的含义是不同的,每个程序需要根据自身需要定义启动参数的含义。操作系统将启动程序的命令行切分成多个字符串,并使用字符指针数组来管理多个字符串,然后将字符指针数组的起始地址传递给主函数。

环境变量(Environment Variables)是操作系统中用来指定操作系统运行环境的一些参数,包含一个或者多个应用程序要使用到的信息。main 函数可以接收操作系统传递过来的命令行参数和环境变量,main 函数的完整形式为

```
int main(int argc, char** argv, char** env)
```

argc：命令行参数的个数，为整数。
argv：命令行参数的内容，指向字符指针数组的指针。
env：环境变量，指向字符指针数组的指针。
命令行参数相关的数据结构如图 10-3 所示。

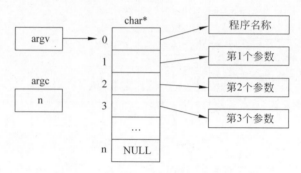

图 10-3　命令行参数相关的数据结构

其中，argc 是 argument count 的缩写，表示启动参数的个数，是一个整数。argv 是 argument vector 的缩写，表示传入 main 函数的参数序列，它是一个指向字符指针数组的指针，指针数组中的每个指针指向一个字符串。实际上，字符指针数组的长度是 argc＋1。argv[0] 是程序名称，argv[argc] 的值是空指针 NULL，argv[1] 到 argv[argc－1] 是启动程序时向这个程序传递的启动参数。

main 函数的第 3 个参数 env 是一个指向字符指针数组的指针，而这个指针数组的最后一个元素是 NULL，数据结构如图 10-4 所示。遍历 env 指向的指针数组，直到遇到空指针 NULL 结束，即可读取全部环境变量。

```
while(*env){  //等价于 while(*env!=NULL)
    cout << *env++ << endl;
}
```

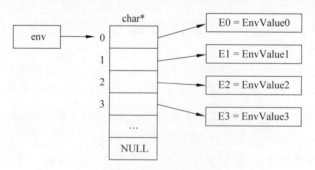

图 10-4　环境变量

while(*env) 的作用是判断 env 指向的数组元素是不是 NULL，非零即为真，而 NULL 的值是 0。后缀自增"env＋＋"使得指针 env 指向下一个数组元素，在 64 位程序中 env 的值将会增加 8 字节。后缀自增运算符的优先级高于解引用运算符，因此表达式"*env＋＋"是先执行后缀自增，再执行解引用。但由于是后缀自增，表达式"env＋＋"的值是自增之前的值，所以"＊env＋＋"得到的是 env 自增之前所指向的数组元素的值，而这个数组元素的类型是 char＊。将字符指针传递给 cout 进行输出时，将会输出字符指针指向的字符串。

例 10.5 打印命令行参数和环境变量。

```cpp
//test.cpp
#include <iostream>
using namespace std;
int main(int argc, char** argv, char** env){
    for(int i=0; i<argc; i++){         //输出全部命令行参数
        cout << argv[i] <<endl;
    }
    cout << endl;
    while(*argv){                       //输出全部命令行参数
        cout << *argv++ << endl;
    }
    cout << endl;
    while(*env){                        //输出全部环境变量
        cout << *env++ << endl;
    }
    return 0;
}
```

运行程序：图 10-5 是 Windows 系统下运行命令行程序的过程。首先进入命令提示符界面，接着改变当前目录到可执行文件所在的目录，然后运行 test.exe 并给出命令行参数。

```
test.exe  -w  1000  www.edu.cn
```

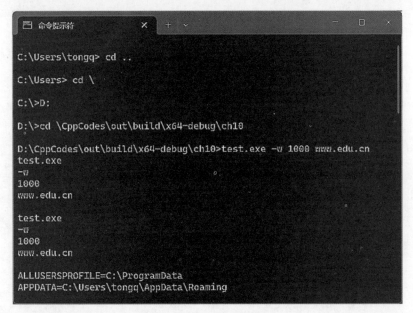

图 10-5　运行命令行程序

如果想不进入可执行文件 test.exe 所在的目录就执行这个程序，则需要启动时给出包含完整路径在内的程序名称。如果目录名称或文件名称含有空格，则需要加上双引号。

```
"D:\CppCodes\out\build\x64-debug\ch10\test.exe"  -w  1000  www.edu.cn
```

Windows 系统目录相关的命令简单介绍如下。

D：——切换到 D 盘，切换当前硬盘分区的方法是盘符后跟英文冒号。

cd——改变目录。

      cd mycode——进入当前目录下的下一级目录 mycode。

      cd ..——返回到上一级目录，两个英文句点表示上一级目录。

      cd \——直接回到根目录，反斜杠"\"表示硬盘根目录。

      cd CppCodes\out\build\x64-debug\ch10——进入当前目录下的多级子目录。

dir——显示目录中的文件和子目录列表。

【代码解读】

本程序的功能是打印全部命令行参数和全部环境变量。在当前目录下运行可执行文件 test.exe 后跟三个启动参数时，argc 的值是 4，argv 指向的指针数组中，每个元素是一个指针，每个元素的指向如图 10-6 所示。

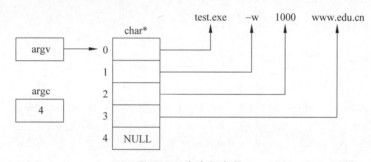

图 10-6 命令行参数

10.5 字符串函数

本节介绍如何求字符串长度、复制字符串、连接字符串、比较字符串和切分字符串。为了加深理解，例子中不仅使用系统提供的字符串函数，更是给出了程序实现。

例 10.6 求字符串长度。

```cpp
//StringLength.cpp
#include <iostream>
#include <cstring>
using namespace std;
int main(){
    char buf[] = "Hello World!"; //字符串最后有一个隐含的结束符
    cout << "数组长度:" << sizeof(buf) << endl;
    char *p = buf;
    cout << "指针变量自身的字节数:" << sizeof(p) << endl;
    int count=0;
    while(*p){
        count++;  p++;
    }
    cout << "字符串长度:" << count << endl;
    //更简单的写法
```

```
        for(p=buf, count=0; *p; count++, p++); //空语句
        cout<<"字符串长度:"<<count<<endl;
        //使用strlen函数求字符串长度
        p=buf;
        cout << "字符串长度:" << strlen(buf) <<" "<< strlen(p) << endl;
        return 0;
}
```

【运行结果】

```
数组长度:13
指针变量自身的字节数:8
字符串长度:12
字符串长度:12
字符串长度:12 12
```

【代码解读】

程序给出了三段计算字符串长度的代码:while(*p)、for循环、strlen函数。

while(*p)是将指针p指向的字符作为循环条件,'H'是真,'e'是真,而叹号后面隐含的'\0'是假。while循环内部,将计数变量count自增1,将指针p指向下一个字符。

for循环的循环体是空语句,即只有一个分号的语句。在for循环单次表达式的位置,使用逗号表达式将指针p指向buf,将计数变量count赋值为0。for循环的第三个表达式是末尾循环体,在这里使用逗号表达式将count自增1,将指针p指向下一个字符。

C语言标准库在头文件string.h中提供了众多的字符串函数,其中strlen函数接收一个常字符指针作为参数,作用是计算这个指针指向的字符串长度。C++的头文件cstring包含了头文件string.h,将string.h中声明的函数重新声明到了命名空间std中。

例10.7 复制字符串。

```
//StringCopy.cpp
#include <iostream>
#include <cstring>
using namespace std;
int main(){
    const char * str = "Hello World!";
    char buf[20];                      //目标字符数组,把20改成10会发生什么呢
    //实现一,存在缓冲区溢出风险
    const char * p = str;              //p和str都指向了常量字符串的第一个字符 'H'
    char * q = buf;                    //q指向字符数组的第一个字符
    do{
        *q = *p; //复制一个字符
        if(*q=='\0'){
            break;
        }else{
            p++; q++;
        }
    }while(true);
    cout << buf << endl;    memset(buf, 0, sizeof(buf));
    //实现二,存在缓冲区溢出风险
    p = str; q = buf;
```

```cpp
        while(*q++ = *p++);                          //空语句,条件为本次复制的一个字符
        cout << buf << endl;
        memset(buf, 0, sizeof(buf));
        //使用C++提供的字符串复制函数strcpy,存在缓冲区溢出风险
        char* s = strcpy(buf, str);                  //strcpy返回buf的起始地址
        cout << buf << endl;
        cout << s << endl;
        memset(buf, 0, sizeof(buf));
        //实现三:超过缓冲区长度则截断字符串
        int i, n=sizeof(buf);
        for(i=0, p=str, q=buf; i<n; i++, p++, q++){
            *q = *p;
            if(*q=='\0') break;
        }
        if(i==n) buf[n-1]='\0';                      //如果已经复制了n个字符
        cout << buf << endl;
        memset(buf, 0, sizeof(buf));
        //使用微软建议使用的函数strcpy_s检查缓冲区溢出
        errno_t e;                  //错误代码类型errno_t是使用typedef定义的int的别名
        e = strcpy_s(buf, sizeof(buf), str);         //第2个参数是目标缓冲区的字节数
        cout << buf << endl;
        cout << "error number = " << e << endl;      //错误代码返回0表示没有发生错误
        return 0;
    }
```

【代码解读】

变量 str 是指向文字常量区的常字符指针,变量 buf 是一个长度有限的字符数组,目标是将 str 指向的字符串复制到字符数组 buf 中。

实现一:首先将 p 指向常量字符串的第一个字符'H',将 q 指向字符数组的第一个元素。循环体内通过指针解引用复制一个字符,如果刚刚复制的字符是字符串结束符,则使用 break 语句退出循环,否则指针 p 指向下一个字符,指针 q 指向字符数组的下一个元素。

实现二:while 循环的条件是"*q++ = *p++",循环体是空语句。后缀自增的运算符优先级高于间接寻址,因此先执行"q++"和"p++"。但由于是后缀自增,表达式"q++"得到的是 q 自增之前的地址,表达式"p++"得到的是 p 自增之前的地址。因此,表达式"*q++"是间接访问 q 地址自增之前指向的数组元素,表达式"*p++"是间接访问 p 地址自增之前指向的字符。"*q++ = *p++"赋值的结果等价于"*q= *p"。表达式"*q++ = *p++"的结果是*q,也就是将刚刚复制的字符作为循环条件。

实现三:使用 for 循环至多复制 n 个字符,n 是目标数组长度。循环结束后,如果复制了 n 个字符,则将数组最后一个元素赋值为字符串结束符,即超过缓冲区长度则截断字符串。

C 语言标准库中的 strcpy 函数是字符串复制函数,它不检查目标缓冲区长度,存在缓冲区溢出风险。strcpy_s 函数是微软建议使用的字符串复制函数,第 2 个参数(sizeof(buf))是目标缓冲区的字节数,可以检查缓冲区溢出,返回类型是整数。如果返回 0,则表示没有发生错误。

例 10.8 安全的字符串复制函数。

```cpp
//strcpy_safe.cpp 安全的字符串复制函数
#include <iostream>
using namespace std;
//bytes 为目的缓冲区字节数
void strcpy_safe(char * dest, int bytes, const char * src){
    int i;
    for(i=0; i<bytes && (*dest++ = *src++); i++);
    if(i==bytes) *--dest = 0;        //字符串结束符
}
int main(){
    char str[] = "Hello World!";
    char buf[10];                    //复制的目标是字符数组
    strcpy_safe(buf, sizeof(buf), str);
    cout << buf << endl; //Hello Wor
    return 0;
}
```

【代码解读】

形参 dest 是指向目的缓冲区的指针，形参 src 是指向源字符串的指针，通过 src 不能修改其指向的字符串。在函数内部，使用 for 循环至多复制 bytes 个字符，bytes 是目标缓冲区的长度。循环结束后，如果复制了 bytes 个字符，则将最后一个被赋值的字节重新赋值为字符串结束符。

例 10.9　连接字符串。

```cpp
//StringCat.cpp
#include <iostream>
#include <cstring>
using namespace std;
int main(int argc, char** argv, char** env){
    char buf[100] = "Hello World!";
    const char * str = " Again!";
    char * q = buf;                  //q指向buf的第一个元素，即字符H
    const char * p = str;            //p指向str指向的第一个字符空格
    while(*q) q++;                   //使q指向叹号后面的字符串结束符
    while(*q++ = *p++);              //第一次复制将覆盖掉字符串结束符
    cout << buf << endl;
    q = strcat(buf, str);            //strcat返回buf的起始地址
    cout << q << endl;
    cout << buf << endl;
    errno_t e = strcat_s(buf, sizeof(buf), str);
    cout << buf << endl;
    return 0;
}
```

【运行结果】

```
Hello World! Again!
Hello World! Again! Again!
Hello World! Again! Again!
Hello World! Again! Again! Again!
```

【代码解读】

首先使 q 指向数组 buf 的第一个元素，即字符'H'，p 指向 str 指向的第一个字符，即空格。接着使用循环将 q 指向叹号后面的字符串结束符。然后循环复制 p 指向的字符串到 q 指向的位置，第一次复制将覆盖目标缓冲区中原有的字符串结束符，最后一次复制源字符串的字符串结束符。

C 语言标准库中的 strcat 函数是字符串连接函数，它不检查目标缓冲区长度，存在缓冲区溢出风险，strcat 函数返回目标缓冲区的起始地址。strcat_s 函数是微软建议使用的字符串连接函数，第 2 个参数是目标缓冲区的字节数，可以检查缓冲区溢出，返回类型是整数。如果返回 0，则表示没有发生错误。

例 10.10　比较字符串大小。

```cpp
//StringCompare.cpp
#include <iostream>
using namespace std;
int strcompare(const char * p, const char * q){
    do{
        if(*p=='\0' && *q=='\0')      //同时抵达末尾
            return 0;                  //字符串相等
        if(*p=='\0')                   //第一个字符串到末尾了，它小
            return -1;                 //第二个字符串长
        if(*q=='\0')                   //第二个字符串到末尾了，它小
            return 1;                  //第一个字符串长
        if(*p > *q)                    //前面大
            return 1;
        if(*p < *q)                    //前面小
            return -1;
        p++;   q++;
    }while(1);
}
int str_cmp(const char * s1, const char * s2){
    while(*s1==*s2 && *s1){
        s1++; s2++;
    }
    int ret = int(*s1) - int(*s2); //也可以直接返回 ret
    return ret>0 ? 1 : ret<0 ? -1 : 0;
}
int main(int argc, char** argv, char** env){
    cout<<strcompare("axc", "abc")<<" "<<str_cmp("axc", "abc")<<endl;//1
    cout<<strcompare("abc", "axc")<<" "<<str_cmp("abc", "axc")<<endl;//-1
    cout<<strcompare("abc", "abc")<<" "<<str_cmp("abc", "abc")<<endl;//0
    cout<<strcompare("abc", "abb")<<" "<<str_cmp("abc", "abb")<<endl;//1
    cout<<strcompare("abc", "abd")<<" "<<str_cmp("abc", "abd")<<endl;//-1
    cout<<strcompare("abc", "abcd")<<" "<<str_cmp("abc", "abcd")<<endl;//-1
    cout<<strcompare("abcd", "abc")<<" "<<str_cmp("abcd", "abc")<<endl;//1
    cout<<strcompare("", "")<<" "<<str_cmp("", "") << endl;//0
    return 0;
}
```

【代码解读】

运行结果见主函数中的程序注释。

比较字符串大小的规则：逐个比较两个字符串的对应字符，以字符的 ASCII 码值进行比较，从两个字符串的第一个字符开始比较，如果相等，则继续比较下一个字符，直到遇见不同的字符，或者遇到字符串结束符。如果字符串 1 和字符串 2 相同，则返回 0；如果字符串 1 大于字符串 2，则返回大于 0 的数；如果字符串 1 小于字符串 2，则返回小于 0 的数。

strcompare 函数使用两个指针同步遍历两个字符串，直接比较当前字符的多种情况，根据不同的情况返回不同的值，是一种直观的实现，但多个并列的 if 语句肯定性能不太好。

str_cmp 函数使用两个指针同步遍历两个字符串，直到当前字符不相等或两个字符串中的任意一个到达了字符串末尾，然后计算第一个字符串中当前字符和第二个字符串中当前字符的差，可以将这个差直接返回，也可以将正数变成 1，负数变成 −1。

C 语言标准库中的 strcmp 函数是字符串比较函数，应用程序中直接使用 strcmp 函数即可。

例 10.11 切分逗号分隔的字符串。

```cpp
//StrSplit.cpp
#include <iostream>
using namespace std;
int main(int argc, char** argv, char** env){
    char data[] = "S202301001,Linda,82.5,77.5", buf[40];
    int i;
    char * p=data, * q=data;            //p 在后,q 在前,寻找子串
    do{
        if(','== * p || '\0'== * p){
            for(i=0; q<p; i++, q++){    //复制子串
                buf[i] = * q;
            }
            buf[i] = '\0';              //在子串末尾添加字符串结束符
            cout << buf << endl;
            q = p+1;                    //q 指向逗号后面的字符
        }
    }while( * p++);                     //遇到结束符 0 循环结束
    return 0;
}
```

【运行结果】

```
S202301001
Linda
82.5
77.5
```

【代码解读】

程序使用两个指针遍历逗号分隔的字符串，如果遇到逗号或字符串结束符，则复制两个指针之间的子串到字符数组 buf 中，并在子串末尾添加字符串结束符。指针 q 一开始指向字符串起始位置，之后依次指向每个逗号后面的字符，作用是记录子串的起始位置。指针 p 的作用是寻找逗号或字符串结束符的位置，一旦遇到逗号或字符串结束符，则复制指针 q 开

始的子串，直到 p 指向位置的前一个字符。复制子串过程中使用变量 i 进行计数和控制数组下标，for 循环结束后根据 i 的当前值在子串末尾添加字符串结束符。

习 题

1. 从键盘读取多个字符，遇到"♯"结束输入，统计每个英文字母出现的次数并输出，统计时不区分英文字母大小写。

2. 实现一个从身份证号码中提取出生日期的函数，函数返回类型为自定义的 Date 类型的右值引用。右值引用可以参考例 4.19。

3. 去掉字符串两端和中间多余的空格。函数名为 reshape，函数返回值是字符串的起始地址，函数功能：①将英文句子两端的空格去掉；②各个单词中间的分隔符是一个或多个空格，如果是多个空格，减少为一个空格。

```
#include <iostream>
using namespace std;
char* reshape(char* str);
int main(int argc, char** argv){
    char buf[4][100] = {"   An   apple a day keeps     the   doctor   away. ",
        "  There  is   but one    secret to sucess--never give    up."};
    for(int i=0; i<4; i++){
        cout << reshape(buf[i]) << "\n";
    }
    return 0;
}
```

4. 定义一个函数将字符串按照给定的分隔符切分成多个字符串，切分后的多个字符串使用二维字符数组存储。切分操作要避免数组越界。分隔符是逗号时，示例如下：

2023001,Tony,98.5,86.5

切分成四个字符串：

2023001、Tony、98.5、86.5

切分后的四个字符串存储在二维数组中，结构如图 10-7 所示。

2	0	2	3	0	0	1	\0		
T	o	n	y	\0					
9	8	.	5	\0					
8	6	.	5	\0					
\0									
0	1	2	3	4	5	6	7	8	9

图 10-7 切分后的四个字符串

第 11 章 指针进阶

指针变量是用于保存内存地址的变量,指针是有类型的。32 位应用中,指针的大小是 4 字节;64 位应用中,指针的大小是 8 字节。指针数组是一个数组,是用来存放指针的数组。函数位于内存中,也是有地址的,函数指针是一个可以保存函数地址的变量。

11.1 动态内存分配

C 语言中使用 malloc/free 等函数进行动态内存分配,C++ 中使用 new/delete 运算符进行动态内存分配。malloc 和 new 都是从堆上分配内存空间的,都需要手动释放内存空间。

malloc 和 free 是函数,而 new 和 delete 是运算符。对于自定义类型,malloc 不会调用构造函数,free 不会调用析构函数;new 会调用构造函数,delete 会调用析构函数。

11.1.1 malloc 和 free

malloc 的全称是 memory allocation,是 C 语言的动态内存分配函数。

```
void* malloc(size_t size);
```

size 为需要分配的内存空间的大小,以字节(Byte)计。malloc 函数在堆区分配一块指定大小的内存空间,用来存放数据。这块内存空间在函数执行完成后不会被初始化,它们的值是未知的。分配成功返回指向该内存的地址,失败则返回 NULL。

void * 表示未确定类型的指针,void * 类型可以强制转为任何其他类型的指针。

```
int* a = (int*)malloc(sizeof(int) * 10);        //10个整数
```

C 语言释放内存的函数是 free。

```
void free(void* memblock);
```

当内存不再使用的时候,应使用 free 函数将内存块释放掉。free 函数和 malloc 函数是配对的,如果申请后不释放就是内存泄漏。内存只能释放一次,如果释放两次及两次以上会出现错误。

例 11.1 使用 malloc 函数动态内存分配。

```
//malloc.cpp
#include <cstdio>      //printf
#include <ctime>       //time
#include <cstdlib>     //srand rand
```

```c
#define N 10                                       //元素个数
void fill_data(int * p, int n);                    //填充数组元素
void print_data(int * p, int n);                   //打印数组元素
int main(int argc, char** argv, char** env){
    srand((unsigned int)time(NULL));               //初始化随机数发生器
    int * p = NULL;                                //a 初始化为空指针
    p = (int *)malloc(sizeof(int) * N);            //动态分配 4N 个字节
    //使用动态分配的内存
    fill_data(p, N);
    print_data(p, N);
    free(p);                                       //释放内存
    return 0;
}
void fill_data(int * p, int n){
    for(int i=0; i<n; i++)
        p[i] = rand() % 90 + 10; //[10,99]
}
void print_data(int * p, int n){
    for(int i=0; i<n-1; i++)  printf("%d ", p[i]);
    if(n>0)  printf("%d\n", p[n-1]);
}
```

【运行结果】

```
56 12 63 55 53 68 52 85 98 30
```

【代码解读】

程序中使用 malloc 函数动态分配了 40 字节的内存。malloc 函数返回这 40 字节的起始地址，类型为 void *，通过强制类型转换(int *)将地址类型转换为 int *。free(p)释放了指针 p 指向的内存。

11.1.2 new 和 delete

运算符 new 的功能是动态分配内存，或者动态创建堆对象。new 直接返回目标类型的指针，不需要显式类型转换。使用 new 运算符动态创建一维数组的语法如下：

```
Type * p = new Type[n];                //n 个对象的数组,调用默认构造函数
```

也可以使用运算符 new 动态创建一个堆对象。

```
Type * p = new Type;                   //调用默认构造函数动态创建对象
Type * p = new Type();                 //同上
Type * p = new Type(40, 30, 25);       //调用 3 个参数的构造函数动态创建对象
```

使用运算符 new 动态创建一个对象时，会调用类型的构造函数，后跟的圆括号中可以根据不同构造函数的形参给出实参。使用运算符 new 动态创建一个对象数组时，会调用类型的默认构造函数创建多个对象。

运算符 delete 用来释放由 new 建立的内存，它先调用析构函数然后再释放内存空间。如果是用 new 建立的一个数组，则用 delete 释放时要加方括号。

```
delete [] p;
```

如果用 new 建立的是一个对象,则不需要加方括号。

```
delete p;
```

实际上,new 和 new[]是两个不同的运算符。new 是用来产生一个堆区对象的,而 new[]是用来产生一个堆区数组的。new 创建一个对象时,可以为对象传递参数;而 new[]则只能调用默认构造函数。同理,delete 和 delete[]也是两个不同的运算符。delete 用于释放由 new 创建的单个对象,它会调用被释放对象的析构函数;delete[]用于释放由 new[]创建的对象数组,它会调用对象数组中每个对象的析构函数。

例 11.2 使用运算符 new 动态分配内存。

```cpp
//new.cpp
#include <iostream>
#include <ctime>
#include <cstdlib>
using namespace std;
constexpr int N = 10;                              //元素个数
void fill_data(int *, int n);                      //填充数组元素
void print_data(int *, int n);                     //打印数组元素
int main(int argc, char** argv){
    srand((unsigned int)time(NULL));               //初始化随机数发生器
    int * a = new int[N];                          //new 动态创建数组
    fill_data(a, N);
    print_data(a, N);
    delete[] a;                                    //释放数组占用的内存,需要加[]
    int * b = new int;                             //分配了一个整数的空间
    * b = 10;
    cout << * b << endl;
    delete b;                                      //释放单个变量,不加[]
    int * c = new int(10);                         //传递 10
    cout << * c << endl;
    delete c;                                      //释放单个变量,不加[]
    return 0;
}
void fill_data(int * p, int n){
    for(int i=0; i<n; i++)
        p[i] = rand() % 90 + 10;
}
void print_data(int * p, int n){
    for(int i=0; i<n-1; i++)   cout << p[i] << ' ';
    if(n>0)   cout << p[n-1] << endl;
}
```

【运行结果】

```
23 67 89 63 42 43 66 66 69 88
10
10
```

【代码解读】

new int[10]:动态创建 10 个整数构成的一个数组。

new int：动态创建一个整数。

new int(10)：动态创建一个整数，并使用整数常量 10 初始化。

delete[] a：释放指针 a 指向的数组。

delete b：释放指针 b 指向的一个整数。

例 11.3　使用 new 动态创建对象。

```cpp
//NewObject.cpp
#include <iostream>
using namespace std;
struct Date{
    int year, month, day;                  //年,月,日
    Date(): year(1970), month(1), day(1){
        cout<<"Date 类默认构造函数\n";
    }
    Date(int y, int m, int d): year(y), month(m), day(d){
        cout<<"3 个 int 参数的构造函数\n";
    }
    ~Date(){
        cout<<"Date 类析构函数\n";
    }
};                                         //分号和"}"之间可以定义变量
int main(int argc, char** argv){
    Date * p = new Date;                   //调用默认构造函数动态创建对象
    p->year = 2023;   p->month = 5;   p->day = 15;
    cout << p->year << "年" << p->month << "月" << p->day << "日\n";
    delete p;                              //释放 p 指向的对象
    p = new Date();                        //带圆括号
    p->year= 2023;   p->month = 6;   p->day = 16;
    cout << p->year << "年" << p->month << "月" << p->day << "日\n";
    delete p;
    p = new Date(2023, 8, 18);             //圆括号中给出年月日
    cout << p->year << "年" << p->month << "月" << p->day << "日\n";
    delete p;
    p = new Date[3];                       //调用默认构造函数动态创建 3 个对象
    delete[] p;
    return 0;
}
```

【运行结果】

```
Date 类默认构造函数    2023 年 5 月 15 日   Date 类析构函数    (1~2 行输出)
Date 类默认构造函数    2023 年 6 月 16 日   Date 类析构函数    (4~6 行输出)
3 个 int 参数的构造函数 2023 年 8 月 18 日   Date 类析构函数    (7~9 行输出)
Date 类默认构造函数
Date 类默认构造函数
Date 类默认构造函数
Date 类析构函数
Date 类析构函数
Date 类析构函数
```

【代码解读】

new Date：不带圆括号，是调用默认构造函数创建对象。
new Date()：带空的圆括号，也是调用默认构造函数创建对象。
new Date(2023,8,18)：圆括号中给出三个整数，调用形参是三个整数的构造函数。
new Date[3]：方括号是数组，调用默认构造函数创建三个对象。

11.2 指针数组与指向指针的指针

本节介绍指针数组和指向指针的指针。

11.2.1 指针数组

指针数组是一个数组，是用来存放指针的一个数组。例如：

```
int * p[10];            //定义指针数组 p
```

其中，p 先与[10]结合，说明 p 是一个数组，前面的 int * 说明其中的元素类型是 int *。

例 11.4 指针数组。

```cpp
//PointerArray.cpp
#include <iostream>
#include <iomanip>
using namespace std;
int main(int argc, char** argv){
    int a[] = { 1, 2, 3, 4 };
    int b[] = { 5, 6, 7, 8 };
    int c[] = { 9, 10, 11, 12 };
    int * p[] = { a, b, c };         //指针数组 p
    for(int i=0; i<3; i++){
        for(int j=0; j<4; j++)
            cout << setw(3) << p[i][j];
        cout << endl;
    }
    return 0;
}
```

【运行结果】

```
  1  2  3  4
  5  6  7  8
  9 10 11 12
```

【代码解读】

程序中首先定义了三个整数数组 a、b、c，并使用整数常量初始化了这三个数组。然后定义了指针数组 p，并使用数组 a、b、c 初始化了指针数组 p。指针数组 p 和三个整数数组的结构如图 11-1 所示。

外层循环变量 i 从 0 循环到 2，p[i]是指针数组中的下标为 i 的指针。内层循环变量 j 从 0 循环到 3，p[i][j]是 p[i]指向的整数数组中的下标为 j 的元素。

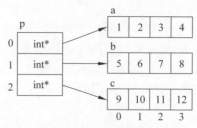

图 11-1 指针数组

11.2.2 指向指针的指针

指向指针的指针是一种指针类型,它是指一个指针变量指向的是另一个指针变量。指针变量保存的是其他变量的地址。指针变量位于内存中,自身也有地址。将指针变量取地址,保存这个地址的变量就是指向指针的指针。例如:

```
int m = 100;              //定义整数变量 m
int * p1 = &m;            //将 m 的地址取出来保存在 p1 里,p1 是整数指针
int** p2 = &p1;           //将 p1 的地址取出来保存在 p2 里,p2 是指向指针的指针
```

其中,m 是整数变量,里面保存的是整数 100;p1 是整数指针变量,里面保存的是整数变量 m 的内存地址,p1 是指向整数 m 的指针;p2 是指向指针的指针,里面保存的是指针变量 p1 的地址,p2 是指向指针变量 p1 的指针。

定义指向指针的指针时,变量名前面需要加两个星号。书写上,两个星号可以紧挨数据类型,也可以紧挨变量名,以下两种写法都是正确的。

```
int**   pp = &p1;
int   **qq = &p1;
```

紧挨数据类型时,"int**"可理解为数据类型是指向整数指针变量的指针;紧挨变量名时,"**qq"则强调变量 qq 是一个指向指针的指针变量。本质上,编译器在做符号展开时,两个星号是先和变量名结合的。同时定义多个指向指针的指针时,每个变量名前面都需要加两个星号。例如:

```
int  **pp, **qq;
```

例 11.5 指向指针的指针。

```
//PointerToPointer.cpp
#include <iostream>
using namespace std;
int main(int argc, char** argv){
    int m = 100;
    int * p1 = &m;            //将 m 的地址取出来保存在 p1 里,p1 是整数指针
    int** p2 = &p1;           //将 p1 的地址取出来保存在 p2 里,p2 是指向指针的指针
    int*** p3 = &p2;          //p3 是指向(指向指针的指针)的指针
    int**** p4 = &p3;         //p4 是指向[指向(指向指针的指针)的指针]的指针
    cout << m << endl;        //100
    cout << *p1 << endl;      //100
    cout << **p2 << endl;     //100
    cout << ***p3 << endl;    //100
```

```cpp
    cout << ****p4 << endl;      //100 * p4 是 p3,**p4 是 p2,** * p4 是 p1,****p4 是 m
    int **p5=&p1, **p6=&p1;      //每个指向指针的指针名前面都需要加两个星号
    cout << **p5 << " " << **p6 << endl; //100 100
    return 0;
}
```

【代码解读】

程序中不仅使用两个星号定义了指向指针的指针,更是使用三个星号和四个星号定义了指针变量 p3 和 p4。同时定义两个指向指针的指针时(p5 和 p6),指针变量名前面都需要加两个星号。

例 11.6 指针取地址传递给函数。

```cpp
//PPAsParameter.cpp
#include <iostream>
using namespace std;
//pp 是指向指针的指针
void change_pointer(int** pp, int index){
    static int m = 100;
    static int n = 200;
    if(1==index){
        *pp = &m;                //通过 *pp 修改传递给函数的指针,使得 p 指向 m
    }else if(2==index){
        *pp = &n;
    }
}
int main(int argc, char** argv){
    int * p;                     //整数指针
    change_pointer(&p, 1);       //指针 p 的地址传递给 pp,目的是修改 p
    cout << * p << endl;         //输出 p 指向的 m=100
    change_pointer(&p, 2);       //指针 p 的地址传递给指向指针的指针
    cout << * p << endl;         //输出 p 指向的 n=200
    return 0;
}
```

【代码解读】

change_pointer 函数的第一个形参是指向指针的指针,它可以接收指针变量的地址。主函数中定义了指针变量 p,在调用 change_pointer 函数时,程序将指针变量 p 的地址(&p)传递给了函数。在函数内部,*pp 访问的是主函数中的指针 p,即通过 *pp 修改了传递给函数的指针变量,使得主函数中的指针 p 指向了 change_pointer 函数内部的静态局部变量。静态局部变量位于全局数据区,函数返回后依然可以通过 *p 进行访问。

11.2.3 指向指针数组的指针

指针数组本质上是一个数组,存放的元素是指针。指向指针的指针可以指向一个指针数组的起始地址,也可以指向指针数组中的某个元素。

例 11.7 指向指针数组的指针。

```cpp
//PointerToPointerArray.cpp
#include <iostream>
```

```cpp
#include <iomanip>
using namespace std;
int main(int argc, char** argv){
    int a[] = { 1, 2, 3, 4 };
    int b[] = { 5, 6, 7, 8 };
    int c[] = { 9, 10, 11, 12 };
    int * arr[] = { a, b, c };           //指针数组 arr,每个元素指向整数类型的指针
    int **p = arr;                        //p 是指向指针数组的指针
    //p[i][j]是 p 指向的指针数组中的下标为 i 的指针指向的整数数组中的下标为 j 的整数
    for(int i=0; i<3; i++){
        for (int j=0; j<4; j++)
            cout << setw(3) << p[i][j];
        cout << endl;
    }
    //kids 是元素指向常量字符串的指针数组,NULL 标记指针数组结束
    const char * kids[] = {"Tony", "Lisa", "Mary", "John", NULL};
    const char **q = kids;                //q 是指向字符指针数组的指针
    while(*q)
        cout << *q++ << endl;             //*q 是类型为 const char * 的指针
    return 0;
}
```

【代码解读】

如图 11-2 所示,p 是指向整数指针数组 arr 的指针。p[i]访问 arr 中下标为 i 的元素,得到一个整数指针。p[i][j]访问 p 指向的指针数组中的下标为 i 的指针指向的整数数组中的下标为 j 的整数。

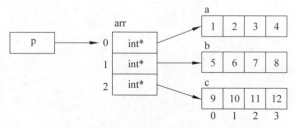

图 11-2　指向整数指针数组的指针

如图 11-3 所示,q 是一个指向字符指针数组 kids 的指针。数组 kids 的每个元素的类型是"const char *"。q++使得 q 指向指针数组中的下一个指针。*q 得到字符指针数组 kids 中的一个字符指针。由于 *q 得到的是字符指针,输出 *q 将输出它指向的字符串。

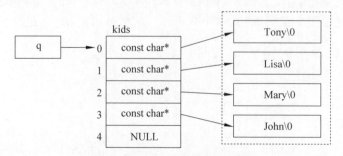

图 11-3　指向字符指针数组的指针

当*q得到 NULL 时，NULL 就是 0，循环条件不满足，循环结束。

例 11.8 打印杨辉三角形。

杨辉三角是二项式系数在三角形中的一种几何排列。每行开始与结尾的数均为 1，第 n 行的数字有 n 项。每个数字等于上一行的左右两个数字之和。

```
//YangHui.cpp
#include <iostream>
#include <iomanip>
using namespace std;
int main(int argc, char** argv){
    int n;                              //行数
    cout << "Input n: ";    cin >> n;
    if (n<=0 || n>20) {
        cout << "Invalid number: " << n << endl;    return 1;    //退出
    }
    int **a = new int*[n];              //指向动态创建的指针数组的指针
    for(int i=0; i<n; i++){
        a[i] = new int[i+1];            //下标为 i 的指针指向动态创建的整数数组
        a[i][0] = 1;                    //第 1 列都是 1
        a[i][i] = 1;                    //对角线都是 1
    }
    //a[i][j]是 a 指向的指针数组中下标为 i 的指针指向的整数数组中下标为 j 的整数
    for(int i=2; i<n; i++)              //i 为 0 和 1 的前两行已经赋值为 1
        for(int j=1; j<i; j++)          //j 为 0 和 i 的列已经赋值为 1
            a[i][j] = a[i-1][j-1] + a[i-1][j];
    //打印成直角三角形
    for(int i=0; i<n; i++){
        cout << a[i][0];
        for(int j=1; j<=i; j++)
            cout << setw(6) << a[i][j];
        cout << endl;
    }
    cout << endl;
    //打印成等腰三角形
    for(int i=0; i<n; i++){
        cout << setw(3*(n-i-1)) << a[i][0];
        for(int j=1; j<=i; j++)
            cout << setw(6) << a[i][j];
        cout << endl;
    }
    //释放内存
    for(int i=0; i<n; i++){
        delete[] a[i];                  //释放 a[i]指向的整数数组
    }
    delete[] a;                         //释放指针数组
    return 0;
}
```

【运行结果】行数 n 输入 8 时,运行结果如图 11-4 所示。

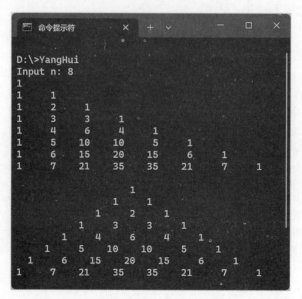

图 11-4 杨辉三角形运行结果

【代码解读】

行数为 5 的杨辉三角形如图 11-5 所示,语句"int **a=new int *[n];"动态创建了长度为 n 的指针数组,并使用一个指向指针的指针指向了这个指针数组。

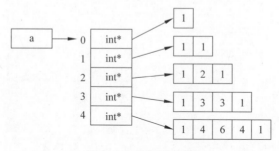

图 11-5 杨辉三角形

语句"a[i]=new int[i+1];"动态创建了一个长度为 i+1 的整数数组,并使指针数组中下标为 i 的指针指向了这个整数数组。

语句"delete[] a[i];"释放 a[i]指向的整数数组,语句"delete[] a;"释放 a 指向的指针数组。

想要将杨辉三角形打印成等腰三角形,关键是计算空格数量。经分析得出,每行应首先打印(n−i-1)个数字占位。在每个数字占 6 个字符宽度的情况下,每个占位占 3 个字符位置。

11.3 函数指针

本节介绍函数指针,它是指向函数的指针变量。

11.3.1 函数指针定义

函数指针是指针变量,只不过该指针变量指向函数。正如用指针变量可指向整数变量、字符型变量、数组一样,函数指针是指向函数。每一个函数都有一个入口地址,函数名称就是该入口地址。有了指向函数的指针变量后,就可以通过该指针变量调用函数。函数指针有两个用途:调用函数和做函数的参数。

定义函数指针的语法为

> 返回类型 (*指针变量名) ([形参列表]);

返回类型说明函数返回值的数据类型。指针变量名外层的圆括号不能省,圆括号改变了星号运算符的优先级。若省略圆括号,星号就会和返回类型优先结合到一起,整体则成为一个函数声明,声明了一个返回的数据类型是指针的函数。后面的形参列表表示指针变量指向的函数所带的参数列表。

例 11.9 函数指针。

```
//FuncPointer.cpp
#include <iostream>
using namespace std;
void test(int n){
    cout << n << endl;
}
int main(){
    void (*p)(int) = test;       //函数名就是函数的地址
    void (*q)(int) = &test;      //&函数名==函数名
    p(100);                      //100
    (*q)(200);                   //200,解引用调用函数
    return 0;
}
```

【代码解读】

p 先和 * 结合,说明 p 是一个指针,再和(int)结合,说明指向的是一个函数。"void (*)(int)"是函数指针的类型,其中函数的参数表是(int),返回类型是 void。指针 q 的类型与指针 p 相同,均为"void (*)(int)"。

函数名 test 就是函数的地址,也可以将取地址运算符放在函数名的前面,&test 表示取函数的地址,两者是等价的。

通过函数指针调用函数时,可以直接使用函数指针调用函数,如 p(100);也可以将函数指针解引用,如(*q)(200)。函数指针的解引用调用需要加上圆括号,否则函数指针会先和其后面参数表的圆括号结合。

例 11.10 函数作为参数。

```
//FuncAsParam.cpp
#include <iostream>
using namespace std;
int add(int x, int y){
    return x + y;
}
```

```cpp
int sub(int x, int y){
    return x - y;
}
int cal(int, int, int (*)(int, int));              //函数声明
int main(int argc, char** argv){
    cout << cal(5, 3, add) << endl;                //add 是实参,8
    cout << cal(9, 2, sub) << endl;                //sub 是实参,7
    return 0;
}
int cal(int a, int b, int (*f)(int, int)){         //参数是函数指针
    int k = f(a, b);
    return k;
}
```

【代码解读】

cal 函数的第 3 个形参的类型是 "int (*)(int int)",这是一个函数指针,可以接收同类型的函数作为实参。在 cal 函数内部,通过函数指针 f 调用传递过来的函数。一个函数传递给另一个函数,在另一个函数内部通过函数指针调用被传递的函数,称为函数回调。被作为参数传递的函数称为回调函数。在 C 语言中,回调函数只能使用函数指针实现,C++ 中通过重载调用运算符 operator(),使用函数对象支持函数回调。

例 11.11 函数返回值类型是指针。

```cpp
//ReturnPointer.cpp
#include <iostream>
using namespace std;
double * q(double x);          //q 是一个函数,返回值类型是 double *
int main(int argc, char** argv){
    double * p1 = q(50.0);
    cout << * p1 << endl;      //150,通过指针访问函数内部定义的静态局部变量
    double * p2 = q(30.0);
    cout << * p1 << " " << * p2 << endl;    //180 180,p1 和 p2 都指向了 y
    return 0;
}
double * q(double x){          //函数的返回值是一个指针
    static double y = 100;     //y 是静态局部变量,保存在全局数据区
    y += x;
    return &y;                 //返回静态局部变量的地址,一个位于全局数据区的地址
}
```

【代码解读】

程序没有加圆括号将标识符 q 和它前面的星号结合到一起,这导致 q 和其后面的圆括号结合到了一起,q 是一个函数名。星号和其前面的数据类型结合到了一起,于是函数 q 的返回值类型是 "double *"。

11.3.2 typedef 函数指针类型

typedef 的功能是定义新的类型名称。通过使用 typedef 定义函数指针类型,然后就可以直观方便地定义函数指针变量。定义函数指针类型的语法形式为

typedef 返回类型 （*新类型)(参数表);

例如：

typedef void (*PtrFun)(int, int);

其中，"void(*)(int,int)"是函数指针类型,函数指针类型的名称是PtrFun。这种类型的函数,形参列表是2个整数,没有返回值。有了函数指针类型之后,就可以用函数指针类型定义函数指针变量。例如：

```
PtrFun p1, p2;              //p1 和 p2 都是函数指针变量
```

例 11.12 函数指针类型。

```cpp
//FuncTypedef.cpp
#include <iostream>
using namespace std;
double func(double x){ return 2*x + 3; }
typedef double (FuncName)(double);        //定义一个函数类型
typedef double (*FuncPointer)(double);    //定义一个函数指针类型
int main(int argc, char** argv){
    FuncName *p1=func, *p2=func;          //变量 p1 和 p2 前面都需要加星号
    FuncPointer p3=func, p4=func;         //p3 和 p4 不需要加星号
    cout << p1(6.0) << endl;              //15
    cout << p2(6.0) << endl;              //15
    cout << p3(6.0) << endl;              //15
    cout << p4(6.0) << endl;              //15
    return 0;
}
```

【代码解读】

程序中定义了两个数据类型FuncName和FuncPointer,其中,FuncName是函数类型,FuncPointer是函数指针类型。使用函数类型定义函数指针时,每个函数指针名称前面都需要加星号。使用函数指针类型定义函数指针时,函数指针名称前不需要加星号。

11.3.3 函数指针数组

函数指针数组是一个数组,用于存放函数指针。函数指针是一个变量,有自己的内存地址,把这个地址取出来,保存在一个变量中,就是指向函数指针的指针。指向函数指针的指针也可以指向一个函数指针数组。

例 11.13 函数指针数组。

```cpp
//FuncPointerArray.cpp
#include <iostream>
using namespace std;
void add(int x, int y) { cout << x+y << endl; }
void sub(int x, int y) { cout << x-y << endl; }
int main(int argc, char** argv){
    void (*a[2])(int, int) = { add, sub };
```

C++程序设计

```
        a[0](5, 2);              //7,通过a[0]调用函数
        a[1](9, 4);              //5,通过a[1]调用函数
        return 0;
}
```

【代码解读】

a 先和[2]结合,说明 a 是一个数组,再和 * 结合,说明数组中的每一个元素都是指针,再和(int,int)结合,说明指向的每一个对象都是函数。去掉数组名 a 和[2],就剩下"void (*)(int,int)",说明函数的返回类型是 void,形参列表是(int, int)。

例 11.14 使用函数指针类型定义函数指针数组。

```
//FuncPointerArrayT.cpp
#include <iostream>
using namespace std;
void add(int x, int y) {  cout << x+y << endl;  }
void sub(int x, int y) {  cout << x-y << endl;  }
typedef void ( * FuncPtr)(int, int);        //定义函数指针类型
int main(int argc, char** argv){
        FuncPtr a[] = { add, sub };          //a 是函数指针数组
        a[0](5, 2);                          //7,通过 a[0]调用函数
        a[1](9, 4);                          //5,通过 a[1]调用函数
        FuncPtr * p = a;                     //p 是指向函数指针数组的指针
        p[0](5, 2);                          //7,通过 p[0]调用函数
        p[1](9, 4);                          //5,通过 p[1]调用函数
        void (**q)(int, int) = a;            //q 也是指向函数指针数组的指针
        return 0;
}
```

【代码解读】

程序中首先定义了函数指针类型 FuncPtr,然后使用类型名 FuncPtr 定义了函数指针数组 a。数组 a 中的两个元素都是函数指针,分别指向 add 函数和 sub 函数。FuncPtr 本身已经是指针类型,FuncPtr * 是指向函数指针的指针,可以指向函数指针数组。

习　　题

1. 使用 malloc 函数分配 10 个双精度浮点数的内存空间,并产生 10 个范围在[20,25]的随机实数保存在动态数组中,然后求数组中元素的均值。

2. 使用运算符 new 分配 10 个双精度浮点数的内存空间,并产生 10 个范围在[20,25]的随机实数保存在动态数组中,然后求数组中元素的均值和标准差。

3. 以下程序的功能是将多个字符串转成大写,为程序编写代码讲解。

```
using namespace std;
inline char to_upper(char ch){
    if(ch>='a' && ch<='z'){
        return ch-'a'+'A';
    }else{
        return ch;
```

```
    }
}
int main(){
    constexpr int N=4;
    const char * names[N] = { "Tony", "Lisa", "Christina", "John" };
    char **unames = new char * [N];
    for(int i=0; i<N; i++){
        size_t len = strlen(names[i]);
        unames[i] = new char[len + 1];
        int j;
        for(j=0; j<len; j++){
            unames[i][j] = to_upper(names[i][j]);
        }
        unames[i][j] = '\0';
    }
    for(int i=0; i<N; i++){
        cout << unames[i] << endl;
    }
    for (int i=0; i<N; i++){
        delete[] unames[i];
    }
    delete[] unames;
    return 0;
}
```

4. 如图 11-6 所示，圆的半径是 5，使用积分方法求深色阴影部分的面积，要求将曲线函数传递给求积分的函数。

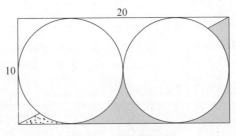

图 11-6　求阴影面积

提示：左下角浅色阴影部分上边缘的函数为
$$y = \min(0.5 * x, 5 - \mathrm{sqrt}(25 - (x - 5)^2))$$

第 12 章 结构与联合

结构(Struct)是一种自定义的数据类型,它由多个不同数据类型的成员组成。C 语言中还有另外一种和结构非常类似的自定义数据类型,叫作联合(Union)。结构与联合的区别在于:结构的各个成员占用不同的内存,且成员之间通常会存有缝隙;而联合的所有成员占用同一段内存,修改一个成员会影响其他所有成员。

12.1 定义结构

数组中的各元素都是属于同一个数据类型的,而在处理实际数据时,一条记录往往包含多种不同数据类型的成员。例如,在学生登记表中,姓名应为字符型数组;学号可为整数或字符型;年龄应为整数;性别应为字符类型或整数;成绩应为整数或浮点型。

结构是一种构造类型,它是由若干成员组成的。每一个成员可以是一个基本数据类型或者是一个构造类型。每一个成员也称为结构中的一个域(Field)。

在 C 和 C++ 中,都是使用关键词 struct 来定义一个结构,但 C 和 C++ 的结构是不同的。在 C 语言中,结构的成员只能是数据。在 C++ 中,struct 的功能得到了强化,struct 不仅可以添加成员变量,还可以添加成员函数,和 class 相同。C++ 中结构和类的唯一区别在于,结构和类具有不同的默认访问控制属性:在类中,对于未指定访问控制属性的成员,其访问控制属性是私有的(Private);在结构中,对于未指定访问控制属性的成员,其访问控制属性是公共的(Public)。定义结构的语法如下:

```
struct 结构名{
    //成员表
};  //注意右半花括号的后面还有一个分号
```

例如,在各种信息系统中,一条用户记录通常包含用户 ID、姓名、性别、电子邮件、电话号码这些基本信息,可以将存储一条用户记录的结构定义如下:

```
struct User{
    unsigned long long id;      //用户 ID
    char name[50];              //姓名
    char sex;                   //性别 F=Female,M=Male
    char email[50];             //电子邮件
    char phone[20];             //电话号码
};
```

需要注意的是，以上结构定义仅仅描绘了一个模型，说明一条用户记录应具有哪些成员，并未定义任何结构变量，系统也没有分配内存单元。

当需要存储一条或多条用户记录时，就需要定义结构变量。在 C 和 C++ 中使用关键词 struct 和结构名作为类型的名称，后跟一个或多个变量名来定义结构变量。系统为结构变量分配一定数量的字节来存储结构变量。例如：

```
struct User user1, user2;    //定义了两个结构变量
```

C++ 允许在定义结构变量时，省略关键词 struct，例如：

```
User user3, user4;    //定义了两个结构变量
```

可以使用 sizeof 运算符在编译时计算一个结构变量占用的字节数，在 sizeof 后面的圆括号中可以写结构变量的变量名，也可以写结构的名称。例如：

```
cout << sizeof(user1) << endl;          //输出 136
cout << sizeof(struct User) << endl;    //输出 136
```

分析结构各个成员的字节数：用户 ID 的类型是 unsigned long long，是一个占 8 字节的长整数；姓名 name 是长度为 50 字节的字符数组；性别 sex 是一个字符，一个字符只需 1 字节；电子邮件 email 是长度为 50 字节的字符数组；电话号码 phone 是长度为 20 字节的字符数组。

将各个成员的长度累加：

$$8+50+1+50+20=129（字节）$$

这个成员长度累加和与 sizeof 运算符得到的 136 字节并不相等，这是由于编译器为了提高程序运行速度进行了字节对齐，导致成员之间留有缝隙。

C/C++ 允许在定义结构的同时定义结构变量，可以在结构定义的右半花括号的后面和分号之间给出一个或多个逗号分隔的变量名。例如：

```
struct Person{
    char idcard[20];        //身份证号
    char name[50];          //姓名
    char sex;               //性别 F 或 M
} person1, person2;         //定义了两个结构变量
```

以上代码不仅定义了结构 Person，还定义了两个结构变量 person1 和 person2。C/C++ 还允许在定义一个匿名结构的同时定义结构变量，例如：

```
struct{
    char StuNo[20];         //学号
    char Name[50];          //姓名
    char Course[50];        //课程
    float Score;            //成绩
} student1, student2;       //定义了两个结构变量
```

以上代码定义了一个匿名结构，这个结构没有名称，同时还定义了两个结构变量。显而易见，从成员的名称可以推断出这是在描述学生的课程成绩。

C 语言中习惯使用 typedef 为结构定义另外的类型名和结构指针的类型名，例如：

```
typedef struct Date{
    int year;           //年
    int month;          //月
    int day;            //日
} DATE, * PDATE;
```

以上代码在定义结构 Date 的同时，还定义了两个类型名：DATE 和 PDATE。DATE 是结构 Date 另外的类型名，可以使用类型名 DATE 来定义结构变量；PDATE 是结构指针的类型名，可以使用类型名 PDATE 定义结构指针变量，这样的指针变量可以指向 DATE 类型的结构变量。

```
DATE date = { 2023, 7, 2 };    //等价于 struct Date date = {2023,7,2};
PDATE pDate;                    //等价于 struct Date * pDate;
pDate = &date;                  //使指针 pDate 指向结构变量 date
```

以上代码定义了结构变量 date 和结构指针 pDate。结构变量可以在定义时使用花括号初始化，各个成员之间用逗号分隔。一个结构变量的指针就是该结构变量所占据的内存段的起始地址。第三条语句是将结构变量 date 的地址取出来，保存到指针变量 pDate 中，即 pDate 指向了结构变量 date。

如果程序规模比较大，往往将若干个结构类型的定义集中放到一个头文件(.h)中。如果其他头文件或源文件需要用到某个或某些结构类型，则可用 #include 指令将该头文件包含到其他文件中。这样做不仅便于代码的组织，也便于程序修改和维护。

结构的成员也可以是另外一个结构类型的变量，例如：

```
struct Student{
    char stuno[20];         //学号
    char name[50];          //姓名
    char sex;               //性别
    struct Date birthday;   //生日,类型为另外一个结构
};
```

在定义一个结构时，不能将自身作为结构的成员，因为此时类型尚未定义完全。但是，可以将自身结构类型的指针作为结构的成员，例如：

```
struct Node{
    char data[256];     //节点数据
    Node * next;        //指向下一个节点的指针
    Node * prev;        //指向上一个节点的指针
};
```

例 12.1 结构的定义。

```
//StructDefinition.cpp
#include <iostream>
using namespace std;
struct User{
    int id;             //用户 ID
    char name[50];      //姓名
    float credits;      //积分
};
```

```cpp
int main(int argc, char** argv){
    struct User u1, u2;              //定义了2个结构变量
    u1.id = 1001;                    //句点 . 成员访问运算符
    strcpy(u1.name, "Mary");         //u1.name是字符数组的起始地址
    u1.credits = 1000.0F;
    cout << u1.id << " " << u1.name << " " << u1.credits << endl;
    User * p1, * p2, * p3;           //3个指针变量,可以指向Student
    p1 = &u1;                        //将结构变量s1的地址放到指针p1里
    p2 = NULL;                       //p2赋值为空指针
    p3 = new User;                   //动态创建对象,将起始地址放到p3里
    p3->id = 1003;                   //右箭头 -> 成员访问运算符
    strcpy(p3->name, "Tony");        //p3->name是字符数组name的起始地址
    p3->credits = 2000.0F;
    cout << p3->id << " " << p3->name << " " << p3->credits << endl;
    delete p3;
    User &u3=u1, &u4=u2;             //引用变量u3是u1的别名,u4是u2的别名
    u4.id = 1002;
    strcpy(u4.name, "Linda");
    u4.credits = 3000.0F;
    //u4 就是 u2
    cout << u2.id << " " << u2.name << " " << u2.credits << endl;
    typedef struct User USER;        //USER是新的类型名,代表结构自身
    typedef struct User * PUSER;     //PUSER表示指向结构变量的指针,是类型名
    USER u5, u6;
    PUSER p4, p5;                    //p4和p5都是指针变量,不用加星号
    p4 = &u1;    p5 = &u2;
    cout << p4->id << " " << p4->name << " " << p4->credits << endl;
    cout << p5->id << " " << p5->name << " " << p5->credits << endl;
    typedef struct Date{
        int year, month, day;
    }DATE, * PDATE;
    struct Date d1 = {1970, 1, 1};   //使用花括号初始化结构变量
    Date d2 = {2008, 8, 9};
    DATE d3 = {2023, 7, 2};
    PDATE p6=&d1, p7=&d2;            //p6和p7都是指针变量,不用加星号
    cout << p6->year << "-" << p6->month << "-" << p6->day << endl;
    struct Time{
        int hour, minute, second;
    }t1, t2;                         //t1和t2是Time类型的变量
    t1.hour = 15;    t1.minute = 20;    t1.second = 30;
    cout << t1.hour << ":" << t1.minute << ":" << t1.second << endl;
    struct{
        int hour, minute, second;
    }t3, t4;                         //没有给出类型名
    typedef struct{
        int hour, minute, second;
    }TIME, * PTIME;
    return 0;
}
```

【代码解读】

C 语言中，结构、结构变量、typedef 结构类型、结构指针类型的定义语法非常灵活，本例详细列举了结构定义的各种语法。

12.2 使用结构变量

定义了一个结构变量之后，就可以使用这个变量了。C++ 使用成员访问运算符"."访问结构变量的成员，如 user.email。结构变量通常在内存中占用多个字节的存储空间，可以定义结构指针，指向结构变量所占内存的起始地址。以指针方式访问结构的成员使用成员访问运算符"->"，如 p->name。

结构变量可以在定义时用花括号给出初始值，各个成员之间使用逗号分隔，也可以将一个结构变量的值整体赋值给另一个同类型的结构变量。例如：

```
DATE date1 = {2000, 1, 2}, date2;
date2 = date1;
```

将一个结构变量传递给函数时，有三种方式：传递整个结构变量的值（传值）、传递结构变量的起始地址（传地址）、传递结构变量的别名（引用）。

（1）传值：用结构变量作为形参，采取的是值传递方式，即将结构变量所占的内存单元整体复制给形参。形参必须是同类型的结构变量，函数调用时在栈上为其分配所需的内存。这种传递方式在空间和时间上开销较大，如果结构的规模很大，开销是很可观的。此外，值传递是通过调用拷贝构造函数（Copy Constructor）产生了一个新的结构变量。如果在函数内部改变了新产生的结构变量的值，该值不能返回主调函数。

（2）传地址：用结构变量的指针作为形参，将结构变量的地址传递给函数。

（3）传引用：用结构变量的引用作为形参，形参会成为实参的别名。

例 12.2 使用结构变量。

```cpp
//UsingStruct.cpp
#include <iostream>
using namespace std;
struct Date{
    int year, month, day;                    //年,月,日
    Date():year(1970), month(1), day(1){     //默认构造函数(constructor): 没有参数
        cout << "Created.\n";
    }
    Date(int y, int m, int d): year(y),month(m),day(d){    //初始化列表
        cout << "Created. " << year << "-" << month << "-" << day << "\n";
    }
    Date(const Date &other) {                //拷贝构造函数
        year = other.year; month = other.month; day = other.day;
        cout << "Copied. " << year << "-" << month << "-" << day << "\n";
    }
    void print();                            //成员函数的声明
};
```

```
void Date::print() {                    //类外定义成员函数
    cout << year << "-" << month << "-" << day << endl;
}
void print1(Date d) {                   //传递对象的复本
    cout << d.year << "-" << d.month << "-" << d.day << endl;
}
void print2(Date* p) {                  //传递对象的地址
    cout << p->year << "-" << p->month << "-" << p->day << endl;
}
void print3(Date& d) {                  //传引用,形参成为实参的别名
    cout << d.year << "-" << d.month << "-" << d.day << endl;
}

int main(int argc, char** argv){
    Date date(2000, 3, 5);
    date.print();                       //通过对象名调用成员函数
    Date * p = &date;                   //结构指针p(对象指针)
    p->print();                         //通过对象指针调用成员函数
    Date &a = date;                     //a是引用变量,是date的别名
    a.print();                          //通过引用变量调用成员函数
    print1(date);                       //传值,会调用拷贝构造函数,创建一个新对象
    print2(&date);                      //传地址,对象的地址传递给形参的指针
    print3(date);                       //传引用,形参d成为实参date的别名
    return 0;
}
```

【运行结果】

```
Created. 2000-3-5
2000-3-5
2000-3-5
2000-3-5
Copied. 2000-3-5
2000-3-5
2000-3-5
2000-3-5
```

【代码解读】

在使用 C++ 编译器时,struct 内部也可以定义函数,结构变量就是 C++ 的对象,而结构等同于类。Date 类内部定义了默认构造函数、有参数的构造函数、拷贝构造函数,声明了成员函数 print。构造函数是名称和类名相同的函数,作用是创建对象时完成初始化工作。构造函数的参数表后面,跟的是冒号开头的初始化列表。在类外定义成员函数 print 时,函数名前面需要加上类名。

在主函数中,定义了名称是 date 的对象(结构变量),p 是指向 date 的指针,a 是 date 的别名。通过对象名和对象引用访问对象的成员时,需使用成员访问运算符".",而通过对象指针访问对象的成员时,需使用成员访问运算符"->"。

prin1 函数的形参是 Date 类的对象。调用 print1 时,会调用 Date 类的拷贝构造函数,创建一个新的对象,函数返回时这个对象被销毁。拷贝构造函数的形参是同类对象的引用。

print2 函数的形参是 Date 类的指针。调用 print2 时，需要传递对象的地址(&date)。print3 函数的形参是 Date 类的引用。调用 print3 时，形参 d 成为实参 date 的别名。

12.3 字节对齐

为了提高 CPU 存取数据的速度，编译器会对各个结构成员的起始地址作对齐处理，称为字节对齐。在默认情况下，编译器规定各成员变量存放的起始地址相对于结构的起始地址的偏移量必须为该变量的类型所占用的字节数的倍数。

例 12.3 字节对齐，结构变量各成员之间存在缝隙。

```
//ByteAlign.cpp
#include <stdio.h>
#include <memory.h>
struct NetPacket{
    unsigned char protocol;                    //协议类型 1 字节
    unsigned short port;                       //端口号 2 字节
    unsigned char ttl;                         //ttl=Time To Live 1 字节
    unsigned long src_ip;                      //源 IP 地址 4 字节
    unsigned short checksum;                   //校验和 2 字节
};
int main(int argc,char **argv){
    NetPacket packet;                          //定义结构变量
    memset(&packet,0,sizeof(NetPacket));       //全部字节清零
    memset(&packet.protocol,0xFF,sizeof(unsigned char));    //置 1
    memset(&packet.port,0xFF,sizeof(unsigned short));
    memset(&packet.ttl,0xFF,sizeof(unsigned char));
    memset(&packet.src_ip,0xFF,sizeof(unsigned long));
    memset(&packet.checksum,0xFF,sizeof(unsigned short));
    printf("sizeof(packet)=%d\n",sizeof(packet));
    //p指向结构变量的内存起始地址，强制转换指针类型
    unsigned char * p = (unsigned char *)&packet;
    for(int i=0; i<sizeof(packet); i++,p++){
        printf("%02X", * p);
        if((i+1)%4==0) printf("\n");
    }
    return 0;
}
```

【运行结果】

```
sizeof(packet)=16    //结构变量占用 16 字节内存
FF00FFFF             //char 和 short 之间空了 1 字节，short 从 2B 的整数倍偏移开始
FF000000             //char 和 long 之间空了 3 字节，long 从 4B 的整数倍偏移开始
FFFFFFFF             //long 类型的变量占 4 字节
FFFF0000             //short 占 2 字节，编译器又增加了 2 字节凑齐结构大小为 4 字节整数倍
```

【代码解读】

虽然默认字节对齐有利于提高程序运行速度，但是这种对齐方式各个成员之间可能留

有缝隙。在编写一些程序(如网络程序)时,定义一个结构表示网络报文,是不能在报文的各个成员之间留有缝隙的。C++编译器提供了"#pragma pack(n)"指令来设定成员变量以 n 字节对齐。以下代码设定结构成员为 1 字节对齐,这样各个成员之间就不会留有缝隙了,结构定义完成后再使用 #pragma pack(n)恢复默认的字节对齐。

```
#pragma pack(1)                          //1字节对齐
struct NetPacket{
    unsigned char protocol;              //协议类型,1字节
    unsigned short port;                 //端口号,2字节
    unsigned char ttl;                   //ttl=Time To Live,1字节
    unsigned long src_ip;                //源 IP 地址,4字节
    unsigned short checksum;             //校验和,2字节
};
#pragma pack()                           //恢复默认字节对齐
```

设定为 1 字节对齐之后,例 12.3 的运行结果如下:

```
sizeof(packet)=10               //结构变量占用 10 字节内存
FFFFFFFF                        //没有 0 出现,意味着各个成员之间没有缝隙了
FFFFFFFF
FFFF
```

12.4 位　　域

有些信息在存储时,并不需要占用一个完整的字节,而是只需占几个或一个二进制位。例如,在存放一个开关量时,只有 0 或 1 两种状态,用一位二进位即可。为了节省存储空间,C 语言提供了一种数据结构,称为位域。所谓"位域",就是把字节的二进制位划分为几个不同的区域,并说明每个区域的位数。每个域有一个名字,允许在程序中按域的名字进行访问。这样就把几个不同的成员合用一个字节来表示。位域的形式为

```
类型说明符  位域名:位域长度;
```

位域本质上是一种结构类型,不过其成员的存储是按二进制比特位分配的。

例 12.4　位域。

```
//BitField.cpp
#include <stdio.h>
#pragma pack(1)
struct PacketHeader{
    unsigned char header_len : 4;        //4 比特
    unsigned char version : 4;           //4 比特
    unsigned char protocol;
};
#pragma pack()
int main(){
    PacketHeader header;
    printf("sizeof(header)=%u\n", sizeof(header));  //2
    return 0;
}
```

【代码解读】

位域 PacketHeader 的第 1 个成员 header_len 和第 2 个成员 version 各占 4 个比特,共用同一个字节;第 3 个成员 protocol 占 1 字节,整个结构变量占 2 字节。

12.5 结构数组和结构指针数组

结构数组的每一个元素都是一个结构变量,而结构指针数组的每一个元素都是一个指针。结构数组里面存储的是 N 个结构变量,结构数组占用的字节数为单个结构变量的字节数乘以元素个数。结构指针数组里面存储的是 N 个指针,占用字节数为 $4 \times N$ 或者 $8 \times N$。

在 C++ 中,可以使用运算符 new 动态分配一个结构变量占用的存储空间,使用 delete 运算符来释放一个指针指向的结构变量。

结构变量就是对象。结构数组被定义时,系统会调用 N 次默认构造函数创建 N 个对象。使用 new 动态创建一个结构变量时,会调用实参对应的构造函数。

例 12.5 结构数组和结构指针数组。

```cpp
//StructArray.cpp
#include <iostream>
#include <iomanip>
#include <string.h>
using namespace std;
struct Student {
    unsigned long StuNo;                        //学号
    char Name[44];                              //姓名
    float Score;
    Student(){ cout << "Student object created.\n"; }
};
int main(int argc, char** argv){
    Student students[10];                       //结构数组
    cout << sizeof(Student) << endl;            //52 字节
    cout << sizeof(students) << endl;           //52 * 10=520 字节
    Student * pStudents[10];                    //结构指针数组
    cout << sizeof(Student *) << endl;          //4 或 8 字节
    cout << sizeof(pStudents) << endl;          //40 或 80 字节
    Student * pStu = new Student();             //动态创建一个对象
    delete pStu;                                //销毁 pStu 指向的对象
    pStudents[0]=new Student;   //第 1 个指针指向动态创建的对象,无参数时圆括号可省略
    delete pStudents[0];                        //释放第 1 个指针指向的对象
    return 0;
}
```

【代码解读】

students 是一个具有 10 个元素的结构数组。创建这个数组时,系统调用 10 次默认构造函数,创建了 10 个结构变量。pStudents 是一个具有 10 个元素的指针数组。指针数组未初始化,每个指针的指向都是不确定的。

使用运算符 new 动态创建一个对象时,类型后面跟空的圆括号和不跟圆括号的含义是一样的,都是调用默认构造函数。

12.6 联　　合

联合的全部数据成员共享同一段内存。定义联合的语法与定义结构相同,但编译器给成员分配内存的方式不同。联合成员的内存分配有如下特点:

(1) 联合中可以定义多个成员,联合的大小由最大成员的大小决定。
(2) 联合的各个成员共享同一块内存,所有成员都从低地址开始存放。
(3) 对某一个成员赋值,会覆盖其他成员的值,因为它们共享一块内存,但前提是成员所占字节数相同。当成员所占字节数不同时只会覆盖相应字节上的值,例如,对 char 成员赋值就不会把整个 int 成员覆盖掉,因为 char 只占 1 字节,而 int 占 4 字节。

例 12.6　联合。

```
//Union.cpp
#include <stdio.h>
union MyUnion{
    int a;
    int b;
    int c;
};
int main(int argc, char** argv){
    union MyUnion data;
    data.a = 10;
    data.b = 20;
    data.c = 'A';
    printf("size: %u\n", sizeof(data));            //输出 4
    printf("%d %d %d\n", data.a, data.b, data.c);  //65 65 65
    printf("%c %c %c\n", data.a, data.b, data.c);  //A A A
    return 0;
}
```

【代码解读】

联合的成员 a、b、c 从同一个内存地址开始分配空间。成员 a、b、c 都是整数类型,均占 4 字节。由于 a、b、c 从同一个内存地址开始分配空间,且字节数相同,所以 a、b、c 占用的内存空间相同。联合 MyUnion 占用的总字节数是 4 字节。

IPv4 地址的表示

操作系统的一些数据结构中使用了联合,如 IPv4 地址的表示。IPv4 地址是一个 32 比特的无符号整数,为了方便地按 8 位、16 位、32 位存取 IP 地址的各字节,系统使用内嵌联合的方式定义了结构 in_addr,用于表示一个 IPv4 地址。

```
struct in_addr{
    union{
        struct{
            unsigned char s_b1,s_b2,s_b3,s_b4;
        }S_un_b;
        struct{
            unsigned short s_w1,s_w2;
        }S_un_w;
        unsigned long S_addr;
    }S_un;
};
```

结构 in_addr 的唯一成员是一个联合变量 S_un,联合本身没有名称。联合的三个成员是 S_un_b、S_un_w、S_addr,占用同一段内存,共 4 字节。S_un_b 是一个没有名称的结构,四个成员 s_b1、s_b2、s_b3、s_b4 分别表示 IPv4 地址的第 1 个字节、第 2 个字节、第 3 个字节、第 4 个字节。S_un_w 也是一个没有名称的结构,两个成员 s_w1、s_w2 分别表示 IPv4 地址的前 2 个字节和后 2 个字节。S_addr 的类型是 unsigned long,是一个 4 字节的无符号整数。一个 in_addr 类型的变量,占 4 字节,表示一个 IPv4 地址。

例 12.7 IPv4 地址的表示。

```
//IPAddr.cpp
#include <stdio.h>
#include <WinSock2.h>              //套接字头文件
int main(){
    struct in_addr ip;
    printf("sizeof(in_addr)=%u\n", sizeof(in_addr)); //4
    ip.S_un.S_un_b.s_b1 = 192;   //192==0xC0
    ip.S_un.S_un_b.s_b2 = 168;   //168==0xA8
    ip.S_un.S_un_b.s_b3 = 0;     //0==0x00
    ip.S_un.S_un_b.s_b4 = 1;     //1==0x01
    printf("%08X\n", *(unsigned long*)&ip); //0100A8C0
    return 0;
}
```

【代码解读】

表达式 ip.S_un.S_un_b.s_b1 访问的是 IP 地址的第 1 个字节,以此类推。x86 指令系统下,printf 函数输出一个整数时,先输出高位字节,再输出低位字节。

习 题

1. 在图书管理系统中,可以使用结构来存储图书的信息,包括书名、作者、出版社、价格、出版时间等。定义一个图书结构体,并编写一个函数来打印图书信息。

2. 有 10 个学生,每个学生的数据包括学号、姓名、三门课的成绩,求每个学生三门课的总分,按总分降序排列并输出。

3. IP 是互联网的最基础的协议。IPv4 报文的头部长度是 20~60 字节,使用位域定义长度为 20 字节的 IPv4 报文头部,并使用 sizeof 运算符验证报头长度。

4. 下面程序在小端计算机上输出的是多少?为什么?

```
#include <iostream>
using namespace std;
int main(){
    union Share{
        unsigned int a;
        unsigned short b;
    }v;
    v.a = 0x12345678U;
    cout << hex << v.b; //输出多少?
    return 0;
}
```

第 13 章 面向对象

面向对象就是把数据和针对数据的操作方法放在一起,作为一个相互依存的整体。将同类对象抽象出其共性,形成类(Class)。

13.1 面向对象基础

在我们熟悉的现实世界中,一切事物都是对象(Object)。面向对象程序设计(Object Oriented Programming,OOP)描述和解决现实世界中的问题,第一步就是将现实世界中的对象和类如实地反映到程序中。

在现实世界中,世界是由对象构成的,一切都是对象,对象具有类型,对象具有特征和行为,对象之间可以发送消息。

面向对象世界是现实世界的抽象。在面向对象程序设计中,程序是由一组相互发送消息的对象构成的。对象具有类型,对象具有属性和方法,一个对象内部可以有其他对象,同类对象能够接收同样的消息。

13.1.1 面向对象的特点

面向对象程序设计的主要特点:抽象、封装、继承、多态。

抽象(Abstraction)分为过程抽象和数据抽象。过程抽象是将系统的功能划分为若干部分,强调功能完成的过程和步骤,隐藏具体的实现。数据抽象是将系统中需要处理的数据和这些数据上的操作结合在一起,抽象成一种数据类型,称为类,这种数据类型既包含数据也包含针对数据的操作。面向对象的软件开发方法的主要特点之一就是采用数据抽象的方法来构建程序中的类与对象。

封装(Encapsulation)是一种信息隐蔽技术,是使用类将数据和针对数据的操作封装在一起,用户只能看到对象的封装界面信息,对象的内部细节对用户是隐藏的。封装的目的在于将类的设计者和使用者分开,使用者不必知道对象的实现细节,只需使用设计者提供的公共成员函数来访问对象。

继承(Inheritance)是指新类可以获得已有类的属性和方法,已有类称为基类或父类,新类为已有类的派生类或子类。通过继承,可以实现代码的复用。在继承的过程中,派生类继承了基类的特性和行为,也称属性和方法,即成员变量和成员函数。C++支持多继承,即一个类可以有多个父类。

多态(Polymorphism)是指统一的接口,不同的响应。C++通过子类覆盖(Override)父类中的虚函数,然后使用虚函数表和动态绑定在运行时确定调用哪一个同名函数。将一条消息发送给不同的对象时,可能并不知道对象的具体类型是什么,但是采取的行动同样是正确的(不同的对象做出了不同的响应),这就是多态性。多态性使得不同子类的对象可以响应同名消息,但不同子类对象却可以给出不同的响应。向一个对象发送消息,就是指调用该对象的成员函数。统一的接口是指通过父类类型的指针或父类类型的引用向不同的子类对象发送消息,这时并不知道对象具体是哪一个子类的实例(对象)。

13.1.2 定义和使用类

将数据和针对数据的操作封装到一起,定义新的数据类型,称为类。类是同类对象的抽象,对象是类的实例(Instance)。在 C++ 中,可以使用关键词 class 定义类,也可以使用关键词 struct 定义类。在类定义里面,可以定义成员变量和成员函数。在定义类时,可以使用访问控制符 private、protected、public 来控制成员的可见性。

- private:私有的,只能被本类的成员函数访问,类外不能调用(友元除外)。
- protected:保护的,本类和子类的成员函数可以访问,类外不能调用(友元除外)。
- public:公共的,类外也可以访问。

使用 class 定义类时,如果类的定义中既不指定 private,也不指定 public,则成员默认是私有的。如果使用 struct 定义类,则成员默认是公共的。

在类定义中直接定义成员函数时,不需要在函数名前面加上类名,因为函数属于哪一个类是不言而喻的。成员函数也可以在类外定义,但是需要在函数名前面加上类名予以限定。类名和函数名之间使用作用域运算符"::"分隔。例如:

```
void Date::print(){ }        //类外定义成员函数
Date::Date(){ }              //类外定义构造函数,不能写 void
```

对象是类的实例,可以先定义类,然后再定义对象,也可以在定义类的同时定义对象。在定义类的同时定义对象,对象名称应该放在哪里呢?逗号分隔的对象名称列表应该放在类定义右半花括号的后面,最后跟上一个英文分号。例如:

```
class Person{                //定义类 Person
    string name;
};                           //分号不能少
Person person1, person2;     //定义 Person 类的对象
class User{
    string email;
} user1, user2;              //在定义 User 类的同时,定义了两个对象
```

类的实例称为对象,程序中可以定义对象、对象的引用、指向对象的指针。在类外访问对象的成员时,需要使用成员访问运算符"."(句点)或"->"(右箭头)。

- 通过对象名和成员访问运算符"."访问对象中的成员。
- 通过指向对象的指针访问对象中的成员,此时使用成员访问运算符"->"。
- 通过对象的引用访问对象中的成员,此时使用成员访问运算符"."。

例 13.1 定义和使用类。

```
//Point.cpp
#include <iostream>
using namespace std;
```

```cpp
class Point{
private:
    double x, y;                            //成员变量
public:
    Point():x(0),y(0){                      //默认构造函数
        cout << "Point object created.[0,0]\n";
    }
    Point(double _x,double _y):x(_x),y(_y){         //有参数的构造函数
        cout << "Point object created. [" << x << "," << y <<"]\n";
    }
    void move(double x, double y){          //定义成员函数
        this->x = x;                        //this 是指向当前对象的指针
        this->y = y;                        //this->y 访问成员变量 y，只写 y 访问形参 y
    }
    void print();                           //声明成员函数
};
void Point::print(){                        //类外定义成员函数
    cout << "Point[" << x << "," << y << "]\n";
}
int main(int argc, char** argv){
    Point point1;                           //定义一个对象
    point1.move(5,3);                       //调用成员函数
    point1.print();
    Point point2(9,6);                      //定义 Point 对象时给出坐标
    point2.print();
    return 0;
}
```

【运行结果】

```
Point object created.[0,0]
Point[5,3]
Point object created. [9,6]
Point[9,6]
```

【代码解读】

程序定义了 Point 类，它表示二维平面上的一个点。Point 类有两个私有的成员变量 x 和 y。与类名同名的函数是构造函数，定义一个对象时，系统会自动调用构造函数来完成对象的初始化。构造函数可以被重载，系统根据定义对象时给出的实参，调用对应的构造函数。Point 类定义了两个成员函数 move 和 print。成员函数 move 通过修改对象的成员变量 x 和 y 来移动一个点。成员函数 print 用于打印对象的信息，该函数在类内部只给出了声明，需要在类外进一步给出定义。在类外定义成员函数时，函数名前面需要加上类名和作用域运算符，以标明是哪一个类的成员函数。

主函数中定义了两个对象：point1 和 point2。在对象名 point1 的后面没有圆括号，此时调用默认构造函数。在对象名 point2 的后面有圆括号，圆括号中是两个逗号分隔的整数，此时调用接收两个整数参数的构造函数。对象名后跟句点，可以调用成员函数。关键词 this 表示指向当前对象的指针。this 是一个相对概念，调用 point1.move(5,3) 时，this->x 表示对象 point1 的成员变量 x。本程序中，使用 this 来区分同名的成员变量和形式参数。

每个对象都拥有自己的成员变量,point1 和 point2 拥有不同的 x 以及不同的 y,是两个不同的点。

例 13.2 关键词 class 和 struct 的区别。

```cpp
//ClassStruct.cpp
#include <iostream>
using namespace std;
struct T1{                                  //成员默认是 public 的
    int a;
    void f1(){ cout << "T1 f1()\n"; }
    T1():a(100){ }
};
class T2{                                   //成员默认是 private 的
    int b;
    void f2(){ cout << "T2 f2()\n"; }
public:
    T2():b(200){ }
    void func(){                            //公共成员函数访问类自身的私有数据成员
        cout << b << endl;
        f2();
    }
};
int main(int argc, char** argv){
    T1 t1;
    T2 t2;
    cout<< t1.a << endl;
    t1.f1();
    //cout<< t2.b << endl;                  //无法访问 private 成员变量
    //t2.f2();                              //无法访问 private 成员函数
    t2.func();                              //通过公共成员函数间接访问私有成员
    return 0;
}
```

【代码解读】

C++ 中,可以使用关键词 class 定义类,也可以使用关键词 struct 定义类。程序使用关键词 struct 定义了 T1,其内部的成员默认是公共的。成员即包括成员变量,也包括成员函数。程序使用关键词 class 定义了 T2,其内部成员默认是私有的。私有成员不能在类外通过对象名加句点直接访问,但是可以通过类自身的公共成员函数间接访问。

例 13.3 保护成员。

```cpp
//Protected.cpp
#include <iostream>
using namespace std;
class Base { //基类
private:
    int x;
protected:
    int y;
public:
```

```
    int z;
    Base(): x(10), y(20), z(30) { }
};
class Derived: public Base{          //派生类
public:
    void func(){
        //cout << x << endl;          //子类不能直接访问父类中的私有成员
        cout << y << endl;            //子类可以访问父类中的保护成员
        cout << z << endl;
    }
};
int main(int argc, char** argv){
    Base base;                        //基类对象
    //cout << base.x <<endl;          //私有的
    //cout << base.y <<endl;          //保护的
    cout << base.z << endl;           //公共的
    Derived dev;                      //派生类对象
    dev.func();
    return 0;
}
```

【代码解读】

关键词 protected 是专门为子类访问设计的,子类可以访问父类的保护成员。程序中定义了父类 Base,其中成员变量 y 是保护成员。子类 Derived 继承自父类 Base。在子类的成员函数 func 中,访问了父类中的保护成员变量 y。变量 x 是父类的私有成员变量,只能被父类自身直接访问,而不能在子类中直接访问,更不能在类外通过对象名访问。此外,变量 y 是类的保护成员,不能在类外通过对象名访问。

例 13.4 对象、对象指针、对象引用。

```
//Date1.cpp
#include <cstdio>
using namespace std;
class Date{
public:
    int year, month, day;                       //成员变量是公有的
    Date(): year(1970), month(1), day(1) {      //默认构造函数没有参数
        printf("Date object created.\n");
    }
    Date(int y, int m, int d): year(y), month(m), day(d) {     //有参数的构造函数
        printf("Date object created. %d年%d月%d日\n", year, month, day);
    }
    void print();                               //成员函数的声明
};
void Date::print(){                             //类外定义成员函数
    printf("%d-%d-%d\n", year, month, day);
}
int main(int argc, char** argv){
    Date d1;                                    //Date 是类,d1 是对象
    Date d2(2023,1,25);                         //d2 也是对象
    d1.print();                                 //通过对象名调用成员函数
    d2.print();
```

```
        Date * p1, * p2;                    //对象指针
        p1 = &d1;                           //将 d1 的地址放到 p1 里
        p2 = &d2;                           //将 d2 的地址放到 p2 里
        p1->print();                        //通过对象指针调用成员函数
        p2->print();
        Date &d3=d1, &d4=d2;                //d3 是 d1 的引用, d4 就是 d2
        d3.year=2022; d3.month=10; d3.day=10;
        d1.print();                         //通过别名 d3 已经修改了 d1
        return 0;
    }
```

【代码解读】

程序中定义了两个 Date 类的对象: d1 和 d2,并通过对象名和成员访问运算符"."调用了成员函数 print。

程序中定义了两个对象指针: p1 和 p2,定义时没有初始化,此时指针 p1 和 p2 的指向是不确定的。程序接着取对象 d1 的地址保存到指针变量 p1 中;取对象 d2 的地址保存到指针变量 p2 中,然后通过对象指针调用成员函数 print。通过对象指针调用成员函数时,需要使用成员访问运算符"->"。

程序中定义了两个引用变量: d3 和 d4,每个引用变量名前面都需要加"&"。引用变量定义时必须初始化,d3 是 d1 的引用,d4 是 d2 的引用。d3 和 d4 不是新创建的对象,而是对象的别名。通过对象的引用调用成员函数时,需要使用成员访问运算符"."。

例 13.5 对象传递给函数的三种方式: 传值、传地址、传引用。

```cpp
//Date2.cpp
#include <iostream>
#include <cstdio>
using namespace std;
class Date{
public:
    int year, month, day;                                       //成员变量
    Date(): year(1970), month(1), day(1){                       //默认构造函数
        printf("Date object created.\n");
    }
    Date(int y, int m, int d): year(y), month(m), day(d){       //有参数的构造函数
        printf("Date object created. %d年%d月%d日\n", year, month, day);
    }
    Date(const Date &other){                                    //拷贝构造函数
        year=other.year; month=other.month; day=other.day;
        cout << "Copied. " << year << "年" << month << "月" << day << "日\n";
    }
    void print();                                               //成员函数的声明
};
void Date::print(){                                             //类外定义成员函数
    cout << this->year << "-" << this->month << "-" << this->day << endl;
}
void print1(Date d){    //传递对象的复本,使用拷贝构造函数创建复本
    cout << d.year << "-" << d.month << "-" << d.day << endl;
}
```

```cpp
void print2(Date *p){              //传递对象的地址,对象的地址传递给指针
    cout << p->year << "-" << p->month << "-" << p->day << endl;
}
void print3(Date &d){              //传引用,形参成为实参的别名
    cout << d.year << "-" << d.month << "-" << d.day << endl;
}
int main(int argc, char** argv){
    Date date(2023,2,15);
    print1(date);                  //调用拷贝构造函数,创建一个新对象
    print2(&date);                 //对象的地址传递给对象指针形参
    print3(date);                  //形参 d 成为实参 date 的别名
    date.print();                  //成员函数访问自身的成员变量
    return 0;
}
```

【代码解读】

print1 函数的形参是一个 Date 类的对象。调用 print1 函数时,会自动调用拷贝构造函数创建一个临时对象传递给函数,即传递的是对象的复本。这个临时对象仅在 print1 函数运行期间有效,当 print1 函数返回时,临时对象会被销毁。拷贝构造函数的形参是同类对象的引用,其作用是使用已有对象的数据初始化一个新的同类对象。

print2 函数的形参是 Date 类型的指针,用于接收 Date 类型对象的地址。主函数中调用 print2 函数时,将主函数中 date 对象的地址(&date)传递给了 print2 函数的形参 p。

print3 函数的形参是 Date 类型的引用。print3 函数被调用时,其形参将成为实参的别名。主函数执行语句"print3(date)"时,形参 d 成为实参 date 的别名。

print 函数是类的成员函数,虽然在类外定义,也可以访问类自身的成员变量,也会被隐含传递 this 指针。

例 13.6 动态创建对象。

```cpp
//Date3.cpp
#include <cstdio>
using namespace std;
class Date{
private:
    int year, month, day;                      //成员变量
public:
    Date();                                    //声明默认构造函数
    Date(int y, int m, int d);                 //声明有参数的构造函数
    void set_date(int year, int month, int day){ //形式参数和成员变量同名
        this->year = year;                     //通过 this 指针访问成员变量
        this->month = month;
        this->day = day;
    }
    void print(){
        printf("%04d-%02d-%02d\n", year, month, day);
    }
};
int main(int argc, char** argv){
```

```
        Date * p1, * p2, * p3;                    //定义了3个对象指针,未初始化
        //动态创建对象
        p1 = new Date;                             //不加圆括号,调用默认构造函数
        p2 = new Date();                           //空的圆括号,调用默认构造函数
        p3 = new Date(2023, 3, 3);                 //根据实参调用对应的构造函数
        p1->set_date(2023, 1, 1);                  //调用成员函数
        p2->set_date(2023, 2, 2);
        p1->print();
        p2->print();
        p3->print();
        delete p1;                                 //释放指针指向的对象
        delete p2;
        delete p3;
        return 0;
    }
    Date::Date():year(1970),month(1),day(1){       //定义默认构造函数
        printf("Date object created.\n");
    }
    //定义有参数的构造函数
    Date::Date(int y, int m, int d):year(y),month(m),day(d){
        printf("Date object created. %d 年%d 月%d 日\n", year, month, day);
    }
```

【代码解读】

主函数中三次使用运算符 new 动态创建了对象。运算符 new 得到的是有类型的对象的起始地址。本例中 new 返回的地址类型为"Date * ",因此可以将 new 的返回值直接赋值给"Date * "类型的指针变量。

在使用 new 运算符创建 Date 类的对象时,"new Date"是合法的写法,此时会调用默认构造函数;"new Date()"的写法更直观,空的圆括号表示调用默认构造函数;Date 类的第二个构造函数的形参是三个整数变量,"new Date(2023,3,3)"会调用这个构造函数。

C++ 中,不仅可以在类外定义普通的成员函数,而且可以在类外定义构造函数。主函数前面 Date 类的定义中,只给出了两个构造函数的声明,而没有给出实现(定义)。这两个构造函数的定义,直到主函数的后面才给出。与普通成员函数相同,在类外定义构造函数时,需要在函数名称前面加上类名和作用域运算符。构造函数无返回值,且不能写 void。

13.1.3 成员变量与成员函数

成员变量包括实例变量和类变量,成员函数包括实例函数和类函数。类变量也称静态成员变量,类函数也称静态成员函数。我们在称呼类的成员时,如果没有特别强调类变量、类函数,或静态成员变量、静态成员函数,那么成员变量是指实例变量,成员函数是指实例函数。实例变量和实例函数都是和对象关联到一起的,只有在存在对象的情况下,才能访问实例变量和实例函数。静态成员属于类,无须对象就可以访问。

在类定义中,属于对象的属性是用变量来表示的,这种变量就称为实例变量,即在类的内部但是在类的其他成员函数之外定义的变量。类的每个对象都拥有它自己的一份实例变量。成员变量分为非静态成员变量和静态成员变量,通常说成员变量时就是指非静态成员

变量,即实例变量。实例变量的特点包括:
- 定义在类中但在任何函数之外。
- 每个实例拥有自己的一份实例变量。
- 实例变量对于类的成员函数和构造函数是可见的。
- 实例变量在对象创建的时候创建,在对象被销毁的时候销毁。

实例函数也叫成员函数、非静态成员函数,必须先有对象,然后才能通过对象调用该实例函数。调用实例函数时,可以通过对象名、对象指针、对象的引用。对象即实例。

例 13.7 实例变量和实例函数。

```cpp
//Circle.cpp
#include <iostream>
using namespace std;
class Circle{
    double radius;                  //成员变量
public:
    Circle(double r=1.0);           //带实参默认值的构造函数
    virtual ~Circle();              //析构函数,可去掉 virtual
    void setRadius(double);         //成员函数
    void print() const;             //常成员函数,不能修改对象
};
int main(){
    Circle c1, c2(8.0);
    c1.setRadius(5);                //5 隐含转换成 5.0
    c1.print();
    c2.print();
    return 0;                       //c1、c2 超出作用域,调用其析构函数,先销毁 c2
}
Circle::Circle(double r):radius(r){
    cout << "Circle constructed. r=" << radius << endl;
}
Circle::~Circle(){
    cout << "Circle destructed. r=" << radius << endl;
}
void Circle::setRadius(double radius){
    this->radius = radius;
}
void Circle::print() const{
    cout << "Circle r=" << this->radius << endl;
}
```

【运行结果】

```
Circle constructed. r=1
Circle constructed. r=8
Circle r=5
Circle r=8
Circle destructed. r=8
Circle destructed. r=5
```

【代码解读】

主函数中定义两个 Circle 类的对象:c1 和 c2。它们是不同的圆形对象,具有不同的半

径值。对象 c1 在定义时半径的值是 1.0，之后调用 c1.setRadius(5) 将半径修改成了 5.0。对象 c2 在定义时直接给出了半径的值是 8.0。

调用实例函数时，c1.print() 读取对象 c1 的实例变量 radius，值为 5.0；c2.print() 读取对象 c2 的实例变量 radius，值为 8.0。

实例变量是和对象关联在一起的，两个 Circle 对象分别拥有自己的实例变量 radius。实例函数也是和对象关联在一起的。同类对象是复用函数代码的，在调用实例函数时，C++会隐含传递 this 指针，即指向当前对象的指针。成员函数通过 this 指针访问不同对象的数据。

13.2 对象的创建与销毁

本节介绍构造函数(Constructor)和析构函数(Destructor)。构造函数是对象创建时自动被调用的函数，析构函数是对象销毁时自动被调用的函数。

13.2.1 构造函数

构造函数是对象创建时自动被调用的函数，其功能是完成对象的初始化。构造函数的函数名与类名相同。构造函数没有返回值，而且在返回类型处不能写 void。一个类可以有多个构造函数，可以根据参数个数和参数类型的不同来区分它们，即构造函数的重载。

调用时无须提供参数的构造函数称为默认构造函数。如果类中没有写构造函数，编译器会自动生成一个隐含的默认构造函数，该构造函数的参数表和函数体皆为空。如果类中声明了构造函数(无论是否有参数)，编译器便不会为之生成隐含的默认构造函数。

和普通函数一样，构造函数的参数也可以给出默认值，如果定义对象时传递参数，则使用传递过来的实参，否则使用默认值。

例 13.8 默认构造函数。

```
//DefaultConstructor.cpp
#include <iostream>
using namespace std;
class Date{          //如果没有定义任何构造函数,编译器会生成一个默认构造函数
public:
    int year, month, day;
    //Date(){ }     //默认构造函数,隐含的
    void SetDate(int y, int m, int d){ year=y; month=m; day=d; }
};
class Time{          //定义了有参数的构造函数,编译器就不会生成默认构造函数了
public:
    int hour, minitue, second;
    Time(int h, int m, int s): hour(h), minitue(m), second(s){ }
};
int main(int argc, char** argv){
    Date date;       //定义对象时没有圆括号,此时使用默认构造函数创建这个对象
    date.SetDate(2023,1,2);
```

```
    cout << date.year << "-" << date.month << "-" << date.day << endl;
    //Time t1; //[Error] no matching function for call to 'Time::Time()'
    Time t2(10, 30, 50);
    cout << t2.hour << ":" << t2.minitue << ":" << t2.second << endl;
    return 0;
}
```

【代码解读】

Date 类没有定义任何构造函数,编译器会为其自动生成一个隐含的默认构造函数,参数表和函数体都是空的。即:

```
Date(){ }
```

Time 类定义了一个形参是三个整数的构造函数,编译器不会再为其生成隐含的默认构造函数。主函数中注释起来的一行试图不传递参数定义对象 t1,这是存在编译错误的,编译器提示"没有匹配的构造函数 Time::Time()"。如果希望不传递参数就可以定义 Time 类的对象,程序员需要主动给 Time 类定义默认构造函数。

例 13.9 带默认实参的构造函数。

```
//ConDefaultArgs.cpp
#include <iostream>
using namespace std;
class Rect{                          //矩形(rectangle)
    int length, width;
public:
    Rect(int len=1, int w=1);        //声明带默认实参的构造函数
    void print(){
        cout << "Rect[" << length << "," << width << "]\n";
    }
};
int main(int argc, char** argv){
    Rect rect1;
    rect1.print();                   //Rect[1,1]
    Rect rect2(5);
    rect2.print();                   //Rect[5,1]
    Rect rect3(16, 9);
    rect3.print();                   //Rect[16,9]
    return 0;
}
Rect::Rect(int len, int w):length(len),width(w){
    //类外定义构造函数
}
```

【代码解读】

在矩形类的定义中,声明了带默认实参的构造函数。在构造函数的声明中,两个整数类型的形参均给出了默认实参:w 是形式参数,1 是 w 默认的实参;len 是形式参数,1 是 len 默认的实参。

与普通函数相同,构造函数的默认实参应自右向左给出,只有右边的形参给了默认实参,左边的形参才能给出默认实参。在函数即有声明又有定义时,默认实参应该在函数声明

中给出,而函数定义中不能再给出默认实参,否则编译器会提示重复。在函数被调用时,参数是自左向右传递的,例如,"Rect rect2(5)"中的整数 5 会传递给第一个形参 len,而第二个形参 w 会使用默认值 1。

13.2.2 初始化列表

与其他函数不同,构造函数除了有名字、参数列表和函数体之外,还可以有初始化列表,初始化列表以冒号开头,后跟一个以逗号分隔的数据成员列表,每个数据成员后面跟一个放在圆括号中的初始值或表达式。例如:

```
Date::Date(int y, int m, int d):year(y),month(m),day(d){ }
```

对象的创建可以分成两个阶段,初始化阶段和计算阶段,初始化阶段先于计算阶段。在初始化阶段,类的全部成员都会在初始化阶段初始化,即使该成员没有出现在构造函数的初始化列表中。在计算阶段,执行构造函数内部的全部代码,通常包含赋值操作。同一个成员在构造函数中可以多次被赋值,而初始化只能执行一次,使用初始化列表更加符合我们对初始化的定义,初始化列表中任何一个成员只能出现一次。

使用初始化列表可以避免重复的初始化操作,从而提高程序的运行效率。初始化类的数据成员有两种方式,一是使用初始化列表,二是在构造函数内部进行赋值操作。对于基本数据类型,如 int、float 等,使用初始化列表和在构造函数内部赋值差别不是很大。但是对于类类型来说,最好使用初始化列表。如果不使用初始化列表,则会先在初始化阶段隐含调用成员的默认构造函数,然后在计算阶段执行成员对象的整体赋值。使用初始化列表,就少了一次调用类成员的默认构造函数的过程。

此外,以下几种情况必须使用初始化列表:
- 常量成员,因为常量只能初始化而不能赋值,所以必须放在初始化列表里面。
- 引用类型的成员,引用必须在定义的时候初始化,并且不能重新赋值,所以也要写在初始化列表里面。
- 没有默认构造函数的类类型,因为使用初始化列表可以不必调用默认构造函数来初始化,而是直接调用有参数的构造函数来初始化。

类的数据成员是按照它们在类定义中出现的顺序进行初始化的,而不是按照它们在初始化列表中出现的顺序初始化的。初始化列表只是给出了初始化的对应关系,初始化列表与初始化的顺序无关。一个好的习惯是,按照成员定义的顺序书写初始化列表。

例 13.10 初始化列表。

```
//InitList.cpp
#include <iostream>
using namespace std;
struct Point{                    //没有默认构造函数的类
    double x, y;
    Point(double _x, double _y): x(_x), y(_y){ }
};
class Circle {
    double radius;               //半径
    const double PI;             //常量,圆周率
```

```cpp
    double &r;                      //引用，radius 的别名
    Point center;                   //没有默认构造函数的类的实例，圆心
public:
    Circle(double _x=0, double _y=0, double _r=1)
        :radius(_r), PI(3.14), center(_x, _y), r(radius){
        //成员变量使用初始化列表初始化只调用一次构造函数，
        //而赋值则要调用一次默认构造函数和一次赋值运算符
    }
    void print(){
        cout << "Circle x=" << center.x << " y=" << center.y
            << " r=" << radius <<" area=" << PI * r * r << endl;
    }
};
int main(int argc, char** argv){
    Circle c(15, 10, 3);
    c.print();
    return 0;
}
```

【代码解读】

在 Circle 类中，定义了成员常量 PI。C++ 中，常量不能被赋值，如果试图在构造函数中给 PI 赋值则会出现编译错误。初始化列表中，成员常量 PI 被初始化为 3.14。

Circle 类的数据成员 r 是一个引用变量，是成员变量 radius 的别名。引用变量只能被初始化，而不能被赋值。在初始化列表中，"r(radius)"使得 r 成为 radius 的引用。

Circle 类的数据成员 center 是一个对象，Point 类的对象。由于 Point 类没有默认构造函数，就必须在初始化列表中初始化成员对象 center。如果不这么做，就会出现编译错误，因为编译系统默认会调用 Point 类的默认构造函数来创建 center 对象，但 Point 类没有默认构造函数。在初始化列表中，"center(_x, _y)"指明使用 Point 类的有两个整数形参的构造函数来创建成员对象 center。

例 13.11 数据成员的初始化顺序。

```cpp
//InitSequence.cpp
#include <iostream>
using namespace std;
struct Point{
    double x, y;
    Point(double _x, double _y) : x(_x), y(_y){
        cout << "Point object created. x=" << x << " y=" << y << endl;
    }
};
class Rectangle{
    Point bottomRight;              //矩形的右下角，先初始化
    Point topLeft;                  //矩形的左上角
public:
    Rectangle(double x1, double y1, double x2, double y2)
        :topLeft(x1, y1), bottomRight(x2, y2){
    }
```

```cpp
        void print() {
            cout << "Rectangle (" << topLeft.x << "," << topLeft.y << ") ("
                << bottomRight.x << "," << bottomRight.y << ")\n";
        }
};
int main(int argc, char** argv){
    Rectangle rect(3, 2, 9, 7);
    rect.print();
    return 0;
}
```

【运行结果】

```
Point object created. x=9 y=7
Point object created. x=3 y=2
Rectangle (3,2) (9,7)
```

【代码解读】

从运行结果可见，先创建右下角(9,7)，后创建左上角(3,2)，说明先初始化成员对象 bottomRight，再初始化成员对象 topLeft。成员对象在类中定义的顺序是初始化的顺序，而初始化列表只是给出了初始化的对应关系，和初始化的顺序无关。

13.2.3 析构函数

与构造函数相反，当对象的生命周期结束时，系统会自动执行析构函数。析构函数是对象销毁时自动被调用的函数，用来完成对象被删除前的一些清理工作。例如，在创建对象时用 new 开辟了一块内存空间，则应在析构函数中用 delete 释放这块内存。

析构函数通常是公共的，它的名称由类名前面加上"～"构成。析构函数没有返回值，而且在返回类型处不能写 void。析构函数不接收任何参数。如果没有显示定义析构函数，编译器会生成一个函数体是空的隐含的析构函数。

如果一个对象是局部变量，那么在其作用域结束时，会自动调用析构函数。如果一个对象是使用运算符 new 动态在堆（Heap）上面分配的，那么使用关键词 delete 释放这个对象时会自动调用析构函数。

为了确保通过父类指针销毁子类对象时，子类及其成员对象的析构函数仍然能够被调用到，需要将析构函数声明为虚函数。

例 13.12 析构函数。

```cpp
//Destructor.cpp 析构函数
#include <cstdio>
#include <cstring>
class Person{
    char * name;                          //字符指针，无法保存字符串
public:
    Person(const char * _name=""){        //构造函数
        this->name = new char[128];       //分配内存
        strcpy(this->name, _name);
        printf("Constructor name=%s\n", name);
    }
```

```
        ~Person(){              //析构函数
            printf("Destructor name=%s\n", name);
            delete[] name;    //释放内存
        }
    };
    int main(int argc, char** argv){
        Person person1("Tony"), person2("Adam");
        printf("----------------------\n");
        Person * p1 = new Person("Lisa"), * p2=new Person("Mary");
        delete p1;              //delete 动态创建的对象时执行析构函数
        delete p2;
        printf("----------------------\n");
        return 0;
    }
```

【运行结果】

```
Constructor name=Tony
Constructor name=Adam
----------------------
Constructor name=Lisa
Constructor name=Mary
Destructor name=Lisa
Destructor name=Mary
----------------------
Destructor name=Adam
Destructor name=Tony
```

【代码解读】

　　Person 类的成员变量 name 是一个字符型的指针，自身是无法存储一个字符串的。在构造函数中，程序使用"new char[128]"申请了 128 字节的内存，new 返回这 128 字节的起始地址，类型是"char *"，赋值给了成员变量 name。指针 name 指向堆上面的 128 字节，那里可以存储一个长度不超过 127 字节的字符串。在析构函数中，程序使用"delete[] name"释放字符指针 name 指向的 128 字节的内存空间。

　　主函数中定义了两个 Person 类的对象：person1 和 person2。这两个对象在主函数返回时超出作用域，此时会调用其析构函数。函数内部定义的对象是在栈上分配存储空间的，栈后进先出，所以先销毁 person2，再销毁 person1。

　　主函数中定义了"Person *"类型的指针变量 p1 和 p2。"new Person("Lisa")"在堆上动态创建了一个对象，此时会执行 Person 类的构造函数。构造函数的执行，会为新创建的 Person 对象分配 128 字节的存储空间，并用 name 指针来管理。

　　语句"delete p1;"执行时，会自动调用 p1 指向的堆对象的析构函数。析构函数的执行，将释放 name 指针指向的 128 字节。

　　程序中各个变量的内存结构如图 13-1 所示，person1、person2 是主函数内部的局部变量，是位于栈上的对象。p1 和 p2 是主函数内部的局部变量，位于栈上。p1 和 p2 指向的动态创建的对象位于堆上。四个对象的 name 指针分别指向各自的位于堆上的 128 字节。

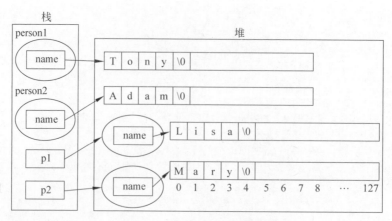

图 13-1　四个对象的内存结构

例 13.13　虚析构函数。

```cpp
//VirtualDestructor.cpp
#include <iostream>
using namespace std;
class Parent{                          //父类
public:
    Parent(){  cout << "Parent object created.\n";  }
    virtual ~Parent(){            //虚析构函数
        cout << "Parent object destroyed.\n";
    }
};
struct Member{
    Member(){  cout << "Member object created.\n";  }
    ~Member(){  cout << "Member object destroyed.\n";  }
};
class Child: public Parent{            //子类
    Member member;
public:
    Child(){  cout << "Child object created.\n";  }
    ~Child(){  cout << "Child object destroyed.\n";  }
};
int main(int argc, char** argv){
    Parent *p = new Child();           //父类指针指向子类对象
    delete p;                          //通过 p 释放子类对象
    return 0;
}
```

【运行结果】

```
Parent object created.
Member object created.
Child object created.
Child object destroyed.         //子类的析构函数(去掉 virtual 本行不输出)
Member object destroyed.        //成员对象的析构函数(去掉 virtual 本行不输出)
Parent object destroyed.
```

【代码解读】

虚析构函数确保通过父类指针释放子类对象时,能够执行子类的析构函数和子类成员对象的析构函数。本例中,如果去掉 Parent 类析构函数前面的关键词 virtual,则通过"Parent *"类型的指针 p 释放其指向的子类对象时,不会执行子类的析构函数,也不会执行子类成员对象的析构函数。

13.2.4 拷贝构造函数

拷贝构造函数(Copy Constructor),又称复制构造函数,是一种特殊的构造函数,其作用是使用一个已经存在的对象去初始化同类的一个新对象。拷贝构造函数唯一的形参必须是同类对象的引用。形参类型并不限制必须是常引用,但通常设定为常引用。常引用即可以接收常量对象作为实参,也可以接收变量作为实参。

如果类的设计者没有定义拷贝构造函数,编译器就会自动生成拷贝构造函数,其功能是实现从源对象到目标对象逐个字节的复制,使得目标对象的每个数据成员都变得和源对象相等。编译器自动生成的拷贝构造函数称为"默认拷贝构造函数"。

类的设计者可以根据实际问题的需要定义拷贝构造函数,以实现自定义的同类对象之间数据成员的复制。在类的数据成员包含指针时,默认拷贝构造函数只是复制指针自身,而不是复制指针指向的数据,此时通常需要定义拷贝构造函数来实现自定义的复制。

与其他构造函数相同,拷贝构造函数也是在对象创建时被调用,只是拷贝构造函数接收的参数是同类对象的引用。拷贝构造函数通常在以下三种情况被调用。

(1) 当用类的一个已有对象去初始化该类的一个新建对象时。

(2) 如果函数的形参是类的对象,调用函数时,进行实参和形参结合时。

(3) 如果函数的返回值是类的对象,函数执行完成返回调用者时。有些编译器为提高程序执行效率,会将被调函数内部定义的对象穿越出来,避免调用拷贝构造函数。

例 13.14 默认拷贝构造函数。

```cpp
//DefaultCopyConstructor.cpp
#include <iostream>
using namespace std;
class Point{
    double x, y;
public:
    Point(double _x=0, double _y=0):x(_x),y(_y){ }
    void print() { cout << "(" << x << "," << y << ")\n"; }
};
int main(int argc, char** argv){
    Point point1(6, 8);
    Point point2(point1);        //调用拷贝构造函数
    point2.print();              //(6,8)
    return 0;
}
```

【代码解读】

程序在定义对象 point2 时,使用对象 point1 进行了初始化。从运行结果看,point2 的成员变量的取值和 point1 完全相同。主函数中第二行代码,从书写形式上看,point1 是定义新对象时传递给构造函数的实参。但 Point 类并没有定义形参是同类对象或同类对象引用的构造函数。可见，编译器为 Point 类隐含生成了默认拷贝构造函数。

例 13.15 拷贝构造函数执行的时机。

```cpp
//CopyConstructor.cpp
#include <iostream>
using namespace std;
struct Point{
    int x, y;
    Point(int _x=0, int _y=0): x(_x), y(_y){ }
    ~Point(){ }
    Point(const Point &other){                      //拷贝构造函数 copy constructor
        this->x = other.x;   this->y = other.y;
        cout << "Point object [COPIED]. x=" << x << " y=" << y << endl;
    }
    Point& operator=(const Point &other){           //赋值运算符 assign operator
        this->x = other.x;   this->y = other.y;
        cout << "Existing Point object [ASSIGNED]. x=" << x << " y="
             << y << endl;
        return * this;                              //赋值运算返回当前对象的引用
    }
};
void Print(Point object){           //传值,形参是实参的复本,调用拷贝构造函数创建形参对象
    cout << "Point (" << object.x << "," << object.y << ")\n";
}
Point MakePoint(int x, int y){                      //函数返回值是一个 Point 对象
    Point temp(x, y);
    return temp;
}
int main(int argc, char** argv){
    Point p1(8, 6);
    Point p2(p1);                                   //copy
    Point p3=p1;                                    //copy
    Point p4;                                       //定义了一个对象 x=0 y=0
    p4=p1;                                          //assign
    cout << endl;
    Print(p1);                                      //copy
    cout << endl;
    Point p5 = MakePoint(20, 10);                   //有的编译器会调用拷贝构造函数
    cout << "Point (" << p5.x << "," << p5.y << ")\n";
    cout << endl;
    return 0;
}
```

【代码解读】

主函数中，定义 p2 时调用了拷贝构造函数。定义 p3 时也调用了拷贝构造函数，变量名 p3 后面的等号的作用是初始化。语句"p4＝p1;"执行时，p4 是已经存在的对象，此时调用赋值运算符。Print 函数的形参是 Point 类的对象，Print 函数被调用时会调用 Point 类的拷贝构造函数创建对象复本。MakePoint 函数的返回值是其内部定义的对象 temp，被调用时

有的编译器会执行拷贝构造函数,也有编译器会将对象 temp 穿越出来,使其获得重生,重生后的名字改成赋值语句前面的 p5。

13.2.5 浅拷贝与深拷贝

如果类的设计者没有定义拷贝构造函数,编译器就会生成默认拷贝构造函数。默认拷贝构造函数是浅拷贝的。C++ 支持对象整体赋值。如果类的设计者没有重载赋值运算符,编译器就会生成默认的赋值运算函数。默认的赋值运算函数也是浅拷贝的。在类的成员含指针的情况下,浅拷贝只是复制指针,而不是复制指针指向的数据。

浅拷贝的拷贝构造函数,使得新对象与原对象通过指针共享数据,如图 13-2 所示。对于浅拷贝的拷贝构造函数,当新对象和原对象超出作用域释放内存的时候,可能出现重复释放同一块内存的致命错误。

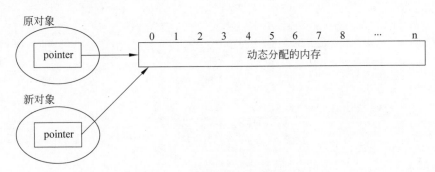

图 13-2 浅拷贝的拷贝构造函数

浅拷贝的赋值运算,不仅使被赋值对象与原对象通过指针共享数据,还丢失了指针原先指向的数据,如图 13-3 所示。浅拷贝的赋值运算存在的问题有两个:

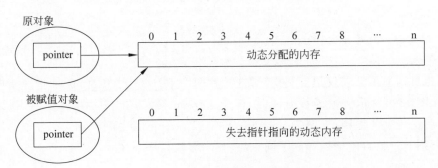

图 13-3 浅拷贝的赋值运算符

(1)赋值刚完成时,被赋值对象原有的动态内存就失去了指针的指向,发生了内存泄漏。

(2)当被赋值对象和原对象超出作用域释放内存时,可能出现重复释放同一块内存的致命错误。

深拷贝是指拷贝对象的具体内容,即拷贝指针指向的数据。如果类的成员有指针变量,并有动态内存分配,则它必须实现一个深拷贝的拷贝构造函数和一个深拷贝的赋值运算符。深拷贝的拷贝构造函数,首先使新对象的指针指向新申请的一块内存,然后复制原对象的数据到新申请的内存。深拷贝的赋值运算,复制原对象中指针指向的数据到被赋值对象中指针指向的内存空间。

例 13.16 浅拷贝导致程序崩溃。

```cpp
//ShallowCopy.cpp
#include <cstdio>
#include <cstring>
class Person{
    char * name;              //字符指针,无法保存字符串
public:
    Person(const char * _name = ""){
        this->name = new char[128];
        strcpy(this->name, _name);
    }
    ~Person() {
        delete[] name;
    }
};
int main(int argc, char** argv){
    Person person1("Tony");
    Person person2 = person1;
    return 0;                 //程序崩溃
}
```

【代码解读】

Person 类没有定义拷贝构造函数,编译器会为其生成默认拷贝构造函数。主函数中定义了两个 Person 类的对象。在定义 person2 时,使用 person1 进行了初始化,此时会调用拷贝构造函数。Person 类的默认拷贝构造函数是浅拷贝的,相当于如下代码:

```cpp
Person(const Person &other){
    this->name = other.name;
}
```

默认拷贝构造函数仅仅是复制指针,这导致两个 Person 对象的 name 指针指向了同一块内存,如图 13-4 所示。主函数返回时,两个 Person 对象超出作用域,会调用析构函数。程序按照后进先出的原则,先销毁 person2,再销毁 person1。两个 Person 对象的析构函数执行时,分别通过各自的指针释放了同一块内存,导致程序崩溃。

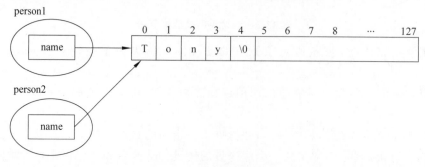

图 13-4　浅拷贝复制指针

例 13.17 深拷贝。

```cpp
//DeepCopy.cpp
#include <iostream>
#include <cstring>
using namespace std;
class Person {
public:
    char * name;                          //字符指针,指向动态分配的一块内存,用于存放姓名
    Person(const char * _name=""){
        this->name = new char[128];
        strcpy(this->name, _name);
    }
    virtual ~Person(){                    //虚析构函数
        delete[] name;                    //如果是浅拷贝,会导致通过不同的指针释放同一块内存
    }
    Person(const Person &other){          //深拷贝的拷贝构造函数
        this->name = new char[128];       //为新的对象分配名字的存储空间
        strcpy(this->name, other.name);   //深拷贝,拷贝指针指向的数据
    }
    //m=n的结果是m自身,所以赋值运算符应该返回当前对象自身
    Person& operator=(const Person &other){  //深拷贝的赋值运算符
        strcpy(this->name, other.name);   //深拷贝,拷贝指针指向的数据
        return *this;                     //返回对象自身
    }
};
int main(int argc, char** argv){
    Person person1("Tony");
    Person person2 = person1;             //调用拷贝构造函数
    strcpy(person2.name, "Adam");
    cout << person1.name << " " << person2.name << endl;
    Person person3;
    person3 = person1;                    //调用赋值运算符
    strcpy(person3.name, "John");
    cout << person1.name << " " << person3.name << endl;
    return 0;
}
```

【代码解读】

主函数中定义了对象 person1,然后在定义 person2 的时候使用 person1 初始化了 person2。主函数中使用默认构造函数定义 person3 之后,又执行了对象整体赋值。

Person 类实现了深拷贝的拷贝构造函数,里面首先为新的对象分配存储空间,并用新建对象的 name 指针来管理,然后复制字符串。

Person 类重载了赋值运算符,给出了深拷贝的实现。默认的赋值运算也是只复制指针。程序给出的深拷贝的赋值运算是复制指针指向的数据。赋值运算返回当前对象的引用。

程序中三个 Person 对象的内存结构如图 13-5 所示。

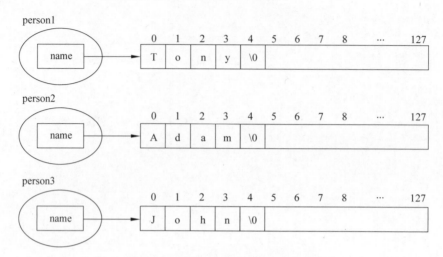

图 13-5　深拷贝复制指针指向的数据

13.3　对象与类的关系

类是一种自定义数据类型，是同类对象的抽象。对象是类的实例，类是对象的模板。通常，一个类可以有多个实例。

13.3.1　this 指针

虽然调用成员函数时执行的代码是相同的，但是不同对象调用同一个成员函数时访问的数据成员却是不同的，分别访问各个对象的实例变量。不同的对象使用的是同一个函数代码段，怎样才能分别对不同对象中的数据进行操作呢？C++ 为此设立了一个名为 this 的指针，即指向当前对象的指针。在调用成员函数时，this 指针被隐含地传递过去，通过传递过去的 this 指针可以访问不同对象的数据成员。下面让我们通过代码理解什么是 this 指针？

```
Circle c1, c2;
c1.SetRadius(1);            //此时 this==&c1,this 是 c1 的地址
c2.SetRadius(2);            //此时 this==&c2,this 是 c2 的地址
Circle *p = new Circle();
p->SetRadius(3);            //此时 this==p,this 和指针 p 相等
```

this 指针是一个隐含于每个非静态成员函数中的特殊指针，它指向正在被该成员函数操作的对象，也就是调用该成员函数的对象。当对一个对象调用成员函数时，编译器自动将该对象的地址赋给 this 指针，并将 this 指针作为一个隐含参数传递给成员函数。被调用的成员函数的函数体内所有对非静态成员的访问，都会被转换为"this->类成员"的形式。也就是说，即使开发者没有写 this，编译器在编译的时候也会加上 this。

同一个类的不同对象中的数据成员的值一般是不同的，而不同对象的函数的代码是相同的，无论调用哪一个对象的函数，其实调用的都是同样内容的代码。因此，C++编译器是

将成员函数单独存储在代码区的,并不和成员变量放在一起。每个对象所占用的存储空间只是该对象的数据成员所占用的存储空间,而不包括成员函数代码所占用的存储空间。此外,静态成员变量属于类,存放在全局数据区,为一个类的所有实例所共享。因此,对象所占用的存储空间和类的静态成员变量无关。

当成员函数的形参和成员变量名称相同时,可以使用 this 指针访问成员变量。如果形参的名称和成员变量的名称相同,形参的作用域是所在的成员函数,而成员变量的作用域是类的全部成员函数。作用域小的变量的优先级更高,形参会覆盖同名的成员变量,这时可以通过 this 指针访问被覆盖的成员变量。

this 是指向当前对象的指针,它是和类的一个实例关联到一起的。没有对象的地方,没有 this。在静态成员函数中,是没有 this 指针的,因为静态成员函数属于类,可以通过类名直接调用,编译器不会为静态成员函数增加形参 this。友元函数中也没有 this 指针,因为友元函数不是类的成员。只有类的非静态成员函数才有 this 指针。

例 13.18　对象所占的字节数和成员函数无关。

```cpp
//SizeofObject.cpp
#include <iostream>
using namespace std;
class Time{
    int hour, minute, second;
    static int s;    //静态成员变量
public:
    void SetTime(int hour, int minute, int second) {
        this->hour = hour;
        this->minute = minute;
        this->second = second;
    }
    void Print(){
        cout << hour << ":" << minute << ":" << second << endl;
    }
};
int main(int argc, char** argv){
    Time t;
    t.SetTime(10, 20, 30);
    t.Print();
    cout << sizeof(t) << " " << sizeof(Time) << endl; //12 12
    return 0;
}
```

【代码解读】

成员函数单独存放在代码区,并不和成员变量存放在一起。一个对象调用成员函数时,这个对象的地址被隐含传递,即 this 指针。一个对象的大小,仅有该对象的数据成员决定。Time 类对象的大小由它的三个成员变量决定,是 12 字节。

例 13.19　指向当前对象的指针 this。

```cpp
//this.cpp
#include <stdio.h>
class Box {
private:
```

```cpp
    double length;                                          //长度
    double width;                                           //宽度
    double height;                                          //高度
public:
    Box(double _length=1.0, double _width=1.0, double _height= 1.0)
        :length(_length), width(_width), height(_height){
    }
    void print(){
        printf("\nBox[%.1lf, %.1lf, %.1lf]:\n", length, width, height);
        printf("%p: this\n", this);                         //this 指针的值
        printf("%p: &length\n", &length);                   //第 1 个成员变量的地址
    }
};
int main(int argc, char** argv){
    Box box1(4,3,2), box2;
    box1.print();                                           //this 是 &box1
    printf("%p: &box1\n", &box1);
    box2.print();                                           //this 是 &box2
    printf("%p: &box2\n\n", &box2);
    Box * p1=new Box(5,4,3), * p2=new Box(2,2,2);
    p1->print();                                            //this 是 p1
    printf("%p: p1\n", p1);                                 //指针 p1 的值
    p2->print();                                            //this 是 p2
    printf("%p: p2\n", p2);                                 //指针 p2 的值
    delete p1;
    delete p2;
    return 0;
}
```

【运行结果】

```
Box[4.0, 3.0, 2.0]:
0000004E390FF858: this
0000004E390FF858: &length
0000004E390FF858: &box1
Box[1.0, 1.0, 1.0]:
0000004E390FF888: this
0000004E390FF888: &length
0000004E390FF888: &box2
Box[5.0, 4.0, 3.0]:
00000174025EDAE0: this
00000174025EDAE0: &length
00000174025EDAE0: p1
Box[2.0, 2.0, 2.0]:
00000174025EDA20: this
00000174025EDA20: &length
00000174025EDA20: p2
```

【代码解读】

什么是当前对象？通过 box1 调用 print 函数时，box1 是当前对象。通过 box2 调用 print 函数时，box2 是当前对象。通过 p1 调用 print 函数时，p1 指向的对象是当前对象。通过 p2 调用 print 函数时，p2 指向的对象是当前对象。

this 指针是始终指向当前对象的。调用 box1.print()时，this 的值和 box1 的地址相等，

即 box1 第一个数据成员的地址。调用 box2.print()时,this 的值和 box2 的地址相等,即 box2 第一个数据成员的地址。调用 p1->print()时,this 的值和 p1 的值相等,即 p1 指向的对象的第一个数据成员的地址。调用 p2->print()时,this 的值和 p2 的值相等,即 p2 指向的对象的第一个数据成员的地址。

13.3.2 类的静态成员

类的成员变量加上 static 修饰符,即是静态成员变量。类的成员变量被声明为静态的,意味着它为类的所有实例所共享。无论创建多少个类的对象,静态成员变量都只有一个副本。对于静态成员变量,无须创建任何实例,就可以通过类名和作用域运算符访问。静态成员变量属于类,在第一个实例出现之前就已经初始化完成。静态成员变量的初始化,需要在类的外部使用作用域运算符给出。带有 const 修饰符的静态成员常量可以在类内初始化。类的静态成员变量存储在全局数据区。

类的成员函数也可以加上 static 修饰符,即是静态成员函数。静态成员函数属于类,可以在不存在任何对象的情况下通过类名和作用域运算符来调用。编译器不会为静态成员函数增加形参 this,静态成员函数中没有 this 指针。静态成员函数只能访问类的静态成员,不能访问类的非静态成员,即包括非静态成员变量,也包括非静态成员函数。

例 13.20 类的静态成员。

```
//StaticMember.cpp
#include <iostream>
#include <cstdio>
using namespace std;
class Box{
    double length, width, height;    //长,宽,高(8+8+8=24 字节)
public:
    static int count;                //静态成员变量,表示 Box 对象的个数
    static int GetCount(){           //静态成员函数
        return count;
    }
    static const int N = 100;        //静态成员常量可以在类内初始化
    static void sfunc(){             //静态成员函数不能访问 this 和非静态成员
        cout << "没有对象就可以访问静态成员\n";
        //[Error] 'this' is unavailable for static member functions
        //cout << this << endl;
        //[Error] invalid use of member 'Box::length' in static member function
        //cout << length << endl;
        //[Error] cannot call member function without object
        //print();
    }
    Box(double _length=10, double _width=10, double _height=10)
        :length(_length), width(_width), height(_height){
        count++;                     //在构造函数中将 Box 对象计数+1
    }
    ~Box(){
        count--;                     //在析构函数中将 Box 对象计数-1
    }
```

```cpp
        void print() {      //非静态成员函数位于代码区,隐含传递 this 指针
            printf("Box[%.1lf, %.1lf, %.1lf]\n",
                    this->length, this->width, this->height);
        }
};
//静态成员变量,需要在类外初始化
int Box::count = 0;      //它位于全局数据区,为 Box 类的所有对象共享
int main(int argc, char** argv){
    Box box1, box2(40,30,20);
    cout << "box1 的字节数: " << sizeof(box1) << endl;//24 字节
    Box * p1=new Box(30,30,30), * p2=NULL;
    cout << "Box 对象的个数: " << Box::count << endl;
    cout << "Box 对象的个数: " << Box::GetCount() << endl;
    box1.print();  box2.print();  p1->print();
    delete p1;
    Box::sfunc(); //类名加作用域运算符访问静态成员 Box::
    return 0;
}
```

【运行结果】

```
box1 的字节数: 24
Box 对象的个数: 3
Box 对象的个数: 3
Box[10.0, 10.0, 10.0]
Box[40.0, 30.0, 20.0]
Box[30.0, 30.0, 30.0]
没有对象就可以访问静态成员
```

【代码解读】

无论创建多少个 Box 类的对象,静态成员变量 count 只有一个副本,它为 Box 类的所有对象共享。静态成员变量需要在类外初始化(int Box::count=0;)。但是,静态成员常量可以在类内初始化(static const int N=100;)。

对象所占的字节数不含静态成员变量,不含静态成员常量,不含成员函数,仅由非静态成员变量和非静态成员常量构成。因此,一个 Box 对象占 24 字节。

访问类的静态成员时,应当使用类名和作用域运算符后跟静态成员变量或静态成员函数,例如,Box::count、Box::GetCount()。

在静态成员函数 sfunc 中,试图访问多个非静态成员,导致编译器报错。试图访问 this 指针时,编译器提示"在静态成员函数中 this 指针是不可获得的"。试图访问成员变量 length 时,编译器提示"在静态成员函数中对成员变量 length 的无效使用"。试图调用成员函数 print 时,编译器提示"不能在没有对象的情况下调用成员函数 print"。

习　　题

1. 设计球形类 Sphere,成员变量包含半径(Radius),成员函数要求支持计算球的体积(Volume)和表面积(Surface Area)。

2. 设计一元二次方程类 Equation，成员变量包含系数 a、b、c，要求在构造函数中使用初始化列表将三个系数传递给成员变量，成员函数支持读取根的个数和获取方程的根。

3. 设计宠物类 Pet，成员变量包含 id 和 name，其中 name 的类型为 char*，name 指针指向动态分配的存储空间，要求提供深拷贝的拷贝构造函数和深拷贝的赋值运算符。

4. 写出以下程序的运行结果，并为程序编写代码讲解（静态成员变量）。

```cpp
#include <iostream>
using namespace std;
struct Circle{
    double radius;
    static int count;
    Circle(double r=1):radius(r){
        cout << "Circle object created. r=" << r << endl;
        count++;
    }
};
int Circle::count=0;
int main(){
    Circle c1, c2(2), c3[3];
    cout << Circle::count << endl;
    Circle &c4=c1, &c5=c2;
    cout << Circle::count << endl;
    Circle * p1=&c1, * p2=&c2, * p3[3];
    cout << Circle::count << endl;
    return 0;
}
```

5. 面向对象的程序设计方法有哪些特点？

6. 在软件开发领域，程序设计的方法在不断演进。探讨过程式程序设计、面向对象程序设计、函数式编程的核心思想。

第 14 章

类与对象的语法

本章介绍 C++ 语言定义类与对象时的一些语法,其他面向对象程序设计语言通常简化了这些语法。内容包括对象数组与对象指针数组、友元函数与友元类、const 关键词修饰对象、类的分离编译。

14.1 对象数组与对象指针数组

所谓对象数组,就是每一个数组元素都是对象的数组。对象数组的元素是对象,每个对象不仅具有数据成员,而且还有函数成员。定义一维对象数组的语法形式为

类名 数组名[整数常量表达式]

在使用对象数组时,一次只能访问单个数组元素,一般形式为

数组名[下标表达式].成员名

在定义一个对象数组时,会创建对象数组中的每个对象,这是调用默认构造函数对每个元素进行初始化的一个过程。当一个对象数组被删除时,会调用每个对象的析构函数。

数组元素为指针的数组是指针数组。对象指针数组中的每个指针可以指向类的一个实例。将对象指针数组定义为局部变量时,对象指针数组中的元素不会被初始化,每个指针的指向是不确定的。

例 14.1 对象数组。

```cpp
//ObjectArray.cpp
#include <iostream>
using namespace std;
class Circle{
    double radius; //半径
public:
    Circle(double _radius=1): radius(_radius){
        cout << "Circle object created. r=" << radius << endl;
    }
    ~Circle(){
        cout << "Circle object destroyed. r=" << radius << endl;
    }
};
int main(int argc, char** argv){
    Circle circles[3];          //对象数组,调用默认构造函数创建 3 个对象
    Circle circle(3);           //定义了一个对象,构造函数的实参传递 3.0
```

```
        cout << "------------------------------\n";
        cout << "sizeof(circles)=" << sizeof(circles) << endl; //24
        cout << "sizeof(circle)="  << sizeof(circle)  << endl; //8
        cout << "------------------------------\n";
        return 0;
    }
```

【运行结果】

```
Circle object created. r=1
Circle object created. r=1
Circle object created. r=1
Circle object created. r=3
------------------------------
sizeof(circles)=24
sizeof(circle)=8
------------------------------
Circle object destroyed. r=3
Circle object destroyed. r=1
Circle object destroyed. r=1
Circle object destroyed. r=1
```

【代码解读】

当定义具有 3 个元素的对象数组 circles 时，系统调用默认构造函数 3 次，每次创建一个半径是默认值 1.0 的 Circle 对象。

定义数组需要使用方括号，如果使用圆括号，则是在定义一个对象，圆括号中是构造函数的参数。每个 Circle 对象占 8 字节，具有 3 个元素的对象数组占 3×8＝24 字节。

当主函数返回时，对象数组 circles 超出作用域，此时系统会调用对象数组中的每一个 Circle 对象的析构函数。

例 14.2　对象指针数组。

```
//ObjectPointerArray.cpp
#include <iostream>
using namespace std;
class Circle {
    double radius;
public:
    Circle(double _radius= 1): radius(_radius){
        cout << "Circle created. r=" << radius << endl;
    }
    ~Circle(){
        cout << "Circle destroyed. r=" << radius << endl;
    }
};
int main(int argc, char** argv){
    constexpr int N = 3;
    Circle* pointers[N];            //对象指针数组，指针未初始化
    for(int i=0; i<N; i++){
        //动态创建对象，将对象的地址保存在下标是 i 的指针中
        pointers[i] = new Circle(10 * (i+1));
    }
```

```
        Circle **p = pointers;          //指向对象指针数组的指针
        for(int i=0; i<N; i++){
            delete p[i];                //p 指向的地址,偏移 i 个指针
        }
        return 0;
}
```

【运行结果】

```
Circle created. r=10
Circle created. r=20
Circle created. r=30
Circle destroyed. r=10
Circle destroyed. r=20
Circle destroyed. r=30
```

【代码解读】

局部变量 pointers 是一个具有 3 个元素的对象指针数组,在定义时未初始化,每个指针的指向是不确定的。随后程序使用运算符 new 动态创建了 Circle 对象,并将动态创建的 Circle 对象的地址保存在指针数组的一个元素中。

如图 14-1 所示,变量 p 是指向指针数组的指针。p[i]表示 p 指向的地址,再偏移 i 个指针,那个位置的一个指针,指针的类型是"Circle *"。

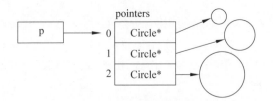

图 14-1 指向对象指针数组的指针

14.2 友元函数与友元类

友元函数定义在类外部,但有权访问类的所有私有(private)成员和保护(protected)成员。如果要声明函数为一个类的友元,则需要在类定义中该函数原型前使用关键词 friend。尽管友元函数的原型在类的定义中出现过,但是友元函数并不是类的成员函数。在类定义中,声明一个友元函数的语法为

```
friend 返回类型 函数名(形参1,形参2,…);
```

友元也可以是一个类,该类被称为友元类。友元类的所有成员函数都是另一个类的友元函数,都可以访问另一个类的私有成员和保护成员。当希望一个类可以存取另一个类的隐藏信息时,可以将该类声明为另一个类的友元类。在类定义中,声明一个友元类的语法为

```
friend class 类名;                  //在另一个类中,由另一个类主动声明
```

其中,friend 和 class 是关键词,类名必须是程序中一个已经声明或定义过的类。如果友元

类没有在声明友元之前定义,则可以在前面加上类的声明。声明一个类的语法为

```
class 类名;            //声明一个类
```

关键词 friend 的作用是一个类用来主动声明外部函数或其他类是自己的友元,允许友元访问自己的隐藏成员。在类定义外面,在外部函数的前面,是不能加关键词 friend 的。此外,使用友元时应注意:

- 友元关系是单向的,不具备交换性。若类 B 是类 A 的友元,类 A 不一定是类 B 的友元,要看在类 B 中是否有相应的声明。
- 友元关系不具有传递性。若类 B 是类 A 的友元,类 C 是类 B 的友元,类 C 不一定是类 A 的友元,要看类 A 中是否有相应的声明。
- 友元关系是不能被继承的。若类 B 是类 A 的友元,类 C 是类 B 的子类,类 C 不一定是类 A 的友元,要看类 A 中是否有相应的声明。

友元虽然好用,但是友元的概念破坏了面向对象的封装特性,导致外部函数或其他的类可以访问类的私有成员和保护成员。

例 14.3 友元函数与友元类。

```cpp
//friend.cpp
#include <iostream>
#include <cmath>
using namespace std;
class Circle;                    //Circle 类的声明
class Point {
    double x, y;
public:
    Point(double _x=0, double _y=0): x(_x), y(_y) { }
    //友元函数
    friend double GetDistance(const Point& p1, const Point& p2);
    //友元类,友元类的所有成员函数都能访问 Point 的 private 和 protected 成员
    friend class Circle;
    //友元函数,由于参数的原因需要在这之前声明 Circle 类
    friend void PrintInfo(const Circle& c);      //提前使用了类名 Circle
};
double GetDistance(const Point& p1, const Point& p2){
    return sqrt((p1.x-p2.x) * (p1.x-p2.x)+(p1.y-p2.y) * (p1.y-p2.y));
}
class Circle{                    //Circle 类的定义
    Point center;                //圆心
    double radius;               //半径
public:
    Circle(double r=0): radius(r), center(0, 0){ }
    void Move(double x, double y){
        center.x = x;            //访问 center 的私有成员 x
        center.y = y;            //访问 center 的私有成员 y
    }
    friend void PrintInfo(const Circle& c);
};
```

```cpp
void PrintInfo(const Circle& c) {
    cout << "Circle[" << c.center.x << "," << c.center.y
        << "]  r=" << c.radius << endl;
}
int main(int argc, char** argv) {
    Point point1(5, 6), point2(12, 8);
    double d = GetDistance(point1, point2);
    cout << "point1 和 point2 之间的距离: " << d << endl;
    Circle circle(5);
    circle.Move(12, 10);
    PrintInfo(circle);
    return 0;
}
```

【代码解读】

本程序中，外部函数 GetDistance 被声明为 Point 类的友元函数，可以通过引用访问 Point 类的私有成员变量 x 和 y。Circle 类被声明为 Point 类的友元类。Circle 类的全部成员函数都可以访问 Point 类的私有成员变量 x 和 y。

PrintInfo 函数访问了 Circle 类的私有成员 c.center 和 c.radius，这就需要在 Circle 类中声明 PrintInfo 函数是 Circle 类的友元函数。PrintInfo 函数通过 center 对象进一步访问了 Point 类的私有成员 c.center.x 和 c.center.y，这就需要在 Point 类中声明 PrintInfo 函数是 Point 类的友元函数。

在 Point 类中，声明友元函数 PrintInfo 的代码如下，其中形参用到的 Circle 类尚未定义，因此需要在前面加上 Circle 类的声明。

```
friend void PrintInfo(const Circle& c);        //Point 类中提前使用了类名 Circle
```

14.3　const 关键词修饰对象

关键词 const 是常量的意思，C++11 又引入关键词 constexpr。在 C++11 之前只有 const 关键词，从功能上来说这个关键词有双重语义：变量只读，修饰常量。在 C++11 中添加了一个新的关键词 constexpr，这个关键词是用来修饰常量表达式的。所谓常量表达式，指的就是由多个常量（值不会改变）组成并且在编译过程中就得到计算结果的表达式。在使用时，可以将 const 和 constexpr 的功能区分开，表达"只读"语义的场景使用 const，表达"常量"语义的场景使用 constexpr。很多情况下，既可以使用 const，也可以使用 constexpr。下面我们来学习 const 关键词修饰对象时的一些用法。

常对象：常对象的数据成员的值在对象的生命周期内不能被修改，常对象必须有初值，而且不能被更新。

```
const Circle  c1(5.0);           //圆的半径初始化为 5.0 之后,不能被修改
```

成员常量：用 const 关键词修饰的类的数据成员，只能通过初始化列表给出初值，任何成员函数都不能给常数据成员赋值。

```
const double PI;                 //成员常量 PI 只能通过初始化列表初始化,而不能被赋值
```

常成员函数：使用 const 关键词修饰的成员函数，它不能修改对象的数据成员，也不能调用没有 const 修饰的成员函数。

```
void print() const;                    //常成员函数 print 不能修改对象
```

常引用：在定义引用时使用 const 关键词修饰，被定义的引用就是常引用。不能通过常引用更新所引用的对象，即使被引用的对象自身是可以被修改的。

```
const Point &point2 = point1;          //不能通过常引用 point2 修改 point1
```

指向常量对象的指针变量：const 关键词修饰类名，不能通过这样的指针修改对象。

```
const Point * p = &point1;             //指针可变,对象不可变
```

指向对象的指针常量：const 关键词修饰指针，则指针始终指向一个对象。

```
Point * const p = &point1;             //指针不可变,对象可变
```

指向常量对象的指针常量：第一个 const 关键词修饰类名，不能通过这样的指针修改对象。第二个 const 关键词修饰指针，指针始终指向一个对象。

```
const  Point * const p = &point1;      //指针不可变,对象也不可变
```

基于 const 的函数重载：const 关键词还可以用于对重载函数的区分。以下两个成员函数让变量对象使用非常量成员函数，让常量对象使用常成员函数。

```
void print();
void print() const;                    //基于 const 重载
```

例 14.4 const 关键词修饰对象。

```cpp
//const.cpp
#include <iostream>
using namespace std;
class Date {
public:
    const static int HOURS_OF_DAY = 24;  //(1)静态成员常量,所有 Date 对象共享
    const int SECONDS_IN_HOUR;           //(2)成员常量,每个 Date 对象一份
    int year, month, day;
    Date(int y,int m,int d):year(y),month(m),day(d),SECONDS_IN_HOUR(3600){ }
    void print() const{                  //(3)常成员函数
        //year = 2030;                   //不能修改对象
        cout << year << "-" << month << "-" << day << endl;
    }
    void print(){                        //(4)基于 const 的重载
        cout << year << "年" << month << "月" << day << "日\n";
    }
};
int main(int argc, char** argv){
    const Date date1(2023, 2, 20);       //(5)常对象
    Date date2(2025, 3, 30);
    date1.print();                       //调用常量成员函数 2023-2-20
    date2.print();                       //调用非常量成员函数 2023 年 3 月 30 日
```

```cpp
    //date1.year = 2030;                  //不能修改常对象
    cout << date1.year << "-" << date1.month << "-" << date1.day << endl;
    const Date& date3 = date2;            //(6)常引用
    //date3.year = 2030;                  //不能通过常引用 date3 修改对象 date2
    cout << date2.year << "-" << date2.month << "-" << date2.day << endl;
    const Date* p1 = &date2;              //(7)指向常量对象的指针变量
    //p1->year = 2030;                    //不能通过指针 p1 修改其指向的对象
    p1 = &date1;                          //p 自身可变,是变量
    cout << p1->year << "-" << p1->month << "-" << p1->day << endl;
    Date* const p2 = &date2;              //(8)指向对象的常指针
    p2->year = 2030;
    cout << p2->year << "年" << p2->month << "月" << p2->day << "日\n";
    //p2 = NULL;                          //p2 是常指针,不能被修改
    const Date* const p3 = &date2;        //(9)指向常量对象的常指针
    //p3->year = 2033;                    //第一个 const 修饰 Date,不能通过指针 p3 修改 date2
    //p3 = &date1;                        //第二个 const 修饰 p3,不能修改 p3 使其再指向其他对象
    cout << p3->year << "-" << p3->month << "-" << p3->day << endl;
    return 0;
}
```

【代码解读】

程序注释中的编号(1)~(9)给出了 const 修饰符的 9 种用法。由于 const 的限制,程序中被注释起来的代码是无法编译通过的。

14.4 类的分离编译

分离编译模式是指:一个项目由若干个源文件共同实现,而每个源文件单独编译生成目标文件,最后将所有目标文件链接起来形成单一的可执行文件的过程。

类的分离编译可以遵循以下方式来实现:
- 在头文件中,给出类定义,但是成员函数在类定义中仅给出函数声明。
- 在源文件中,首先包含类定义的头文件,然后给出成员函数的类外实现。
- 在使用类的地方,包含定义类的头文件即可。

编译时,给出成员函数实现的源文件将单独编译成一个目标文件。使用类的地方仅包含头文件即可编译通过。如果在某源文件中使用类,那么这个源文件也会生成一个目标文件。链接时,多个目标文件链接到一起生成可执行文件。

通常情况下,一个项目的全部源文件编译后都会链接到一起,形成一个可执行文件。本书的例子使用 CMake 项目来控制编译过程,以下脚本指定源文件 main.cpp 和 date.cpp 链接到一起,由这两个文件生成可执行文件 myapp.exe。

```
message("main.cpp date.cpp -> myapp.exe")              #输出提示信息
add_executable("myapp" "main.cpp" "date.cpp")          #增加一个可执行文件
```

C++ 中,编译单元是一个源文件,头文件 date.h 是不会被单独编译的。头文件被需要的地方包含,相当于将头文件的内容复制到了包含头文件的位置。

例 14.5 类的分离编译。

```cpp
//文件一: date.h,Date类的头文件
#ifndef _DATE_HEADER_                               //重复包含时,避免重复编译
#define _DATE_HEADER_
namespace myspace{
    class Date{
    private:
        int year, month, day;                       //年,月,日
    public:
        Date();                                     //默认构造函数
        Date(int year, int month, int day);         //有参数的构造函数
        void SetDate(int year, int month, int day); //设置日期
        void Print();                               //在控制台打印日期
    };
}
#endif          //与前面#ifndef之间的内容不会重复编译

//文件二: date.cpp,Date类的实现
#include "date.h"
#include <cstdio>
namespace myspace{
    Date::Date(): year(1970), month(1), day(1){
        std::printf("Date object created.\n");
    }
    Date::Date(int y, int m, int d): year(y), month(m), day(d){
        std::printf("Date object created. %d年%d月%d日\n", year, month, day);
    }
    void Date::SetDate(int y, int m, int d){
        year = y; month = m; day = d;
    }
    void Date::Print(){
        std::printf("%d-%d-%d\n", year, month, day);
    }
}

//文件三: main.cpp,包含主函数的源文件
//使用双引号包含头文件时,编译器首先在当前工作目录查找,没找到再去系统目录查找
#include "stdio.h"
#include "date.h"
#include "date.h"                  //包含了2次,能否避免重复编译呢
using myspace::Date;               //仅释放 Date 类到当前作用域
int main(int argc, char** argv){
    Date date1, date2(2023, 2, 22);
    date1.SetDate(2023, 1, 11);
    date1.Print();
    date2.Print();
    return 0;
}
```

【代码解读】

程序的代码分布在 3 个文件中：date.h、date.cpp、main.cpp。头文件 date.h 是 Date 类

的头文件,里面给出了 Date 类的定义,但是 Date 类的成员函数只给出了函数声明,有待在别的地方给出函数定义。date.cpp 是 Date 类的实现文件,给出了 Date 类成员函数的实现。在 main.cpp 中,包含头文件 date.h 后,即可使用 Date 类。Date 类定义在命名空间 myspace 内部,语句"using myspace∷Date;"释放 Date 类到当前作用域。

在头文件 date.h 中,加入了避免重复编译的编译指令,在"♯ifndef"和"♯endif"之间的内容只会被编译一次。头文件 date.h 第一次被包含时,会定义一个宏"_DATE_HEADER_",之后再次被包含时,这个宏已经存在,"♯ifndef _DATE_HEADER_"判断结果为假,就不再编译直到"♯endif"之间的内容了。

习 题

1. 写出以下程序的运行结果,并解释为何如此输出(对象数组)。

```cpp
#include <iostream>
using namespace std;
struct Rect{
    double width, height;
    Rect():width(1),height(1){
        cout << "Rect[1,1]\n";
    }
    Rect(double w, double h=1):width(w), height(h){
        cout << "Rect["<<width<<","<<height<<"]\n";
    }
};
int main(){
    Rect rect[7];
    cout << sizeof(rect) << endl;
    return 0;
}
```

2. 写出以下程序的运行结果,并解释为何如此输出(对象指针数组)。

```cpp
#include <iostream>
using namespace std;
//Rect 类定义同上题
int main(){
    Rect * pRect[7];
    cout << sizeof(pRect) << endl;
    return 0;
}
```

3. 以下程序存在编译错误,在下画线处添加一行代码使程序可以编译通过(友元)。

```cpp
#include <iostream>
using namespace std;
class Point{
    double x, y;
public:
```

```
        Point(double _x=0, double _y=0):x(_x), y(_y) { }
        _____
};
void print(const Point& point){
    cout << point.x << " " << point.y << endl;
}
int main(){
    Point point(7, 5);
    print(point);
    return 0;
}
```

4. 有 12 个学生,每个学生的数据包括学号、姓名、三门课的成绩,求每个学生三门课的总分,按总分降序排列并输出。要求定义类并使用分离编译,项目分为三个文件:main.cpp、student.h 和 student.cpp,在 main.cpp 中只放主函数。

第 15 章　继　承

类的继承是一种实现代码复用的方式。通过继承机制，可以利用已有的数据类型来定义新的数据类型，从已有类产生新类的过程也称为类的派生。新类不仅拥有新定义的成员，同时也拥有旧的成员。已存在的用来派生新类的类称为基类，又称为父类；而派生出的新类称为派生类，又称为子类。从逻辑上来讲，子类对象也是一个父类对象。

子类和父类之间是继承关系，子类继承了父类的特征和行为（属性和方法），即子类继承了父类的成员变量和成员函数。由原有的类产生新类时，新类包含了原有类的属性和方法，并加入新增的属性和方法，还可以重新定义原有的属性和方法。类的继承机制允许在保持原有类的属性和方法的基础上，新类进行更具体、更详细的修改和扩充。

15.1　基类与派生类

C++ 中，一个派生类可以从一个基类派生，也可以从多个基类派生。从一个基类派生的继承称为单继承；从多个基类派生的继承称为多继承。C++ 定义派生类的语法为

```
class 派生类名: 继承方式 基类名 1, 继承方式 基类名 2, …, 继承方式 基类名 n
{
    派生类新增的成员;
};
```

其中，继承方式有公有继承、保护继承、私有继承三种，分别使用关键字 public、protected、private 来表示。如果省略继承方式，用关键词 class 定义派生类则采用私有继承，用关键词 struct 定义派生类则采用公有继承。

假设 Base1 和 Base2 是已经存在的类，以下代码可以定义一个名为 Derived 的派生类，该类从基类 Base1 和 Base2 派生而来。

```
class Derived: public Base1, private Base2{
private:
    int newMember;              //新增的成员变量
public:
    Derived(){ }                //派生类的构造函数
    ~Derived(){ }               //派生类的析构函数
    void newFunction(){ }       //新增的成员函数
};
```

C++ 中，类的继承功能是非常强大的。子类重新定义父类中的成员函数能否表现出多态性是可选的。C++ 支持多继承，还支持使用虚基类来消除重复的父类成员。本书第 16 章

介绍虚函数和虚基类。关于 C++ 类的继承,让我们先来初步认识以下概念:
- 一个派生类,同时有多个直接基类,这种情况称为多继承,这时派生类同时得到多个已有类的数据成员和函数成员。
- 一个派生类只有一个直接基类的情况,称为单继承。
- 一个基类通常有多个不同的派生类。
- 派生出来的新类可以作为基类再继续派生新的类。
- 直接参与派生出一个类的基类称为直接基类,基类的基类甚至更高层的基类称为间接基类。
- 派生类通常会添加新的成员变量和成员函数。
- 派生类也可以重新定义(覆盖,Override)基类中已有的成员变量和成员函数。如果覆盖的是父类中的虚函数,则可能表现出运行时多态性。

例 15.1 继承的例子。

```cpp
//Animals.cpp
#include <iostream>
#include <string>                           //string 类
using namespace std;
class Animal{                               //父类
protected:                                  //保护成员可以被子类的成员函数访问
    string name;                            //小动物的名字
public:
    Animal(const char* _name = "");         //在声明时给出默认实参
    virtual ~Animal();                      //虚析构函数
    void run();
    void run(double distance);              //重载(Overload)
};
Animal::Animal(const char* _name):name(_name){   //再给默认实参会提示重复
    //string 类有转换构造函数 string(const char* s);
    cout << "[C] Animal " << name << endl;
}
Animal::~Animal(){                          //只能在类内声明时加 virtual,这里不能加
    cout << "[D] Animal " << name << endl;
}
void Animal::run(){
    cout << name << " running……\n";
}
void Animal::run(double distance){
    cout << name << " run " << distance << "米\n";
}
class Dog: public Animal{                   //第一个子类 Dog
    string size;                            //新增数据成员,狗的体型
public:
    //在初始化列表中调用父类构造函数
    Dog(const char* _name="", const char* _size="小型")
        :Animal(_name), size(_size){        //成员变量 name 应由父类初始化
        cout << "[C] Dog " << name << " " << size << endl;
    }
```

```cpp
        ~Dog(){                    //不加 virtual 也是虚析构函数,因为父类的析构函数是虚的
            cout << "[D] Dog " << name << endl;
        }
        void wangwang(){           //英文 bark at
            cout << name << "汪汪汪~~~~~~\n";    //访问父类的保护成员
        }
        void wangwang(const char * target){
            cout << name << "朝" << target << "汪汪汪~~~~~~\n";
        }
};
class Cat: public Animal{          //第二个子类 Cat
    string color;                  //新增的数据成员,颜色
public:
    Cat(const char * _name = "", const char * _color="黄色");
    virtual ~Cat();                //子类析构函数也可以加上 virtual
    void miaomiao();
    void climb(const char * tree);
};
Cat::Cat(const char * _name, const char * _color)
        :Animal(_name), color(_color){
    cout << "[C] Cat " << name << " " << color << endl;
}
Cat::~Cat(){
    cout << "[D] Cat " << name << endl;
}
void Cat::miaomiao(){
    cout << name << "喵喵喵~~~~~~\n";
}
void Cat::climb(const char * tree){
    cout << "一只" << color << "的小猫爬上了一棵" << tree << endl;
}
int main(){
    Dog dog("卡尔");                //子类对象内部有个无名的父类对象
    Cat cat("艾米");
    dog.run();   dog.run(500);     //从父类继承的函数
    cat.run();   cat.run(200);
    dog.wangwang();                //子类 Dog 新增的函数
    dog.wangwang("陌生人");
    cat.miaomiao();                //子类 Cat 新增的函数
    cat.climb("老榆树");
    return 0;
}
```

【运行结果】

[C] Animal 卡尔
[C] Dog 卡尔 小型
[C] Animal 艾米
[C] Cat 艾米 黄色
卡尔 running……

```
卡尔 run 100 米
艾米 running……
艾米 run 50 米
卡尔汪汪汪~~~~~~
卡尔朝陌生人汪汪汪~~~~~~
艾米喵喵喵~~~~~~
一只黄色的小猫爬上了一棵老榆树
[D] Cat 艾米
[D] Animal 艾米
[D] Dog 卡尔
[D] Animal 卡尔
```

【代码解读】

程序先定义了父类 Animal，然后又定义了它的两个子类：Dog 和 Cat。两个子类都继承了父类全部的数据成员和函数成员。成员变量 name 是父类中的保护成员，虽然可以被子类的成员函数直接访问，但不应在子类构造函数中被赋值。父类的数据成员应该由父类自己完成初始化，程序在子类构造函数的初始化列表中显式调用了父类的构造函数。子类 Cat 的构造函数定义如下：

```
Cat::Cat(const char* _name, const char* c):Animal(_name),color(_color){ }
```

初始化子类对象所含的父类对象的方法：在子类构造函数的初始化列表中，使用父类名称显式调用父类的构造函数。如果没有显式调用，系统会自动调用父类的默认构造函数。

公有继承的情况下，在使用子类对象时，可以通过子类对象名后跟句点调用父类中公有的成员函数。子类通常都会新增成员变量和成员函数。子类 Dog 新增了成员变量 size 和两个同名的重载函数；子类 Cat 新增了成员变量 color 和两个成员函数。

15.2 继承方式

派生类继承了基类的全部数据成员和除了构造函数、析构函数之外的全部函数成员，而且这些成员的访问属性在派生的过程中是可以调整的。从基类继承的成员，其访问属性由继承方式控制。定义派生类时如果省略继承方式，用关键词 class 定义类则采用私有继承，用关键词 struct 定义类则采用公有继承。

C++ 类的继承方式有公有继承、保护继承和私有继承三种。不同的继承方式，会导致原来具有不同访问属性的基类成员在派生类中的访问属性有所不同。不同是表现在派生类外部访问从基类继承的成员时。

公有继承(public)：当一个类派生自公有基类时，基类的公有成员也是派生类的公有成员，基类的保护成员也是派生类的保护成员，基类的私有成员不能直接被派生类访问，但是可以通过调用基类的公有成员函数或保护成员函数来间接访问。

保护继承(protected)：当一个类派生自保护基类时，基类的公有成员和保护成员将成为派生类的保护成员，而基类的私有成员不可直接访问。

私有继承(private)：当一个类派生自私有基类时，基类的公有成员和保护成员将成为派生类的私有成员，而基类的私有成员不可直接访问。

综上，继承方式是 C++ 中类的封装特性之一，使开发者可以在派生类中缩小基类成员的可见性。公有继承保持了基类成员原有的可见性，保护继承缩小基类中公有成员的可见性为"protected"，私有继承缩小基类中公有成员和保护成员的可见性为"private"。

不同继承方式的效果仅仅表现在派生类的外部，而与派生类自身的成员函数无关。派生类的外部有两处：

（1）通过派生类对象访问从基类继承的成员，可通过对象名、对象指针、对象的引用。

（2）在派生类的派生类中，成员函数访问间接基类的成员。

需要强调的是，派生类的成员函数能否访问从基类继承的成员与继承方式无关。派生类的成员函数可以访问基类中定义的公有成员和保护成员，不能直接访问基类的私有成员。

例 15.2　继承方式。

```cpp
//InheritanceMode.cpp
//abc 是 private 的, xyz 是 protected 的, mnk 是 public 的
#include <iostream>
using namespace std;
class A{
private:
    int a;
    void afunc() { cout << "private function afunc()\n"; }
protected:
    int x;
    void xfunc() { cout << "protected function xfunc()\n"; }
public:
    int m;
    void mfunc() { cout << "public function mfunc()\n"; }
    A(): a(10), x(20), m(30) { cout << "A constructed.\n"; }
};
class B{
private:
    int b;
    void bfunc() { cout << "private function bfunc()\n"; }
protected:
    int y;
    void yfunc() { cout << "protected function yfunc()\n"; }
public:
    int n;
    void nfunc() { cout << "public function nfunc()\n"; }
    B(): b(100), y(200), n(300) { cout << "B constructed.\n"; }
};
class C{
private:
    int c;
    void cfunc() { cout << "private function afunc()\n"; }
protected:
    int z;
    void zfunc() { cout << "protected function zfunc()\n"; }
public:
    int k;
```

```cpp
        void kfunc() { cout << "public function kfunc()\n"; }
        C(): c(1000), z(2000), k(3000) { cout << "C constructed.\n"; }
};
class D: public A, protected B, private C{         //派生类
public:
    D() { cout << "D constructed.\n"; }
    void accessParent(){
        //私有成员,子类和类外都无法访问
        //cout << a << " " << b << " " << c << endl;
        //afunc(); bfunc(); cfunc();
        //保护成员,子类可以访问
        cout << x << " " << y << " " << z << endl;
        xfunc(); yfunc(); zfunc();
        //公有成员,子类和类外都可以访问
        cout << m << " " << n << " " << k << endl;
        mfunc(); nfunc(); kfunc();
    }
};
class E: public D{                                 //派生类的派生类
public:
    E() { cout << "E constructed.\n"; }
    void accessGrandpa(){                          //子类的子类的成员函数中
        //保护继承将公有的变成了保护的,在子类的子类中可以访问
        cout << n << endl;
        nfunc();
        //cout << k << endl;                       //私有继承将公有的变成了私有的
        //kfunc();
    }
};
int main(int argc, char** argv){
    D d;
    d.accessParent();
    cout << "--------------------------\n";
    //类外,通过对象名、对象的指针、对象引用访问公有成员
    cout << d.m << endl;       //public A
    //cout << d.n <<endl;      //protected B
    //cout << d.k <<endl;      //private C
    cout << endl;
    d.mfunc();        //public A
    //d.nfunc();      //protected B
    //d.kfunc();      //private C
    cout << "--------------------------\n";
    E e;
    e.accessGrandpa();
    return 0;
}
```

【代码解读】

类 D 有三个父类:公有继承 A、保护继承 B 和私有继承 C。子类能否访问父类的成员和继承方式无关,子类可以访问父类的公有成员和保护成员。accessParent 函数中试图访

问三个父类中三种不同访问属性的成员变量和成员函数,只有父类的私有成员不能被直接访问。公有继承、保护继承、私有继承时,均能访问父类的公有成员和保护成员。

类 E 是类 D 的子类,是派生类的派生类。在类 E 的成员函数 accessGrandpa 中,可以访问来自类 B 的变量 n,但是不能访问来自类 C 的变量 k。类 D 保护继承类 B,将类 B 中的公有成员 n 变成了保护成员,而保护成员可以在子类 E 的成员函数中被访问。类 D 私有继承类 C,将类 C 中的公有成员 k 变成了私有成员,因此子类 E 无法访问变量 k。

在主函数中,通过派生类对象 d 只能访问其公有基类 A 中的公有成员。

15.3 派生类对象的构造

继承的目的是在复用代码的基础上改进原有程序。派生类吸收了基类的成员,实现了对原有代码的复用。而代码扩充才是更重要的,派生类通过添加新的成员和改造基类成员改进原有的类。

继承时的代码复用是在对象层面进行的。在程序运行时,创建一个子类对象的时候,首先会创建一个匿名的父类对象,然后以这个匿名的父类对象为基础,添加派生类成员增量式地创建子类对象。子类对象的结构如图 15-1 所示,子类对象内部包含父类对象和新成员。

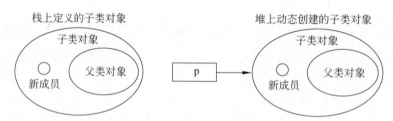

图 15-1 子类对象的结构

关于派生类对象的构造和析构:

(1) 基类的构造函数和析构函数不能被派生类继承。

(2) 派生类对象的成员由所有基类的成员和派生类新增的成员共同组成。

(3) 派生类的构造函数只负责对派生类新增的成员进行初始化,所有从基类继承来的成员变量的初始化工作由基类构造函数来完成。派生类的构造函数可以通过初始化列表给基类的构造函数传递参数。如果不在初始化列表中显式调用基类的构造函数,系统会自动调用基类的默认构造函数。

(4) 在创建派生类对象时,首先按照继承的顺序调用每个基类的构造函数(所有虚基类先于所有非虚基类),然后对成员对象进行初始化(按照成员对象在类中的定义顺序),最后执行派生类构造函数的函数体。

(5) 若没有为派生类编写拷贝构造函数,编译器会生成一个隐含的默认复制构造函数。该函数先调用基类的拷贝构造函数,再为派生类新增的成员对象执行复制。若编写派生类的拷贝构造函数,则需要为基类的拷贝构造函数传递参数。

(6) 在销毁派生类对象时,析构函数的执行顺序和之前构造函数的执行顺序正好相反。析构顺序:首先执行派生类的析构函数,然后调用成员对象的析构函数,最后调用基类的析构函数。成员对象的析构顺序与它们在类中定义的顺序相反。多个基类的析构顺序与构造时的调用顺序相反。

（7）一个公有继承的派生类对象在使用上可以被当作基类的对象。派生类对象可以隐含转换为基类对象（通过调用基类的拷贝构造函数）。派生类对象的指针可以隐含转换为基类的指针，即父类指针可以指向子类对象。基类类型的引用变量可以成为派生类对象的别名。

（8）通过基类指针销毁其指向的派生类对象时，只有在基类中声明析构函数是虚函数，才能调用到派生类及其成员的析构函数。在基类的析构函数不是虚函数的情况下，如果派生类对象或其成员对象在析构函数中释放动态开辟的内存空间，则这些内存不会被释放，这导致内存泄漏。

例 15.3　子类对象的构造过程和析构过程。

```cpp
//Subclass.cpp
#include <iostream>
using namespace std;
class Shape{
public:
    double x, y;
    Shape(double _x, double _y): x(_x), y(_y){
        cout << "[C] Shape (" << x << "," << y << ")\n";
    }
    virtual ~Shape(){                          //虚析构函数去掉 virtual 再试试
        cout << "[D] Shape (" << x << "," << y << ")\n";
    }
};
class Point{
public:
    double x, y;
    Point(double _x, double _y): x(_x), y(_y){
        cout << "[C] Point (" << x << "," << y << ")\n";
    }
    ~Point(){
        cout << "[D] Point (" << x << "," << y << ")\n";
    }
};
class Rectangle: public Shape{                 //父类是 Shape
    Point bottomRight;                         //成员对象
public:
    Rectangle(double x1, double y1, double x2, double y2)
        :Shape(x1, y1), bottomRight(x2, y2){
        cout << "[C] Rectangle (" << x << "," << y << ") ("
            << x2 << "," << y2 << ")\n";
    }
    ~Rectangle(){
        cout << "[D] Rectangle (" << x << "," << y << ") ("
            << bottomRight.x << "," << bottomRight.y << ")\n";
    }
};
```

```
int main(int argc, char** argv){
    Shape * p = new Rectangle(2, 1, 8, 7);
    delete p;                    //通过父类指针释放子类对象
    return 0;
}
```

【运行结果】

```
[C] Shape (2,1)
[C] Point (8,7)
[C] Rectangle (2,1) (8,7)
[D] Rectangle (2,1) (8,7)    //去掉 virtual 则不会输出
[D] Point (8,7)              //去掉 virtual 则不会输出
[D] Shape (2,1)
```

【代码解读】

在创建一个 Rectangle 类的对象时,首先调用父类 Shape 的构造函数,然后调用成员对象 bottomRight 的构造函数,最后调用 Rectangle 类的构造函数。

在销毁一个 Rectangle 类的对象时,首先调用 Rectangle 类的析构函数,然后调用成员对象 bottomRight 的析构函数,最后调用父类 Shape 的析构函数。

程序中使用 Shape 类的指针释放了 Rectangle 类的对象,即通过父类指针释放了其指向的子类对象。Shape 类的析构函数是虚析构函数,如果去掉 virtual,就不会执行 Rectangle 类的析构函数,也不会执行成员对象 bottomRight 的析构函数。

15.4 多 继 承

多继承是指一个派生类同时继承多个基类。多继承允许派生类同时从多个基类继承数据成员和函数成员。假设已经定义了类 A、类 B 和类 C,定义多继承的派生类 D 如下:

```
class D: private A, protected B, public C{
    //类 D 新增的成员
}
```

D 是多继承的派生类,它以私有继承方式继承 A,以保护继承方式继承 B,以公有继承方式继承 C。D 类继承了 A 类、B 类和 C 类的全部成员变量和全部成员函数,但是不能直接访问基类中的私有成员(可以通过 public 和 protected 的成员函数间接访问)。

多继承可以反映现实世界的情况,能够有效地处理一些较复杂的问题,使程序编写具有灵活性,但是它增加了程序的复杂度。多继承面临的主要问题:多个不同基类中可能存在同名的成员变量以及同名且参数表相同的成员函数。通过派生类对象访问同名成员变量或相同函数时,就会产生二义性(Ambiguity)。当被访问的成员变量或成员函数存在二义性时,可以使用作用域运算符"::"指明访问的是哪一个基类中的成员。

派生类对象包含各个基类的全部数据成员,而这些成员的含义是有可能相同的。如果希望在派生类中只拥有一份含义相同的成员变量,可以将这些成员变量单独提取出来定义一个新的类,并作为原来各个基类的虚基类(Virtual Base Class)。虚基类使得继承间接共同基类时只保留一份成员。为了保证虚基类数据成员的唯一性,虚基类对象由最终的派生

类负责初始化。

例 15.4 多继承导致沙发床具有两个质量。

```cpp
//SofaBed1.cpp
#include <iostream>
using namespace std;
class Sofa{
public:
    double weight;
    Sofa():weight(100){
        cout << "[Sofa] Constructor. weight=" << weight << endl;
    }
    double GetWeight(){ return weight; }
};
class Bed{
public:
    double weight;
    Bed():weight(200){
        cout << "[Bed] Constructor. weight=" << weight << endl;
    }
    double GetWeight(){ return weight; }
};
class SofaBed: public Sofa, public Bed{
public:
    SofaBed(){ cout << "[SofaBed] Constructor.\n"; }
};
int main(){
    SofaBed s;
    //cout<<s.weight; //[Error] request for member 'weight' is ambiguous
    //cout<<s.GetWeight(); //request for member 'GetWeight' is ambiguous
    cout << s.Sofa::weight << endl;          //沙发部分的质量
    cout << s.Bed::weight << endl;           //床部分的质量
    cout << s.Sofa::GetWeight() << endl;     //沙发部分的质量
    cout << s.Bed::GetWeight() << endl;      //床部分的质量
    return 0;
}
```

【运行结果】

```
[Sofa] Constructor. weight=100
[Bed] Constructor. weight=200
[SofaBed] Constructor.
100
200
100
200
```

【代码解读】

SofaBed 类继承自 Sofa 类和 Bed 类。如图 15-2 所示,一个沙发床类的对象拥有两个同名的成员变量:来自 Sofa 的质量和来自 Bed 的质量。一个沙发床类的对象还拥有两个相同的成员函数 GetWeight,分别来自 Sofa 类和 Bed 类。多继承出现二义性时,可以使用作用域运算符"::"指明访问的是哪一个基类中的成员。

```
s.Sofa::weight              //Sofa 类的成员变量 weight
s.Bed::weight               //Bed 类的成员变量 weight
s.Sofa::GetWeight()         //Sofa 类的成员函数 GetWeight
s.Bed::GetWeight()          //Bed 类的成员函数 GetWeight
```

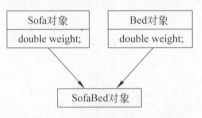

图 15-2 来自两个父类的同名变量

下面将质量 weight 从 Sofa 类和 Bed 类中提取出来，设计一个它们共同的基类 Furniture 类，但是继承时不加 virtual 关键词，看看是否还存在重复的质量？

例 15.5 提取基类的成员设计间接基类。

```cpp
//SofaBed2.cpp
#include <iostream>
using namespace std;
class Furniture{
public:
    double weight;
    double GetWeight(){ return weight; }
    Furniture(double w=80):weight(w){
        cout << "[Furniture] Constructor. weight=" << weight << endl;
    }
};
class Sofa: public Furniture{
public:
    Sofa(): Furniture(100){
        cout << "[Sofa] Constructor. weight=" << weight << endl;
    }
};
class Bed: public Furniture{
public:
    Bed():Furniture(200){
        cout << "[Bed] Constructor. weight=" << weight << endl;
    }
};
class SofaBed: public Sofa, public Bed{
public:
    SofaBed(){ cout << "[SofaBed] Constructor.\n"; }
};
int main(){
    SofaBed s;
    //cout<<s.weight<< endl;//request for member 'weight' is ambiguous
    //double w=s.GetWeight();//request for member 'GetWeight' is ambiguous
```

```cpp
        cout << s.Sofa::weight << endl;           //沙发部分的质量
        cout << s.Bed::weight << endl;            //床部分的质量
        cout << s.Sofa::GetWeight() << endl;      //沙发部分的质量
        cout << s.Bed::GetWeight() << endl;       //床部分的质量
        return 0;
}
```

【运行结果】

```
[Furniture] Constructor. weight=100
[Sofa] Constructor. weight=100
[Furniture] Constructor. weight=200
[Bed] Constructor. weight=200
[SofaBed] Constructor.
100
200
100
200
```

【代码解读】

从运行结果可见,创建沙发床对象时创建了两个 Furniture 对象,未能实现沙发床质量唯一。如图 15-3 所示,一个沙发床类的对象拥有两个同名的成员变量:来自父类 Sofa 的父类 Furniture 的质量,以及来自父类 Bed 的父类 Furniture 的质量。

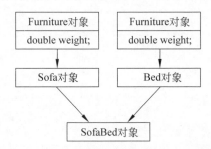

图 15-3　来自两个间接父类的同名变量

如果希望来自两个不同基类的 Furniture 对象变成唯一的,就需要让 Sofa 对象和 Bed 对象共用同一个 Furniture 对象。让 Sofa 类和 Bed 类虚拟继承 Furniture 类,就可以使 Furniture 对象变成唯一的。

例 15.6　通过虚基类使 SofaBed 类的质量唯一。

```cpp
//SofaBed3.cpp
#include <iostream>
using namespace std;
class Furniture{
public:
    double weight;
    double GetWeight() {  return weight;  }
    Furniture(double w=80): weight(w){
        cout << "[Furniture] Constructor. weight=" << weight << endl;
    }
```

```cpp
};
class Sofa: virtual public Furniture{     //虚拟继承
public:
    Sofa(): Furniture(100){
        cout << "[Sofa] Constructor. weight=" << weight << endl;
    }
};
class Bed: public virtual Furniture{      //虚拟继承
public:
    Bed(): Furniture(200){
        cout << "[Bed] Constructor. weight=" << weight << endl;
    }
};
class SofaBed: public Sofa, public Bed{
public:
    SofaBed(){ cout << "[SofaBed] Constructor.\n";  }
};
int main(){
    SofaBed sbed;
    cout << sbed.weight << endl;           //唯一的成员变量 weight 80
    cout << sbed.GetWeight() << endl;      //唯一的成员函数 GetWeight 80
    return 0;                              //为什么 weight 是 80,而不是 100 或 200
}
```

【运行结果】

```
[Furniture] Constructor. weight=80
[Sofa] Constructor. weight=80
[Bed] Constructor. weight=80
[SofaBed] Constructor.
80
80
```

【代码解读】

从运行结果可见,只创建了一个 Furniture 对象,SofaBed 类的对象已经消除了二义性,具有唯一的质量 80。既然虚基类对象只被创建了一个,那么 Sofa 对象和 Bed 对象必然共享这个唯一的 Furniture 对象,对象结构如图 15-4 所示。

在 SofaBed 类内部唯一的 Furniture 对象是由谁负责初始化的呢?如果它是由 Sofa 类负责初始化的,则它的质量应该是 100;如果它是由 Bed 类负责初始化的,则它的质量应该是 200。但是,运行结果中 Furniture 类的构造函数、Sofa 类的构造函数、Bed 类的构造函数输出的质量都是 80。显然,80 是调用 Furniture 类构造函数的输出。而 Furniture 类构造函数是最终的派生类 SofaBed 调用的。

通常,在派生类的构造函数中只需负责对其直接基类初始化,再由其直接基类负责对间接基类初始化。但是,虚基类在派生类对象中只有一份数据成员,所以这

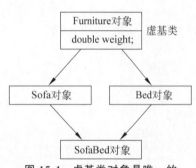

图 15-4　虚基类对象是唯一的

份数据成员的初始化必须由最终的派生类直接给出。在最终的派生类中不仅要负责对其直接基类进行初始化,还要负责虚基类的初始化。C++编译系统只执行最终的派生类对虚基类的构造函数的调用,而忽略虚基类的其他派生类对虚基类的构造函数的调用,这就保证了虚基类的数据成员不会被多次初始化。

在使用没有默认构造函数的虚基类时,就可以验证上段内容。如果在虚基类中定义了带参数的构造函数,而且没有定义默认构造函数,则在其所有派生类(包括直接派生和间接派生的派生类)中,都需要通过构造函数的初始化列表对虚基类进行初始化。在所有派生类的初始化列表中,给出不同的初始化值,然后运行程序查看系统使用了哪个初始化值,就可以验证虚基类对象是由最终的派生类负责初始化的。

例 15.7 没有默认构造函数的虚基类。

```cpp
//SofaBed4.cpp
#include <iostream>
using namespace std;
class Furniture{
public:
    double weight;
    double GetWeight(){ return weight; }
    Furniture(double w): weight(w){
        cout << "[Furniture] Constructor. weight=" << weight << endl;
    }
};
class Sofa: virtual public Furniture{
public:
    Sofa(): Furniture(100){
        cout << "[Sofa] Constructor. weight=" << weight << endl;
    }
};
class Bed: public virtual Furniture{
public:
    Bed(): Furniture(200){
        cout << "[Bed] Constructor. weight=" << weight << endl;
    }
};
class SofaBed: public Sofa, public Bed{
public:
    //SofaBed(){ }                          //[Error]类 "Furniture" 不存在默认构造函数
    SofaBed(): Furniture(166){    //必须加上对父类的虚基类的有参构造函数的调用
        cout << "[SofaBed] Constructor. weight=" << weight << endl;
    }
};
int main(){
    SofaBed sbed;
    cout << sbed.weight << endl;
    cout << sbed.GetWeight() << endl;
    return 0;
}
```

【运行结果】

```
[Furniture] Constructor.weight=166
[Sofa] Constructor.weight=166
[Bed] Constructor.weight=166
[SofaBed] Constructor.weight=166
166
166
```

【代码解读】

从运行结果可见,SofaBed 对象的质量是 166,而 166 是最终的派生类 SofaBed 类在初始化列表中传递给间接基类 Furniture 的。最终的派生类 SofaBed 创建了唯一的虚基类对象,为它的两个直接基类对象所共享。

例 15.8 多继承的沙发床类的完整设计。

```cpp
//SofaBed5.cpp
#include <iostream>
using namespace std;
class Furniture{
public:
    Furniture(double w=80): weight(w){ //80
        cout << "[Furniture] Constructor.weight=" << weight << endl;
    }
    double weight;
    double GetWeight(){  return weight;  }
};

class Sofa: virtual public Furniture{
public:
    Sofa(double w=100): Furniture(w){ //100
        cout << "[Sofa] Constructor.weight=" << weight << endl;
    }
    void WatchTV(){  cout << "坐在沙发上看电视……\n";  }
};
class Bed: public virtual Furniture{
public:
    Bed(double w=200): Furniture(w){ //200
        cout << "[Bed] Constructor.weight=" << weight << endl;
    }
    void Sleep(){  cout << "躺在床上睡觉……\n";  }
};
class SofaBed: public Sofa, public Bed{
    bool folded;             //如果为真,表示处于沙发状态
public:
    SofaBed(double w=188): Furniture(w), folded(true){ //188
        cout << "[SofaBed] Constructor.weight=" << weight << endl;
    }
    void transform(){
        if(folded){ //如果处于折叠状态
            folded = false;
```

```
                cout << "展开变成床\n";
            }else{
                folded = true;
                cout << "叠起来变成沙发\n";
            }
        }
};
int main(){
    SofaBed sbed;
    cout << sbed.weight << endl;        //唯一的成员变量
    double w = sbed.GetWeight();        //唯一的成员函数
    cout << w << endl;                  //188,来自间接基类 Furniture
    sbed.WatchTV();                     //来自父类 Sofa
    sbed.Sleep();                       //来自父类 Bed
    sbed.transform();                   //新增成员函数
    sbed.transform();
    return 0;
}
```

【运行结果】

```
[Furniture] Constructor. weight=188
[Sofa] Constructor. weight=188
[Bed] Constructor. weight=188
[SofaBed] Constructor. weight=188
188
188
坐在沙发上看电视……
躺在床上睡觉……
展开变成床
叠起来变成沙发
```

【代码解读】

沙发床既可以作为沙发使用,也可以作为床使用。沙发床作为一个完整的家具,部件可以是复用的,但整体质量是唯一的。作为一个复合型的家具,沙发床类拥有自己新增的属性和方法。

多继承对象的构造过程

在创建一个多继承的派生类对象时,系统按下面顺序调用各个构造函数来构造这个复杂的对象。多继承对象的析构顺序与下面顺序恰好相反。

(1)各个虚基类的构造函数按照它们被继承的顺序调用;

(2)各个非虚基类的构造函数按照它们被继承的顺序调用;

(3)派生类各个成员对象的构造函数按照它们在类中定义的顺序调用;

(4)派生类自身的构造函数最后调用。

例 15.9　多继承时派生类对象的构造顺序。

```
//ObjectConstruction.cpp
#include <iostream>
using namespace std;
```

```cpp
class Base1{
public:
    Base1(){ cout << "[Base1] default constructor.\n"; }
    virtual ~Base1(){ cout << "[Base1] destructor.\n"; }
};
class Base2{
public:
    Base2(){ cout << "[Base2] default constructor.\n"; }
    virtual ~Base2(){ cout << "[Base2] destructor.\n"; }
};
class Base3{
public:
    Base3(){ cout << "[Base3] default constructor.\n"; }
    virtual ~Base3(){ cout << "[Base3] destructor.\n"; }
};
class Base4{
public:
    Base4(){ cout << "[Base4] default constructor.\n"; }
    virtual ~Base4(){ cout << "[Base4] destructor.\n"; }
};
class Member1{
public:
    Member1(){ cout << "[Member1] default constructor.\n"; }
    ~Member1(){ cout << "[Member1] destructor.\n"; }
};
class Member2 {
public:
    Member2(){ cout << "[Member2] default constructor.\n"; }
    ~Member2(){ cout << "[Member2] destructor.\n"; }
};
class Derived : public Base1, virtual public Base2,
                public Base3, virtual public Base4 {
    Member2 m2; //m2先与m1定义,先初始化m2
    Member1 m1;
public:
    //初始化列表仅仅是初始化的对应关系,不是初始化顺序
    Derived(): m1(), m2(), Base4(), Base1(), Base2(), Base3(){
        //圆括号中为空,是调用默认构造函数,不用写
        cout << "[Derived] default constructor.\n";
    }
    ~Derived() {
        cout << "[Derived] destructor.\n";
    }
};
int main(){
    Derived d;
    cout << "-----------------------------\n";
    return 0;
}
```

【运行结果】

```
[Base2] default constructor.
[Base4] default constructor.
[Base1] default constructor.
[Base3] default constructor.
[Member2] default constructor.
[Member1] default constructor.
[Derived] default constructor.
----------------------------
[Derived] destructor.
[Member1] destructor.
[Member2] destructor.
[Base3] destructor.
[Base1] destructor.
[Base4] destructor.
[Base2] destructor.
```

【代码解读】

在构造一个 Derived 类的对象时，先构造虚基类 Base2 和 Base4，接着构造非虚基类 Base1 和 Base3，然后构造成员对象 m2 和 m1，最后调用 Derived 类的构造函数。

在析构一个 Derived 类的对象时，先调用 Derived 类的析构函数，然后析构成员对象 m1 和 m2，接着析构非虚基类 Base3 和 Base1，最后析构虚基类 Base4 和 Base2。

习　题

1. C++类的继承方式有哪三种？比较类的三种继承方式之间的差别。
2. 什么是虚基类？它的作用是什么？
3. 创建一个派生类对象时，构造函数执行的顺序是怎样的？
4. 写出以下程序的运行结果，并解释为何如此输出（派生类对象的析构顺序）？

```cpp
#include <iostream>
using namespace std;
struct A{
    virtual ~A() { cout << "A"; }
};
struct B{
    ~B() { cout << "B"; }
};
struct C{
    ~C() { cout << "C"; }
};
struct D: public A{
    C c;
    B b;
    ~D() { cout << "D"; }
```

```
};
int main(){
    D d;
    return 0;
}
```

5. 组合与继承都是面向对象程序设计中代码复用的有效方式,它们有何不同之处？通过组合生成的类与被组合的类之间的逻辑关系是什么？派生类与基类的关系是什么？

第 16 章

多 态 性

多态性(Polymorphism)是面向对象程序设计的一个重要特征。在面向对象方法中,一般是这样表述多态性的:向不同的对象发送同一个消息,不同的对象在接收时会产生不同的行为。所谓发送消息就是指调用类的成员函数,同一个消息是指函数名相同,而不同的行为是指调用了不同内容的同名函数。

从系统实现的角度来看,多态性分两类:静态多态性和动态多态性。静态多态性是编译时的多态,而动态多态性是运行时的多态。编译时的多态通过函数重载(Overload)实现,而运行时的多态通过子类函数覆盖(Override)父类中的虚函数实现。编译时的多态是在编译的过程中确定调用多个同名函数中的哪一个,而运行时的多态是在程序运行过程中才动态地确定调用多个同名函数中的哪一个。

广义的多态性既包含静态多态性,又包含动态多态性。狭义的多态性指动态多态性,即运行时多态。通常,如果没有强调静态多态性,那么"多态性"指运行时多态。

16.1 静态多态性

将一个函数调用和一个函数体连接到一起称为绑定(Binding)。根据绑定的时机不同,可将绑定分为早期绑定和后期绑定两种。如果在程序运行之前进行绑定(由编译器和链接程序完成),称为早期绑定,也称为静态绑定;如果在程序运行期间进行绑定,称为后期绑定,也称为动态绑定或运行时绑定。

静态多态性是通过函数重载实现的。编译器通过静态绑定即可以确定调用多个重载函数中的哪一个。编译器根据传递给函数的不同的实参,确定调用某一个重载函数。开发者看到的重载函数是同名的,但是编译器会将它们转换成不同的名字。本质上,重载函数的名字是不同的。例如,有如下两个重载函数:

```
void print(int m);          //可认为函数名实际是 print_int
void print(double a);       //可认为函数名实际是 print_double
```

编译器根据调用函数时传递给 print 函数的实参的数据类型,在编译时就能确定调用哪一个重载函数。

```
print(100);      //实参 100 的类型是 int,因此调用第一个 print 函数
print(3.14);     //实参 3.14 的类型是 double,因此调用第二个 print 函数
```

例 16.1　通过函数重载实现静态多态性。

```cpp
//OverloadPloy.cpp
#include <iostream>
using namespace std;
void print(int m){
    cout << "整数：" << m << endl;
}
void print(double a){
    cout << "双精度浮点数：" << a << endl;
}
int main(){
    print(100);
    print(3.14);
    return 0;
}
```

【运行结果】

整数：100
双精度浮点数：3.14

【代码解读】

实参 100 是 int 类型的常量，print(100) 会调用第一个 print 函数。实参 3.14 是 double 类型的常量，print(3.14) 会调用第二个 print 函数。

在编译调用 print 函数的代码时，编译器根据不同的实参确定调用哪一个重载函数，这属于静态绑定。在编译时确定调用某一个同名的重载函数，程序表现出静态多态性。

16.2　虚函数与多态性

作为一种语法丰富的面向对象程序设计语言，C++ 中子类覆盖父类中的函数能否表现出运行时多态性是可选的。这个选项就是虚函数（Virtual Function）。

16.2.1　虚函数简介

默认情况下，普通成员函数都不是虚函数，但通过添加关键词 virtual 可以声明为虚函数。虚函数是动态绑定的基础，只有虚函数才可能表现出运行时多态性。虚函数必须是非静态的成员函数。

在父类中声明一个函数是虚函数，然后在子类中覆盖此函数，这个函数在通过父类指针或者父类引用操作子类对象的时候表现出多态性。声明虚函数的语法为

virtual 返回类型 函数名(形参表);

虚函数是在类的定义中使用 virtual 关键词来限定的成员函数。虚函数的声明只能出现在类定义时的成员函数声明或定义中，而不能出现在类外定义成员函数的时候。

例 16.2　覆盖虚函数实现运行时多态。

```cpp
//virtual.cpp
#include <iostream>
```

```
using namespace std;
class Parent{                                    //父类
public:
    virtual void print();                        //虚函数
};
void Parent::print(){                            //类外定义成员函数,不能加 virtual
    cout << "Parent print()\n";
}
class Child: public Parent{                      //第 1 个子类
public:
    void print(){                                //override,不加 virtual 也是虚函数
        cout << "Child print()\n";
    }
};
class Derived: public Parent{                    //第 2 个子类
public:
    virtual void print(){                        //override
        cout << "Derived print()\n";
    }
};
int main(){
    Child child;
    Derived derived;
    Parent * p1=&child, * p2=&derived;           //父类指针
    p1->print();
    p2->print();
    Parent &a1=child, &a2=derived;               //父类引用
    a1.print();
    a2.print();
    return 0;
}
```

【运行结果】

```
Child print()
Derived print()
Child print()
Derived print()
```

【代码解读】

成员函数 print 是 Parent 类中声明的虚函数。成员函数 print 在 Parent 类内部给出了函数声明,并在前面添加了关键词 virtual。在类外给出成员函数 print 的定义(实现)时,不能添加关键词 virtual,这个关键词仅限在类内部使用。

Child 类和 Derived 类是 Parent 类的两个子类,它们都覆盖了虚函数 print。在子类中覆盖父类中的虚函数时,可以加关键词 virtual,也可以不加。只要在父类中声明是虚函数了,覆盖父类中虚函数的子类成员函数也是虚函数。

主函数中定义了两个不同子类的对象:一个 Child 类的对象 child 和一个 Derived 类的对象 derived。父类类型的指针 p1 和 p2 分别指向了两个不同子类的对象。父类类型的引用 a1 和 a2 分别引用了两个不同子类的对象。通过父类指针调用虚函数时,虽然指针类型

是父类类型,但是其指向的对象是子类对象,C++会调用子类的成员函数,而不是调用父类的。通过父类引用调用虚函数时,虽然引用类型是父类类型,但是其引用的对象是子类对象,C++会调用子类的成员函数,而不是调用父类的。

综上,子类函数覆盖父类中的虚函数可表现出运行时多态性。程序在运行时创建不同子类的对象,用父类指针指向这些子类对象,或者用父类引用引用这些子类对象。虽然指针和引用的类型是父类,但是C++会根据对象实际上是子类对象的事实,调用子类中的函数。同样类型的父类指针或引用,同名的成员函数(虚函数),同样的参数表(形参的个数、类型和顺序相同),针对不同的子类对象,虽然调用的形式相同,但是会调用不同子类中的函数,表现出运行时多态性。

16.2.2 多态性简介

将同一条消息发给不同的对象时,可能并不知道对象的具体类型是什么,但是采取的行动同样是正确的(不同的对象做出了不同的响应),这就是多态性,简言之就是"统一的接口,不同的响应"。

在C++中,表现出运行时多态性需要满足以下三个条件:
(1)在父类中声明虚函数,并在子类中覆盖这个虚函数;
(2)创建子类对象,用父类指针指向子类对象,或者使父类引用成为子类对象的别名;
(3)使用父类指针或父类引用调用虚函数,表现出多态性。

利用虚函数的多态性,可以将不同子类的对象统一使用父类指针数组来管理,这样虽然丢失了子类的类型信息,但是由于虚函数的多态性,使用父类指针数组中的指针调用虚函数时,仍将调用到不同子类对象中的函数。

对于子类对象,在父类的其他成员函数中调用虚函数也会调用子类对象中的函数,表现出多态性。这是由于对象的 this 指针会隐含传递给父类的成员函数,调用虚函数的代码等同于 this->虚函数()。在父类中 this 指针是父类类型的指针,但 this 指针指向的对象是子类对象,通过父类类型的 this 指针调用虚函数会表现出运行时多态性。在设计父类时,可以将期望未来由子类实现的代码声明成一个虚函数,然后在父类其他成员函数中调用这个虚函数,这样就可以在父类中调用未来子类中的函数了。

例 16.3 利用多态性打印各种形状。

```cpp
//Shapes.cpp
#include <iostream>
#include <ctime>      //time
#include <cstdlib>    //srand rand
using namespace std;
class Shape{           //父类 Shape
public:
    virtual void draw(){  cout << "Draw a Shape!\n";  }    //虚函数
    void call_draw(){
        draw();        //父类中调用虚函数也会调用到子类中的
    }
    virtual ~Shape(){
        //虚析构函数确保通过父类指针释放子类对象时,能执行子类的析构函数
```

```cpp
    }
};
class Circle: public Shape{                              //圆形类
public:
    void draw(){  cout << "Draw a Circle!\n";  }  //覆盖父类中的虚函数
};
class Rectangle: public Shape{                           //矩形类
public:
    void draw(){  cout << "Draw a Rectangle!\n";  }
};
class Triangle: public Shape{                            //三角形类
public:
    void draw(){  cout << "Draw a Triangle!\n";  }
};
int main(){
    Shape * pointers[10];                          //父类类型的指针数组,未初始化
    srand((unsigned int)time(NULL));
    //for结束后,指针数组中保存了10个不同子类对象的地址
    for (int i=0; i<10; i++){
        int num = rand() % 3;                      //随机数[0,1,2]
        switch(num) {                              //根据随机数创建不同的子类对象
        case 0:  pointers[i] = new Circle;     break;
        case 1:  pointers[i] = new Rectangle;  break;
        case 2:  pointers[i] = new Triangle;   break;
        }
    }
    for(int i=0; i<10; i++){
        pointers[i]->draw();         //多态性 polymorphism
    }
    cout << "-------------------\n";
    for(int i=0; i<10; i++){
        pointers[i]->call_draw();    //父类中的函数调用虚函数,也会调用子类中的
    }
    for (int i=0; i<10; i++){
        delete pointers[i];          //通过父类指针释放子类对象
    }
    return 0;
}
```

【代码解读】

语句"pointers[i]->draw();"会调用各个不同子类中的绘图函数,表现出多态性。对于不同的子类对象,同样都是父类类型的指针 pointers[i],相同的函数名 draw,相同的参数表,不同的响应,即不同的子类对象做出了不同的响应,这就是多态性。

指针数组中的每个指针指向的子类对象是运行时随机产生的。编译器是无法在编译代码的时候确定调用哪一个类中的绘图函数的(四个类中都有 draw 函数)。可见,系统是运行时根据指针指向的对象类型来确定调用哪个函数的,对象属于哪个类,就调用哪个类中的。实际上,C++为每个有虚函数的类都创建了一个虚函数表,类的对象通过虚表指针访问虚函数表,而虚表指针属于 C++对象内存布局中的一部分。

在父类成员函数 call_draw 中，调用 draw 函数也会表现出多态性。draw()等价于 this->draw()，是在通过父类指针调用虚函数；而 this 指针指向的是子类对象，所以会调用子类中的函数。

16.2.3　无多态性的情况

覆盖父类的成员函数并不是总能实现运行时多态，而覆盖父类的成员变量是不存在多态性的。以下几种情况无法实现运行时多态：

（1）没有在父类中声明被覆盖的函数是虚函数，这种情况会根据指针或引用的类型在编译时确定调用指针类型或引用类型对应的类型中的函数。

（2）使用对象名调用虚函数。将一个子类对象赋值给一个正在被定义的父类对象名时，会调用父类的拷贝构造函数创建一个新的父类对象，使用这个对象名调用虚函数是无法实现运行时多态的。

（3）在子类中也可以覆盖父类的成员变量，与函数不同，成员变量不存在多态性。

（4）在父类构造函数中调用虚函数时，不会调用子类中的函数。

（5）使用作用域运算符"::"限定使用父类的函数。

例 16.4　无法表现出多态性的例子。

```cpp
//PolyFree.cpp
#include <iostream>
using namespace std;
class Parent{
public:
    int value;                    //成员变量
    Parent() : value(100) {
        cout << "[Parent constructor]: ";
        f2();                     //(4)父类构造函数中调用虚函数无多态性
    }
    Parent(const Parent &other):value(other.value) {
        cout << "[Parent] Copy constructor.\n";
    }
    void f1() {                   //f1 不是虚函数
        cout << "f1 in Parent.\n";
    }
    virtual void f2() {           //f2 是虚函数
        cout << "f2 in Parent.\n";
    }
};
class Child: public Parent{
public:
    int value;                    //定义和父类中同名的变量
    Child(): value(200) {
        cout << "[Child] constructor.\n";
    }
    void f1() {                   //覆盖非虚函数
        cout << "f1 in Child.\n";
    }
```

```cpp
        void f2(){                              //覆盖虚函数
            cout << "f2 in Child.\n";
        }
};
int main(){
    Child child;                                //定义子类对象
    Parent * p = &child;                        //父类指针指向子类对象
    Parent &a = child;                          //父类引用引用子类对象
    p->f1();                                    //(1) f1不是虚函数,无多态性
    a.f1();                                     //同上
    Parent parent = child;                      //调用父类拷贝构造函数新建一个父类对象
    parent.f2();                                //(2)虽然f2是虚函数,但是对象是父类对象,无多态性
    Child * pc=&child, &ac=child;               //(3)变量无多态性,定义子类指针和子类引用
    cout << p->value << endl;                   //父类指针访问父类中的value
    cout << pc->value << endl;                  //子类指针访问子类中的value
    cout << a.value << endl;                    //父类引用访问父类中的value
    cout << ac.value << endl;                   //子类引用访问子类中的value
    p->Parent::f2();                            //(5)使用作用域运算符限定调用父类中的f2
    return 0;
}
```

【代码解读】

可根据程序注释中的序号阅读16.2.3节前面关于无法实现运行时多态的讲解。

16.3 虚析构函数

在C++中,析构函数负责对象的清理工作。如果在构造函数中动态开辟了存储空间,则需要在析构函数中释放动态开辟的存储空间。如果可能通过父类指针销毁子类对象,则需要在父类中声明析构函数是虚函数,只有这样才能确保子类的析构函数和子类中成员对象的析构函数被调用到,从而完整地释放子类对象所占的存储空间。

如果一个类的析构函数是虚函数,那么由它派生出来的所有子类的析构函数也是虚函数。析构函数被声明成虚函数之后,在使用基类指针时将使用动态绑定实现运行时多态,保证使用基类指针也能调用到不同派生类的析构函数从而实现针对不同子类对象的清理工作。

内存泄漏是非常严重而又难于发现的错误。如果存在潜在的用户通过继承来复用已有的类,就应当将这个类的析构函数声明为虚函数。

例16.5 虚析构函数确保通过父类指针完整释放子类对象。

```cpp
//VDestructor.cpp
#include <iostream>
using namespace std;
class Parent{
private:
    char * buf1;
public:
    Parent(){
```

```cpp
        buf1 = new char[1024];              //动态分配 1KB 存储空间
        cout << "[Parent] 1KB memory allocated.\n";
    }
    virtual ~Parent(){                      //虚析构函数去,掉 virtual 再试试
        delete[] buf1;
        cout << "[Parent] 1KB released by buf1.\n";
    }
};
class Member{
private:
    char *buf2;
public:
    Member(){
        buf2 = new char[1024];              //分配 1KB 存储空间
        cout << "[Member] 1KB memory allocated.\n";
    }
    ~Member(){
        delete[] buf2;
        cout << "[Member] 1KB released by buf2.\n";
    }
};
class Child: public Parent{
private:
    char *buf3;
    Member member;
public:
    Child(){
        buf3 = new char[1024];              //分配 1KB 存储空间
        cout << "[Child] 1KB memory allocated.\n";
    }
    ~Child(){
        delete[] buf3;
        cout << "[Child] 1KB released by buf3.\n";
    }
};
int main(){
    Parent *p = new Child();
    delete p;                               //通过父类指针释放子类对象
    return 0;
}
```

【代码解读】

父类的析构函数不是虚函数时(去掉 Parent 类析构函数的 virtual 关键词),会导致内存泄漏,运行结果如下。可见,Child 类和 Member 类的析构函数都没有被调用到,buf2 和 buf3 没被释放。

```
[Parent] 1KB memory allocated.
[Member] 1KB memory allocated.
[Child] 1KB memory allocated.
[Parent] 1KB released by buf1.
```

父类的析构函数是虚函数时（只将 Parent 类的析构函数声明为虚函数即可），运行结果如下。可见，Child 类和 Member 类的析构函数都被调用到了，从而完整释放了内存。

```
[Parent] 1KB memory allocated.
[Member] 1KB memory allocated.
[Child] 1KB memory allocated.
[Child] 1KB released by buf3.
[Member] 1KB released by buf2.
[Parent] 1KB released by buf1.
```

16.4 纯虚函数与抽象类

纯虚函数是父类中仅有声明的虚函数。纯虚函数只有声明，没有定义，也没有函数体。抽象类是含有纯虚函数的类，抽象类不能实例化，即不能创建一个抽象类的对象，但是可以定义一个抽象类的指针或引用。在类定义中声明纯虚函数的语法为

```
virtual 返回类型  函数名称(形参列表) = 0;    //用"=0"声明纯虚函数
```

抽象类位于类层次的上层，是不同子类共同具有的成员变量和成员函数的抽象描述。在抽象类中，无法给出有意义实现的函数被声明为纯虚函数。抽象类自身无法实例化，抽象类存在的意义在于被不同的子类继承，然后利用多态性使用不同子类的对象。

抽象类的子类如果没有覆盖父类中的全部纯虚函数并给出函数定义，则抽象类的这个子类依然是抽象类。

例 16.6 含有纯虚函数的类是抽象类。

```cpp
//PureVirtual.cpp
#include <iostream>
using namespace std;
struct Shape{                                   //抽象类
    virtual void draw() = 0;                    //=0 纯虚函数,所在的类成为抽象类
};
struct Circle: public Shape{
    void draw() {  cout << "Circle\n";  }       //覆盖父类中的虚函数
};
struct Rect: public Shape {                     //Rect 依然是抽象类
    //没有覆盖父类中的虚函数
};
int main(){
    //Shape shape1;                             //抽象类不能定义自身实例
    //Shape * p1 = new Shape();                 //也不能动态创建抽象类实例
    Shape*  p2;                                 //但可以有抽象类型的指针
    Circle circle;                              //定义子类对象
    p2 = &circle;                               //父类指针指向子类对象
    p2->draw();
    Shape& shape2 = circle;                     //也可以有抽象类型的引用
    shape2.draw();
    //Rect rect;                                //Rect 也是抽象类,无法实例化
    return 0;
}
```

【代码解读】

Shape 类中声明了纯虚函数 draw，这使 Shape 类成为抽象类。抽象类是不能实例化的，既不能定义 Shape 类的对象，也不能动态创建 Shape 类的对象。但是，可以定义 "Shape *" 类型的指针，也可以定义 "Shape&" 类型的引用。

Rect 类继承自抽象类 Shape，但没有覆盖父类中的纯虚函数，即没有给出 draw 函数的定义。Rect 类尚未完全实现，它也是一个抽象类。

例 16.7　抽象类 Game：游戏大厅中各种游戏类的父类。

```cpp
//Games.cpp
#include <iostream>
#include <iomanip>
#include <string>
using namespace std;
class Game{                                   //抽象类 Game 是各种游戏类的父类
protected:
    string name;                              //游戏名称
public:
    Game(const char * _name): name(_name) {
        cout << "[Game] Constructor. name=" << name << endl;
    }
    virtual bool show_rule() const = 0;       //询问用户是否同意游戏规则
    virtual void play() = 0;                  //玩游戏
    void start(){
        bool confirmed = show_rule();
        if (confirmed){                       //如果接受了游戏规则，则进入游戏
            cout << name << " is starting……\n";
            play();
            cout << "Game over!\n\n";
        }else{
            cout << "Hey, Welcome back!\n" << endl;
        }
    }
    virtual ~Game() {
        cout << "[Game] Destructor. name=" << name << endl;
    }
};
class GoldenMiner: public Game{
public:
    GoldenMiner(): Game("Golden Miner"){
        cout << "[GoldenMiner] Constructor.\n";
    }
    bool show_rule() const {
        cout << "黄金矿工[y|n]:" << flush;
        char choice = cin.get();              //读取一个字符
        cin.ignore(256, '\n');                //跳过换行符
        return 'y' == choice;
    }
    void play(){
        cout << "I'm a gold miner!\n";
```

```cpp
    }
    ~GoldenMiner(){
        cout << "[GoldenMiner] Destructor.\n";
    }
};
class SuperMario: public Game{
public:
    SuperMario(): Game("Super Mario"){
        cout << "[SuperMario] Constructor.\n";
    }
    bool show_rule() const {
        cout << "超级玛丽[y|n]:" << flush;
        char choice = cin.get();
        cin.ignore(256, '\n');
        return 'y' == choice;
    }
    void play(){
        cout << "I love adventure!\n";
    }
    ~SuperMario(){
        cout << "[SuperMario] Destructor.\n";
    }
};
class BattleCity: public Game{
public:
    BattleCity(): Game("Battle City"){
        cout << "[BattleCity] Constructor.\n";
    }
    bool show_rule() const {
        cout << "坦克大战[y|n]:" << flush;
        char choice = cin.get();
        cin.ignore(256, '\n');
        return 'y' == choice;
    }
    void play(){
        cout << "Destroy the enemy tanks!\n";
    }
    ~BattleCity(){
        cout << "[BattleCity] Destructor.\n";
    }
};
int main(int argc, char** argv, char** env){
    Game * pGames[]={new GoldenMiner(),new SuperMario(),new BattleCity()};
    int num;
    do{
        cout << "Welcome to the game center, please input an integer.\n";
        cout << "  1. Golden Miner\n"
             << "  2. Super Mario\n"
             << "  3. Battle City\n";
        cout << "Your choice[input 0 to exit]:" << flush;
```

```
            cin >> num;
            cin.ignore(256, '\n');           //删除输入缓冲区中的字符至换行符
            if (num>=1 && num<=3){
                pGames[num-1]->start();
            }
        } while(num);                        //输入 0 退出
        for (int i=0; i<3; i++)
            delete pGames[i];
        return 0;
    }
```

【代码解读】

Game 类是各种游戏类型的抽象，它是一个抽象类。常成员函数 show_rule 是一个纯虚函数，作用是询问用户是否同意某个游戏的规则。成员函数 play 也是一个纯虚函数，作用是玩一个游戏。纯虚函数是抽象类设计者预留给未来子类的程序填空。

程序定义了 Game 类的三个子类：GoldenMiner、SuperMario、BattleCity。这三个子类都覆盖了常成员函数 show_rule，给出了各自的游戏规则。play 函数是真正玩游戏的函数，三个子类都覆盖了 play 函数，分别给出了自身象征性的实现。

主函数中，程序模仿游戏大厅让用户选择一个游戏来玩。各种不同的游戏使用一个 Game 类的指针数组来管理。程序首先显示游戏列表让用户选择，根据用户输入的编号，程序使用指针数组中的一个指针来调用子类对象从 Game 类继承的 start 函数：

```
    pGames[num-1]->start();       //调用从 Game 类继承的 start 函数
```

在父类成员函数 start 内部，程序首先调用纯虚函数 show_rule 询问用户是否接受游戏规则。如果用户接受了游戏规则，则调用纯虚函数 play 玩游戏，否则输出一条"欢迎回来"的信息。由于纯虚函数只有声明，没有定义，start 函数对纯虚函数的调用，只会调用到子类对象中的实现。

每个游戏的规则是不同的，玩不同游戏的体验也是不一样的。多态性使得 start 函数在调用虚函数 show_rule 和 play 时，调用被分发到了不同的子类对象。

习　　题

1. 比较重载（Overload）和覆盖（Override）之间的异同点。
2. 什么是纯虚函数？什么是抽象类？纯虚函数与抽象类的关系是什么？
3. 写出以下程序的运行结果，并解释为何如此输出（虚函数）。

```
#include <iostream>
using namespace std;
class Publication{
public:
    virtual const char * GetName() const{
        return "一般出版物";
    }
};
```

```cpp
class Book : public Publication{
public:
    const char * GetName() const{
        return "C++程序设计";
    }
} book;
int main(){
    Publication &pub=book, * p=&book;
    cout << pub.GetName() << endl;
    cout << p->GetName() << endl;
    return 0;
}
```

4. 写出以下程序去掉关键词 virtual 之前和之后的运行结果，并解释为何如此输出（虚析构函数）。

```cpp
#include <iostream>
using namespace std;
struct A {
    virtual ~A(){ //去掉 virtual 再试试
        cout << "A";
    }
};
struct B {
    ~B(){ cout << "B"; }
};
struct C: public A{
    B b;
    ~C() { cout << "C"; }
};
int main( ){
    A * p = new C();
    delete p;
    return 0;
}
```

5. 在下画线处填上一个表达式使得程序可以编译运行（抽象类）。

```cpp
#include <iostream>
using namespace std;
struct Base{
    virtual void func() = 0;
};
struct Derived: public Base{
    void func(){ cout << "Derived::func()\n"; }
};
int main(int argc, char** argv, char** env){
    Base * p = _____;
    p->func();
    delete p;
    return 0;
}
```

第 17 章 模 板

C++中,模板(Template)是泛型程序设计(Generic Programming)的基础,泛型程序设计即以一种独立于任何特定类型的方式编写代码。泛型程序设计是一种提高代码复用性的技术。

17.1 模板简介

模板允许开发者定义泛型类或泛型函数作为普通类或普通函数的蓝图。例如,C++标准库中的容器:vector、list 和 map,都是泛型程序设计的例子,它们都使用了模板。每个容器都有一个定义(类模板),但是可以定义多种不同类型的容器。例如,vector<int>是整数向量,vector<string>是字符串向量。

若一个程序的功能是对某一种特定的数据类型进行处理,则将所处理的数据类型声明为类型参数,就可把这个程序改写为模板。模板可以让程序对任何其他数据类型进行同样方式的处理。C++程序由类和函数组成,模板也分为类模板(Class Template)和函数模板(Function Template)。

C++使用 template 关键词来定义一个函数模板或类模板,模板中的类型参数使用关键词 class 或 typename 来声明。关键词 class 和 typename 可以互换。

通过之前章节的学习,class 这个关键词的含义是明确的,class 用于定义类,在模板引入 C++后,最初定义模板时也使用 class 关键词,它作为模板类型参数的语法为

```
template <class T> ...
```

其中,class 关键词表明 T 是一个类型参数。于是,class 的用法有两种:

(1) 定义类;
(2) 声明模板的类型参数。

后来为了避免 class 的两种用法可能给人带来混淆,又引入了 typename 这个关键词,它的作用同 class 一样表明后面的符号是一个类型参数,这时在定义模板的时候就应该使用 typename 关键词。typename 作为模板类型参数的语法为

```
template <typename T> ...
```

在模板定义语法中关键词 class 和 typename 的作用完全一样,按照新的 C++标准使用 typename 作为类型参数的前缀其含义更准确。

模板中如果有多个类型参数,则需要在每个类型参数之前都加上关键词 typename 或 class。定义含有多个类型参数的模板,语法为

```
template <typename T1, typename T2, typename T3> ...
```

其中,T1、T2、T3 都是模板的类型参数。例如：

```
template <typename K, typename V> class Pair{ //K=Key  V=Value
    //类模板成员
};
```

这是一个类模板,Pair 是类模板的名称,表示"一对"。K 和 V 都是类模板的类型参数,K 是一对数据中的关键字,V 是关键字对应的值。

例 17.1 使用 C++ 类模板 vector。

```
//TempIntro.cpp
#include <iostream>             //输入输出
#include <vector>               //向量类模板
#include <string>               //字符串类
#include <algorithm>            //算法
using namespace std;
int main(){
    vector <int> u;                 //整数向量模板类
    u.push_back(100);               //在尾部增加一个整数
    u.push_back(200);
    u.push_back(300);
    //使用 for_each 遍历向量,第三个参数传递 Lambda 表达式
    for_each(u.begin(), u.end(), [&](int e){ cout << e << " "; });
    cout << endl;
    vector <string> v;              //字符串对象向量模板类
    v.push_back("Lisa");            //在尾部增加一个字符串对象
    v.push_back("Mary");
    v.push_back("Linda");
    for_each(v.begin(), v.end(), [&](string& n){ cout << n << " "; });
    return 0;
}
```

【运行结果】

```
100 200 300
Lisa Mary Linda
```

【代码解读】

程序首先定义了一个整数向量 u,接着往整数向量里面添加三个整数,然后遍历整数向量,最后输出每个整数。

程序又定义了一个字符串向量 v,接着往字符串向量里面添加三个字符串对象,然后遍历字符串向量,最后输出每个字符串。

vector 是 C++ 标准库里面的一个类模板,它是各种向量类的蓝图。vector<int>是一个模板类,是通过给类模板 vector 传递<int>参数而创建的整数向量模板类。vector<string> 也是一个模板类,是通过给类模板 vector 传递<string>参数而创建的字符串向量模板类。

for_each 是 C++ 标准库中的一个函数,功能是对给定范围内的每个元素应用一个函数。它的前两个参数是迭代的开始位置和结束位置(不含),第三个参数可以是一个回调函数、函数对象或 Lambda 表达式。

17.2 函 数 模 板

使用函数模板可以定义通用的函数,其函数返回类型和形参类型可以不具体给出,而是用可被替换的类型参数来代表。函数模板可以处理不同类型的数据,提高了函数的复用性。在学习编写函数模板之前,首先回顾 C/C++ 的其他函数复用技术。

带参数的宏:对于参数类型不同,但参数个数相同、顺序一致的同一组函数,可以使用带参数的宏来统一定义。例如,求两个数中最大值的宏:

```
#define Max(a,b) ((a)>(b)?(a):(b))
```

但是,宏定义不检查数据类型,损害了类型安全性;宏定义做符号展开可能会修改传递给其形参的表达式中的变量,进而产生不可预料的结果。例如,把"i++"传递给上面的宏 Max,就可能导致变量 i 自增 2(参见例 7.9)。

C++ 支持函数重载,因此,也可以为不同数据类型一个个地定义重载函数。例如,求两个整数最大值的函数,以及求两个双精度浮点数最大值的函数。代码如下:

```
int Max(int a, int b){
    return a>b ? a : b;
}
double Max(double a, double b){
    return a>b ? a : b;
}
```

C++ 支持隐式数据类型转换。在调用函数时如果没有严格匹配数据类型的函数,就会做隐式数据类型转换。在只存在以上两个重载函数的情况下,如果调用 Max 函数求两个字符中较大的,由于类型 char 是与类型 int 相容的整数类型,编译器会为其找到一个 int 类型的进行匹配,会调用"int Max(int, int)"函数,但是它的返回类型是 int,而不是 char。

```
char ch1='A', ch2='B';
cout << Max(ch1, ch2) << endl;        //输出 66,而不是输出 B
```

以上代码的输出是 66,因为编译器匹配的 Max 函数的返回类型是整数,而字符'B'的 ASCII 码值是 66。显然这样的输出是不那么令人满意的,如果希望输出字符'B',还需增加另外一个接受 char 类型参数的重载函数:

```
char Max(char a, char b){
    return a>b ? a : b;
}
```

如果使用模板,则可以将以上多个重载函数简单地归为一个函数模板:

```
template <typename T> T max(T a, T b){
    return a>b ? a : b;
}
```

当编译器遇到使用某个数据类型调用函数模板时,就会新创建一个具体类型的模板函数。例如,编译器遇到 Max(10,20) 调用时,就会创建一个原型为 int Max(int, int) 的函数;

遇到 Max(3.14，2.18)调用时，就会创建一个原型为 double Max(double，double)的函数；遇到 Max('A','B')调用时，就会创建一个原型为 char Max(char，char)的函数。这样，就将代码完全相同，仅数据类型不同的多个函数使用模板归一成一个函数模板。编译器在遇到以类型实参调用函数模板时，会生成对应类型的模板函数。

在调用函数模板时，编译器可以根据传递参数的类型自动地生成对应类型的模板函数。开发者也可以使用尖括号显式给出类型参数，明确生成函数的参数类型。例如：

```
cout << Max<int>('A', 'B') << endl;    //输出 66,而不是 B
cout << Max<int>(3.14, 2.18) << endl;  //输出 3,而不是 3.14
```

函数模板(Function Template)与模板函数(Template Function)的区别如下：
(1) 函数模板是模板的定义，定义中用到了通用类型参数(形参)。
(2) 模板函数是实实在在的函数定义，它由编译器在遇到具体的函数调用时生成。
在定义函数模板时，使用关键词 typename 给出的参数名是形参。在调用函数模板时，在尖括号中给出的是实参。这里所说的形参和实参均是指某一种数据类型。可见，模板使数据类型成为参数，允许开发者独立于数据类型编写程序，这就是泛型程序设计。

例 17.2 使用函数模板求两个数中较大的一个。

```cpp
//FunctionTemplate.cpp
#include <iostream>
//std名称空间里面有max的声明,尽量避免同名,也应避免引入
using std::cout;
using std::endl;
template <typename T> T Max(T a, T b){
    return a>b ? a : b;
}
int main(int argc, char** argv){
    int m=10, n=20;
    cout << Max(m, n) << endl;              //生成 Max<int>(int,int)
    double a=3.14, b=2.18;
    //显式给出类型参数,生成 Max<double>(double,double)
    cout << Max<double>(a, b) << endl;
    char ch1='A', ch2='B';
    cout << Max(ch1, ch2) << endl;          //生成 Max<char>(char,char)
    //参数从 double 转换到 T,可能丢失数据 T=int
    cout << Max<int>(ch1, ch2) << endl;     //输出 66,而不是 B
    cout << Max<int>(a, b) << endl;         //输出 3,而不是 3.14
    return 0;
}
```

【代码解读】
程序定义了函数模板 Max,并在主函数中多次调用这个函数模板,生成了多个具体数据类型的模板函数。显式调用函数模板时,需使用尖括号给出类型参数 T 的实参。

重载函数模板

重载可以与函数模板同时存在。如果函数名相同，而操作不同，则需要定义另外的重载函数，这样的函数与函数模板生成的多个模板函数构成重载关系。编译器在处理这种情况时，首先匹配重载函数，然后再寻求函数模板的匹配。

例17.3 重载函数模板。

```cpp
//FuncTempOverload.cpp  重载函数模板
#include <iostream>
#include <cstring>
using std::cout;
using std::endl;
template <typename T> T Max(T a, T b){
    cout << "Max(T, T) called. ";
    return a>b ? a : b;
}
const char* Max(const char* x, const char* y){      //重载函数
    cout << "Max(const char*, const char*) called. ";
    return strcmp(x,y)>0 ? x : y;
}
int main(){
    cout << Max(20,10) << endl;             //使用模板函数
    const char * s1="XYZ", * s2="ABC";      //s1和s2是指针,内存地址 s1<s2
    cout << Max<>(s1,s2) <<endl;            //显式调用模板函数
    cout << Max(s1,s2) << endl;             //使用非模板函数,重载函数的优先级更高
    return 0;
}
```

【运行结果】

```
Max(T, T) called. 20
Max(T, T) called. ABC
Max(const char*, const char*) called. XYZ
```

【代码解读】

在函数模板 Max 中,比较两个形参大小时,使用了"大于"运算符。如果使用这个函数模板生成的模板函数比较两个字符指针,就会直接比较指针自身的大小,即比较字符指针中保存的内存地址的高低。调用时,使用空的模板实参列表"<>"是明确表示要使用函数模板生成的模板函数,Max<>(s1,s2)显式调用编译器生成的如下模板函数,编译器自动推导类型 T 为 const char *。

```cpp
const char* Max(const char*, const char*);          //使用 a>b
```

当函数模板的重载函数存在时,编译器优先使用重载函数。Max(s1,s2)调用主函数前面定义的重载函数:

```cpp
const char* Max(const char* s1, const char* s2);    //使用 strcmp(x,y)>0
```

在重载函数中,使用 strcmp 函数比较第一个形参指向的字符串是否比第二个形参指向的字符串大。strcmp 函数使用字典顺序比较字符串大小。

综上,模板函数 Max 比较指针自身的大小,不适用于比较字符串。所以,又定义了重载函数 Max,用于按字典顺序比较 const char *、char *、char[]等类型表示的字符串。

17.3 类 模 板

类模板是通用类的模板,其中一个或多个数据类型可以不预先指定。类模板是支持不同数据类型的类定义,可以使用类模板定义数据类型可变的模板类。在类外定义成员函数的情况下,定义类模板的语法为

```
template <类型形参表> class ClassName{
    //定义成员变量
    //声明成员函数
    返回类型   Function1(形参表);
    返回类型   Function2(形参表);
};
template <类型形参表>
返回类型   ClassName<类型名列表>::Function1(形参表){
    //成员函数 Function1 的实现代码
}
template <类型形参表>
返回类型   ClassName<类型名列表>::Function2(形参表){
    //成员函数 Function2 的实现代码
}
```

类模板是一个接受不同类型参数的类的描述,它不是一个实实在在的类。类模板定义完成后,具体的接受不同类型参数的类定义并不存在。通常,直到使用特定的类型参数定义一个模板类的实例时,编译器才使用类模板生成一个具体类型的模板类。

类模板(Class Template)与模板类(Template Class)的区别:

(1) 类模板是模板的定义,它不是一个实实在在的类,定义中用到了通用类型参数。

(2) 模板类是实实在在的类定义,是类模板的具体化。直到传递类型参数给类模板时,具体类型的模板类才被生成,这时类模板定义中的类型形参被实际类型参数所代替。

类模板与函数模板的区别主要有以下两点:

(1) 类模板没有自动类型推导的使用方式。在使用一个类模板生成的模板类时,必须在尖括号中给出类型参数,如"vector<double> * p=new vector<double>(100);"。

(2) 类模板在模板形参列表中可以有默认实参,默认实参是一种数据类型。类模板的默认类型参数必须自右向左给出。下面类模板的类型参数 V 的默认类型是 double。

```
template <typename K, typename V=double> class Pair{…
```

类模板 Pair 设置了默认类型参数,创建对象时可以省略第二个类型参数。

```
Pair<string, float> m1;      //K=string,V=float
Pair<string> m2;             //K=string,V=double
```

类模板中的成员函数和普通类中的成员函数创建的时机是有区别的:普通类中的成员函数在单独编译所在源文件时就可以创建;而类模板中的成员函数需要类型实参,在链接时才能创建。类模板中成员函数的创建时机是在链接阶段,这会导致分离编译时链接不到。类的分离编译可参见 14.4 节。类模板分离编译的解决方法如下。

（1）在使用类模板的文件中，不仅要包含.h 文件，还要包含.cpp 文件。

（2）将声明和实现写到同一个头文件中，并更改扩展名为".hpp"。hpp 的含义是 Header Plus Plus，实质就是将源文件的实现代码混入头文件中，即声明和定义都包含在同一个头文件中。扩展名".hpp"是约定的名称，并不是强制的。

例 17.4 类模板实现向量。

```cpp
//Vector.cpp
#include <iostream>
#include <string>
using namespace std;
template <typename T> class Vector{              //动态增长的向量
    T * p;                                       //指向T类型数组的指针
    int index;                                   //当前下标
    int capacity;                                //容量
    T dull;                                      //如果越界访问，则访问这个变量
public:
    Vector(int _capacity=3): capacity(_capacity), index(0){
        p = new T[capacity];
    }
    virtual ~Vector(){  delete[] p;  }
    inline int Size() const {  return index;  }
    void PushBack(const T& item);                //增加一个元素
    T& operator[](int i);                        //重载下标运算符[]
};
template <typename T> void Vector<T>::PushBack(const T& item){
    cout << "add: " << item;
    if(index==capacity){                         //最大下标是 capacity-1
        capacity += 5;                           //新的存储空间容量增大 5
        T * q = new T[capacity];                 //分配新的存储空间
        for(int k=0; k<index; k++) q[k]=p[k];    //复制数据
        delete[] p;                              //释放旧的存储空间
        p = q;                                   //p 指向新的存储空间
        cout << " 容量+5";
    }
    p[index++] = item;                           //将新的元素放到末尾
    cout << endl;
}
template <class T> T& Vector<T>::operator[](int i){
    if(i<index && i>=0){                         //访问已经存在的元素
        return p[i];
    }else if(i==index && index<capacity){        //在末尾增加元素
        index++;
        return p[i];
    }else{
        return dull;
    }
}
int main(){
    Vector<int> u;                               //生成整数向量模板类
```

```
    u.PushBack(5);      u.PushBack(9);
    u.PushBack(6);      u.PushBack(8);
    u[u.Size()] = 100;          //在末尾增加元素
    u[10] = 200;                //越界访问 200 保存到 dull 里面
    for(int i=0; i<u.Size(); i++)
        cout << u[i] << " ";
    cout << endl;
    Vector<string> v;           //生成字符串对象向量模板类
    v.PushBack("Tony");     v.PushBack("Adam");
    v.PushBack("John");     v.PushBack("Victor");
    for(int i=0; i<v.Size(); i++)
        cout << v[i] << " ";
    cout << endl;
    return 0;
}
```

【运行结果】

```
add: 5
add: 9
add: 6
add: 8 容量+5
5 9 6 8 100
add: Tony
add: Adam
add: John
add: Victor 容量+5
Tony Adam John Victor
```

【代码解读】

程序定义了类模板 Vector,它是一个可动态增加元素的向量。形参 T 是类模板的类型参数,定义向量对象时可以用某个类型来替换它。类模板的数据成员中,指针变量 p 是一个指向动态分配的 T 类型数组的指针。成员函数 PushBack 的功能是在向量的末尾添加一个 T 类型的元素。如果当前存储空间已满,则重新分配一个更大的存储空间,并把之前存储空间的元素复制过去,然后再添加新元素。类模板 Vector 重载了方括号运算符,返回类型是 T 类型的引用,用于根据下标读写向量中的元素。类模板 Vector 只给出了初步的概念上的实现,读者可以继续完善。在主函数中,使用类模板 Vector 定义了整数向量 u 和字符串向量 v,并进行了简单的使用。

例 17.5 类模板实现双向链表。

链表是一种物理存储单元上非连续、非顺序的存储结构,数据元素的逻辑顺序是通过链表中指针的连接次序实现的。链表中的元素称为节点,每个节点不仅包含数据,还包含用于维护链式结构的指针。链表由一系列节点组成,而节点一般是在运行时动态创建的。

双向链表如图 17-1 所示。除了节点数据,每个节点还有两个指针,一个指针指向下一个节点,另一个指针指向上一个节点。所有节点之外,程序需要维护一个头指针指向链表的第一个节点,还有一个尾指针指向链表的最后一个节点。在使用链表时,是不能随机访问链表中的某个节点的,而是要从头部开始沿着指向下一个节点的指针遍历,或者从尾部开始沿着指向上一个节点的指针遍历,才能定位到某个节点。

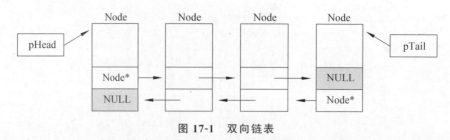

图 17-1 双向链表

```cpp
//文件一：List.hpp 类模板实现的双向链表
#include <iostream>
using std::cout;
template <typename T> class List{
private:
    static struct Node {                        //节点的类型
        T data;                                 //节点数据
        Node* next;                             //指向下一个节点的指针
        Node* prev;                             //指向上一个节点的指针
        Node():next(NULL), prev(NULL) { };      //指针初始化为 NULL
    };
    Node* head;                                 //头指针
    Node* tail;                                 //尾指针
    int size;                                   //节点个数
public:
    List():head(NULL), tail(NULL), size(0) { }
    virtual ~List();
    void Add(const T& item);                    //在链表末尾增加一个节点
    T* Find(const T& item);                     //查找,找到时返回节点数据的地址,没找到返回 NULL
    void PrintAll();                            //打印全部节点的数据
};
template <typename T> List<T>::~List(){         //析构函数
    Node* p;
    while(p=head){                              //赋值语句,p指向当前节点,然后判断 p 是否为 NULL
        head = head->next;                      //当前指针移动到下一个节点
        delete p;                               //释放 p 指向的节点
    }
}
template <class T> void List<T>::Add(const T& item){
    Node* p = new Node;
    p->data = item;
    if(tail){                                   //等价于 pTail!=NULL 链表当前不是空
        tail->next = p;                         //将新建节点链接到末尾
        p->prev = tail;                         //新建节点的上一个节点指针指向之前的尾节点
        tail = p;                               //修改尾节点指针
    }else{                                      //链表为空
        head = p;
        tail = p;
    }
    size++;
}
```

```cpp
template <class T> T* List<T>::Find(const T& item){
    for(Node *p=head; p; p=p->next){
        if(item == p->data){        //类型 T 需要支持运算符==
            return &p->data;        //返回数据的地址
        }
    }
    return NULL;
}
template <class T> void List<T>::PrintAll(){
    if(NULL==head) return;
    Node *p = head;
    while(p){
        cout << p->data << " ";
        p = p->next;
    }
    cout << "\n";
}
//End of List.hpp

//文件二：TestList.cpp 使用双向链表
#include "List.hpp"
using namespace std;
int main(){
    List<int> mylist;
    mylist.Add(100);  mylist.Add(200);  mylist.Add(300);
    mylist.PrintAll();
    int *p = mylist.Find(200);
    if(p)
        cout << "找到了: " << *p << endl;
    else
        cout << "没找到" << endl;
    return 0;
}
```

【运行结果】

```
100 200 300
找到了: 200
```

【代码解读】

在头文件 List.hpp 中，定义了类模板 List，它是一个双向链表。对于类模板，如果把类外实现的成员函数放在单独的源文件中会链接不到。所以，我们将类模板的定义和类外实现的成员函数都放在了扩展名是".hpp"的头文件中。在使用双向链表类模板的其他文件中（如源文件 TestList.cpp 中），包含 List.hpp 即可。

类模板 List 的成员函数 Add 的功能是在链表末尾增加一个节点，节点数据的类型为 T。函数 Find 的功能是根据节点数据的值进行查找，如果找到则返回节点数据的地址，类型为 T*，没找到则返回 NULL。PrintAll 函数沿着各个节点的 next 指针遍历输出链表每个节点的数据。链表的节点是运行时动态创建的，析构函数遍历链表释放了所有节点。

17.4 继承类模板

当子类继承的父类是一个类模板时,子类在定义时,要指定父类中类型参数的具体数据类型。如果不指定,编译器则无法确定子类对象的内存空间大小。如果想灵活指定父类中类型参数的具体类型,子类也需要定义为类模板。

例 17.6 继承类模板。

```cpp
//InheritClassTemp.cpp
#include <iostream>
using namespace std;
template <typename T> struct Base{
    T x;
};
struct Child : public Base<int>{ //子类直接给出父类中 T 的类型
    //子类成员
};
//如果想灵活指定父类中 T 的类型,子类也需定义为类模板
template <typename T1, typename T2=double> struct Derived: public Base<T1>{
    T2 y;
    Derived(){
        cout << "T1 的类型为: " << typeid(T1).name() << endl;
        cout << "T2 的类型为: " << typeid(T2).name() << endl;
    }
};
int main(){
    Child child;
    Derived<int, float> derived;
    return 0;
}
```

【运行结果】

```
T1 的类型为: int
T2 的类型为: float
```

【代码解读】

父类 Base 是一个类模板,拥有一个类型形参 T。子类 Child 在继承时直接指定了父类中的类型参数 T 为整数。子类 Child 是通过表达式": public Base<int>"来指定父类中的类型参数 T 为 int 的。

子类 Derived 也是一个类模板,它拥有两个类型参数:T1 和 T2。T1 在继承时传递给了父类,T2 是子类成员变量的类型。子类 Derived 通过表达式": public Base<T1>"将自己的类型参数 T1 传递给了父类的类型参数 T。

关键词 typeid 是 C++ 中的一个运算符,用于获取运算对象的实际类型。

17.5　类模板对象作为函数参数

使用类模板创建的对象,有以下三种方式向函数传递该对象。
(1) 指定参数类型:直接给出类型参数的数据类型。
(2) 参数模板化:将对象中的参数变为模板参数进行传递。
(3) 整个类模板化:将整个对象类型模板化进行传递。

例 17.7　类模板对象作为函数参数。

```cpp
//ClassTempAsParam.cpp
#include <iostream>
using namespace std;
template <typename T1> struct Wrapper{
    T1 value;
    Wrapper(T1 v):value(v){ }
    void print(){ cout << this->value << endl; }
};
//1.指定参数类型
void print1(Wrapper<int> &w){
    w.print();
}
//2.参数模板化
template <typename T2> void print2(Wrapper<T2> &w){
    w.print();
}
//3.整个类模板化
template <typename T3> void print3(T3 &obj){
    obj.print();
}
int main(){
    Wrapper<int> w(100);
    print1(w);                //100
    print2<int>(w);           //100
    print3<Wrapper<int>>(w);  //100
    return 0;                 //可以省略print2和print3后面的尖括号及类型参数
}
```

【代码解读】

print1 函数的形参类型是"Wrapper<int>&",直接给出了类模板 Wrapper 的类型参数为 int。

print2 是一个函数模板,它的类型参数是 T2,其形参类型是"Wrapper<T2>&"。形参中带有类型参数 T2。Wrapper<T2>是将函数模板 print2 的类型参数 T2 传递给了类模板 Wrapper 的形参 T1。

print3 也是一个函数模板,它的类型参数是 T3。print3 函数的形参类型是 T3 类型的引用,形参名字是 obj。任何类型的对象都可以传递给这个函数。由于 print3 函数内部调用了 obj.print(),这要求传递过来的对象需要含有成员函数 print。

在主函数中，程序将 Wrapper<int> 类型的对象分别传递给了三个函数。print1 是一个普通函数，调用 print1 函数是没有类型实参的。print2 是函数模板，调用时的类型实参是 int。print3 也是函数模板，类型实参是 Wrapper<int>。print2 和 print3 后面的尖括号及类型实参是可以省略的，编译器可以自动推导函数模板的类型实参。

习　题

1. 什么是函数模板？什么是模板函数？两者之间有何区别？
2. 写出以下程序的运行结果，并解释为何如此输出。

```cpp
#include <iostream>
using namespace std;
template<typename T> T add(const T& x, const T& y){
    return x + y;
}
int main(){
    cout << sizeof(add(7, 5)) << endl;
    cout << sizeof(add(7.0, 5.0)) << endl;
    return 0;
}
```

3. 函数模板 sort 的功能是将数组升序或降序排列，且支持多种数据类型，给出函数模板 sort 的实现代码。

```cpp
#include <iostream>
#include <string>
using namespace std;
template <class T> void sort(T * data, int n, bool desc=false){
    //在此给出实现代码
}
template <typename T> void print_array(T * data, int n, ostream& os){
    if (data==NULL || n<1) return;
    for(int i=0; i<n-1; i++)
        os << data[i] << ' ';
    os << data[n-1] << endl;
}
int main(int argc, char** argv, char** env){
    int a[10]={18, 53, 12, 17, 36, 15, 16, 22, 33, 28}; //整数数组
    //字符串对象数组
    string c[6]={"Tony","Lisa","Mary","Adam","John","Linda"};
    sort(a, 10);                                        //将 int 数组升序排列
    cout << "int 升序:\n";
    print_array(a, 10, cout);
    sort(c, 6, true);                                   //将 string 数组降序排列
    cout << "\nstring 对象降序:\n";
    print_array(c, 6, cout);
    return 0;
}
```

4. 使用类模板定义一个数据结构中的栈（Stack），要求支持压栈（Push）、出栈（Pop）等基本操作，然后使用该类模板定义不同类型的模板类对象。

第 18 章 运算符重载

重载（Overload）即赋予一个已有的事物新的含义。函数重载是对一个已有的函数名赋予新的含义，使之适用于不同的形参列表，实现了一名多用。C++也支持运算符重载，通过重载已有的运算符就可以将自定义的对象作为运算符的运算数。运算符重载的目的是方便开发者使用自定义类型，以及提高代码的可读性和可维护性。但是 C++ 的运算符太多，不同运算符的含义不同，导致运算符重载变得复杂，因此如何重载某一类运算符需要单独学习。

18.1 如何重载运算符

运算符重载的方法是定义一个重载运算符的函数，使指定的运算符不仅能应用到原有的基本数据类型，也能应用到类的实例上。在使用被重载的运算符时，编译器会根据传递的运算数的类型，调用重载的运算符函数或完成基本数据类型原有的运算功能。运算符重载实质上是函数的重载。重载运算符函数的一般格式为

```
返回类型 operator 运算符(形参表){
    //函数体
}
```

实现运算符重载的函数有以下两种处理方式：
（1）把运算符重载的函数作为类的成员函数。
（2）运算符重载的函数是一个普通的函数，而不是类的成员函数。如果这个函数访问类的私有成员，则需要将它声明为类的友元函数。

如果将运算符重载函数作为成员函数，它可以通过 this 指针自由访问本类的数据成员，this 指针指向的对象隐含成为运算符的第一个运算数。

例 18.1　重载算术运算符。

本例重载加号和减号运算符，用于支持复数对象的加法和减法运算。

```cpp
//Arithmetic.cpp
#include <iostream>
using namespace std;
class Complex{ //复数类
    double real, imag; //实部(real part)和虚部(imaginary part)
public:
    Complex(double _real=0, double _imag=0):real(_real), imag(_imag){ }
    //成员函数重载加号运算符(operator+)
```

```cpp
        //*this就是第一个运算数(operand),所以参数表里只能接收第二个运算数
        Complex operator+(const Complex& second){
            cout << "opeartor+(Complex) called.\n";
            return Complex(this->real+second.real, this->imag+second.imag);
        }
        Complex operator+(double second);        //支持Complex+double
        friend Complex operator-(const Complex& first, const Complex& second);
        void print(){
            cout << "Complex[" << real << ", " << imag << "]\n";
        }
    };
    Complex Complex::operator+(double second){ //类外定义成员函数
        cout << "opeartor+(double) called.\n";
        return Complex(this->real + second, this->imag);
    }
    //非成员函数重载减号,需要两个参数。如果访问私有成员,则需要声明为友元函数
    Complex operator-(const Complex& first, const Complex& second){
        cout << "opeartor-(Complex,Complex) called.\n";
        return Complex(first.real-second.real, first.imag-second.imag);
    }
    int main(int argc, char** argv){
        Complex c1(7, 5), c2(2, 3);
        Complex c3 = c1.operator+(c2);    //函数形式使用成员函数重载的运算符+
        Complex c4 = operator-(c1, c2);   //函数形式使用友元函数重载的运算符-
        c3.print();  c4.print();
        Complex c5 = c1+c2;                //含义同c3那一行
        Complex c6 = c1-c2;                //含义同c4那一行
        c5.print();  c6.print();
        Complex c7 = c1+1.5;               //调用成员函数Complex operator+(double)
        c7.print();
        return 0;
    }
```

【运行结果】

```
opeartor+(Complex) called.
opeartor-(Complex,Complex) called.
Complex[9, 8]
Complex[5, 2]
opeartor+(Complex) called.
opeartor-(Complex,Complex) called.
Complex[9, 8]
Complex[5, 2]
opeartor+(double) called.
Complex[8.5, 5]
```

【代码解读】

程序定义了复数类Complex,其成员变量包括real(实部)和imag(虚部)。Complex类通过成员函数两次重载了加号运算符,支持两个复数对象相加,支持复数对象和double类型的运算数相加。两个重载加号的成员函数如下:

```
Complex Complex::operator+(const Complex& second)    //*this + Complex&
Complex Complex::operator+(double second)            //*this + double
```

加号是二元运算符，只能接收两个运算数。在使用成员函数重载加号运算符时，第一个运算数就是 this 指针指向的对象。所以，在成员函数的形参列表中，只能给出第二个运算数。加号前面的运算数是 *this，加号后面的运算数是成员函数的形参。

程序使用非成员函数重载了减号运算符，其中第一个形参是减号前面的运算数，第二个形参是减号后面的运算数。非成员函数如下：

```
Complex operator-(const Complex& first, const Complex& second);
```

由于 Complex 类的实部和虚部是私有成员，而非成员函数又需要访问 Complex 类的私有成员，这就要求 Complex 类要将运算符重载函数声明为友元函数。

18.2 运算符重载的规则

运算符是在 C++ 语言内部定义的，具有特定的语法规则，如运算数个数、运算顺序、优先级等。重载运算符应该符合实际需要，重载的功能应该与运算符原有的功能相似，避免没有目的地使用重载运算符。C++ 中重载运算符时，需要遵循以下重载运算符的规则。

（1）C++ 不允许用户自己定义新的运算符，只能对已有的运算符进行重载。
（2）重载运算符的函数的参数至少有一个是对象，不能全部为基本数据类型。
（3）运算符重载不能改变运算数的个数，如二元运算符只能接受两个运算数。
（4）重载运算符的函数不能有默认的参数，否则就改变了运算数的个数。
（5）运算符重载不改变运算符的优先级和结合性。
（6）C++ 中不能重载的运算符有 5 个：成员访问运算符（.）、成员指针访问运算符（.*）、作用域运算符（::）、长度运算符（sizeof）、条件运算符（?:）。
（7）C++ 规定有 4 个运算符必须通过成员函数重载：赋值运算符（=）、下标运算符（[ ]）、函数调用运算符（( )）、成员访问运算符（->）。
（8）可以重载的运算符如表 18-1 所示。

表 18-1　可以重载的运算符

种　　类	运　　算　　符
算术运算符	＋　－　＊　／　％
关系运算符	＜　＜＝　＞　＞＝　＝＝　！＝
逻辑运算符	&&　‖　！
赋值运算符	＝　＋＝　－＝　＊＝　／＝　％＝　＜＜＝　＞＞＝　&＝　｜＝　^＝
位运算符	&　｜　~　^　＜＜　＞＞
一元运算符	＋　－　＊　&
自增自减运算符	++　--
内存操作运算符	new　new[]　delete　delete[]

续表

种　　类	运　算　符
成员访问运算符	->
成员指针运算符	->*
下标运算符	[ ]
函数调用运算符	( )

18.3　重载流运算符

　　C++中能够使用流提取运算符">>"和流插入运算符"<<"输入和输出内置的数据类型。开发者可以重载流提取运算符和流插入运算符来操作用户自定义数据类型的对象。有一点很重要,只能将">>"和"<<"的运算符重载函数声明为类的友元函数,这是因为这两个运算符的第一个运算数分别是 istream 和 ostream 类的对象引用,第二个运算数才是用户自定义类型。下面通过 cout 对象来分析如何重载流插入运算符。

　　cout 是在头文件 iostream 中声明的 C++预先定义的标准输出流对象,它是一个ostream 类的对象。流插入运算符"<<"用于向输出流中输出数据,它是一个二元运算符,其左边是输出流对象,右边是要输出的数据对象。也就是说,流插入运算符的第一个运算数是ostream 类的对象,但是 ostream 类已经被系统封装好了,不能再为 ostream 类添加重载运算符的成员函数。为了使用流插入运算符输出自定义数据类型的对象,只能使用非成员函数来重载该运算符。如果非成员函数直接访问自定义数据类型的私有成员,还需要将重载函数声明为自定义数据类型的友元函数。

　　在使用流插入运算符进行输出时,可以连续使用这个运算符输出多个数据,例如:

```
cout << 10 << " " << 2.18;
```

语句在输出整数 10 之后,又接收了一个常量字符串;在输出常量字符串之后,又接收了一个双精度浮点数 2.18。流插入运算符之所以可以连续使用,是因为其返回值就是它的第一个参数,是输出流对象自身,是一个 ostream 类对象。也就是说,在使用 cout 输出一个数据之后,得到的是 cout 自身。所以,重载流插入运算符的函数的返回类型是"ostream&",即输出流对象的引用。

　　重载流提取运算符">>"的情况与重载流插入运算符"<<"类似,例如:

```
cin >> a >> b;
```

　　流提取运算符也只能使用非成员函数重载。流提取运算符重载函数的第一个参数是一个输入流对象,形参类型为"istream&",第二个参数是要存放输入数据的对象。流提取运算符重载函数的返回值是其第一个参数,即输入流对象自身,类型为"istream&"。

　　重载的流插入运算符不仅适用于标准输出流对象 cout,也适用于其他类型的输出流,如文件输出流。重载的流提取运算符不仅适用于标准输入流对象 cin,也适用于其他类型的输入流,如文件输入流。

例 18.2 重载流提取运算符和流插入运算符。

```cpp
//StreamOperator.cpp
#include <iostream>
#include <fstream>                          //文件流的头文件
using namespace std;
class Box{
    double length;                          //长
    double width;                           //宽
    double height;                          //高
public:
    Box():length(1), width(1), height(1){
        cout << "[Box] default constructor.\n";
    }
    friend ostream& operator<<(ostream& output, const Box& box);
    friend istream& operator>>(istream& input, Box& box);
};
ostream& operator<<(ostream& output, const Box& box){
    output<<"Box["<<box.length<<","<<box.width<<","<<box.height<<"]";
    return output;
}
istream& operator>>(istream& input, Box& box){
    input >> box.length >> box.width >> box.height;
    return input;
}
int main(int argc, char** argv){
    Box box;
    cout << "Input box: ";
    cin  >> box;                            //从标准输入流中读取 box
    cout << box << endl;                    //向标准输出流中输出 box
    ofstream outfile("D:\\output.txt");
    outfile << box << endl;                 //向文件输出流中输出 box
    outfile.close();
    ifstream infile("D:\\input.txt");       //文件中数据为:30 16 19
    if(infile.is_open()){
        infile >> box;                      //从文件输入流中读取 box
        cout << box;
    }
    infile.close();
    return 0;
}
```

【运行结果】

```
[Box] default constructor.
Input box: 20 12 15 8 ↵
Box[20,12,15]
Box[30,16,19]
```

【代码解读】

程序中定义的 Box 类有三个成员变量:length、width、height。输入或输出一个 Box 对象时,主要是操作这三个变量。

Box 类重载了流插入运算符,这样就可以使用"<<"向各种输出流输出 Box 类的对象。需要注意的是,重载函数"operator<<"的第一个形参的类型和函数返回类型都是"ostream&"。

Box 类也重载了流提取运算符,这样就可以使用">>"从各种输入流中提取 Box 对象。也需要注意,重载函数"operator>>"的第一个形参的类型和函数返回类型都是"istream&"。

两个重载函数都访问了 Box 类的私有成员,因此需要将它们声明为 Box 类的友元函数。

18.4 重载一元运算符

一元运算符是只对一个运算数进行操作的运算符。一元运算符通常出现在它们所操作的对象的左边,如!obj、-obj 和++obj,但有时它们也可以作为后缀,如 obj++。

本节介绍几个常见的一元运算符的重载。

- 自增运算符(++)和自减运算符(--)。
- 负号(-)。
- 逻辑非运算符(!)。

自增运算符分为前缀自增运算符(++obj)和后缀自增运算符(obj++),前缀自增和后缀自增的区别在于:

使用前缀自增时,是将运算数(对象)进行增量修改,然后再返回该对象。前缀自增运算符操作时,参数与返回的是同一个对象。这与基本数据类型的前缀自增操作类似,返回的也是左值。所以,运算符重载函数的返回类型应是对象的引用。

使用后缀自增时,需要返回增量之前原有的对象值。为此,需要创建一个临时对象,存放原有的对象,以便对运算数(对象)进行增量修改时,保存原有的值。后缀自增操作返回的是原有对象值,而不是原有对象,原有对象已经被增量修改,所以,返回的应该是存放原有对象值的临时对象。

前缀自增与后缀自增操作的含义,决定了其不同的返回形式。前缀自增运算符返回引用,而后缀自增运算符返回值。为了区别前缀自增和后缀自增,重载后缀自增运算符的成员函数应添加一个 int 类型的形参。这个 int 类型的形参仅用于区别前缀自增与后缀自增,除此之外没有任何作用。

自减运算分为前缀自减和后缀自减,重载时的处理与前缀自增相同。负号运算符的作用是将一个运算数的符号位取反,逻辑非运算符的作用是将一个布尔型运算数取反。

例 18.3 重载一元运算符。

```
//UnaryOperator.cpp
#include <iostream>
using namespace std;
class Integer{ //整数类
    int value;
public:
    Integer(int v=0): value(v){
        cout << "Constructor. value=" << value << endl;
    }
```

```cpp
        Integer(const Integer& other):value(other.value){
            cout << "Copy Constructor. value=" << value << endl;
        }
        Integer operator-(){                    //重载负号运算符
            return Integer(-value);
        }
        Integer operator!(){                    //重载逻辑非运算符
            return Integer(!value);
        }
        Integer& operator++(){                  //++i,重载前缀自增运算符
            ++value;
            return *this;                       //前缀自增返回对象自身
        }
        Integer operator++(int){                //i++,重载后缀自增运算符
            Integer temp(value);
            value++;
            return temp;                        //后缀自增返回增长之前的值
        }
        Integer& operator--(){                  //--i,重载前缀自减运算符
            --value;
            return *this;
        }
        Integer operator--(int){                //i--,重载后缀自减运算符
            Integer temp(value);
            value--;
            return temp;
        }
        void print(){
            cout << "Integer:" << value << endl;
        }
};
int main(int argc, char** argv){
    Integer i(5);
    Integer j = -i;
    Integer k = !i;
    Integer m(10), n(10);
    Integer v1 = ++m;
    Integer v2 = n++;
    m.print();   //11    n.print();   //11
    v1.print();  //11    v2.print();  //10
    Integer v3 = --m;
    Integer v4 = n--;
    m.print();   //10    n.print();   //10
    v3.print();  //10    v4.print();  //11
    return 0;
}
```

【代码解读】

程序中定义了 Integer 类，用于封装一个整数。Integer 类通过成员函数重载了负号运算符、逻辑非运算符、前缀自增运算符、后缀自增运算符、前缀自减运算符、后缀自减运算符。

在重载后缀自增运算符和后缀自减运算符时,int 类型的形参仅仅用于标记这是后缀自增或后缀自减。

18.5 重载关系运算符

C++ 内置多个关系运算符(<、<=、>、>=、==、!=),用于比较基本数据类型的数据。C++ 允许重载任何一个关系运算符,重载后的关系运算符可用于比较类的对象。

例 18.4 重载关系运算符。

本例重载了小于和大于运算符,用于比较不同类型图形的面积大小。

```cpp
//Relational.cpp
#include <iostream>
using namespace std;
class Shape{
public:
    Shape(){ }
    virtual double area() const = 0;                        //常纯虚函数
    bool operator<(const Shape& other) const{               //成员函数重载小于运算符
        cout << "operator<(const Shape&) called.\n";
        return this->area() < other.area();
    }
};
bool operator>(const Shape& s1, const Shape& s2){           //非成员函数重载大于运算符
    cout << "operator>(const Shape&,const Shape&) called.\n";
    return s1.area() > s2.area();                           //调用公共成员函数,无须声明友元
}
class Rectangle: public Shape{
    double length, width;                                   //长度,宽度
public:
    Rectangle(double len=1, double w=1): length(len),width(w) { }
    double area() const{ return length * width; } //Override
};
class Circle: public Shape{
    double radius;                                          //半径
public:
    Circle(double r=1): radius(r){ }
    double area() const{ return 3.14 * radius * radius; } //Override
};
int main(){
    Circle c1, c2(2.0);
    Rectangle r1, r2(5.0, 4.0);
    if(r1<c1)                                               //调用重载的小于运算符
        cout << "r1 is less tran c1.\n";
    if(r2>c2)                                               //调用重载的大于运算符
        cout << "r2 is greater than c2.\n";
    if(r1.operator<(c1))                                    //调用成员函数 operator<
        cout << "r1 is less tran c1.\n";
    if(operator>(r2, c2))                                   //调用非成员函数 operator>
        cout << "r2 is greater than c2.\n";
    return 0;
}
```

【运行结果】

```
operator<(const Shape&) called.
r1 is less tran c1.
operator>(const Shape&,const Shape&) called.
r2 is greater than c2.
operator<(const Shape&) called.
r1 is less tran c1.
operator>(const Shape&,const Shape&) called.
r2 is greater than c2.
```

【代码解读】

Shape 类使用成员函数重载了小于运算符，用于比较 this 指针指向的对象的面积是否小于形参对象的面积。非成员函数"operator>"重载了大于运算符，其两个形参的类型均为"const Shape&"，用于比较第一个形参对象的面积是否比第二个形参对象的面积大。

Shape 类的成员函数 area 是一个纯虚函数，使 Shape 类成为抽象类，而不能有自身的实例。调用 area 函数时，this->area()、other.area()、s1.area()、s2.area()只会调用子类中覆盖的函数，表现出运行时多态性。通过调用虚函数 area，小于和大于运算符函数就可以比较不同子类对象的面积了。

此外，如果一个成员函数不需要修改类的成员变量，则可以在其参数表后面用关键词 const 加以修饰，使其成为一个常成员函数。

18.6 重载赋值运算符

等号是赋值运算符，但程序中的等号不一定总是执行赋值运算。如果正在定义一个对象，则调用拷贝构造函数。拷贝构造函数被调用的时机详见 13.2.4 小节。如果对已有的对象赋值，则调用赋值运算符。例如：

```
Person person2 = person1;      //调用拷贝构造函数,等号的作用是初始化
person2 = person1;             //调用赋值运算符,等号的作用是赋值
```

第一行代码是在定义一个新的对象 person2，并初始化这个对象，等号的含义是初始化，而不是赋值，此时会调用拷贝构造函数。拷贝构造函数执行时，对象 person2 尚未创建完成，拷贝构造函数起初始化的作用。

第二行代码中等号的作用是赋值。赋值运算执行时，person2 是一个已经存在的对象。赋值运算是两个已经存在的对象之间的数据复制。需要注意的是，赋值运算是有返回值的，如表达式"a＝b"的结果是 a。

对于对象或结构变量，C++都支持整体赋值运算，编译器隐含地提供默认的拷贝构造函数和默认的赋值运算符。但当成员变量含指针时，默认的拷贝构造函数和默认的赋值运算符仅仅是完成指针自身的复制，而无法实现指针指向的存储空间的复制，就是所谓的浅拷贝。所以，在类成员含指针且在创建对象，并为指针动态分配了指向的存储空间的情况下，就必须定义拷贝构造函数和重载赋值运算符。在拷贝构造函数中应使指针成员指向新分配的存储空间，并完成数据的复制；在重载赋值运算符的函数中，要完成数据的复制。复制指针指向的数据，而不是复制指针，这就是深拷贝。赋值运算符与拷贝构造函数具有相同的存

在意义,通常需要一起实现。

重载赋值运算符时需要注意:
- 重载赋值运算符的函数只能定义为类的成员函数。
- 重载函数的参数是同类对象的引用,通常加 const 修饰。
- 重载函数的返回类型是同类对象的引用,这样才支持连续赋值,返回值为 * this。
- 函数体内应加入避免对象自我复制的代码。
- 赋值运算符的重载函数不能被继承。

例 18.5 重载赋值运算符。

本例定义了拷贝构造函数并重载了赋值运算符实现了深拷贝。

```cpp
//Assign.cpp
#include <iostream>
#include <cstring>
using namespace std;
class Student{
    long id;                    //ID
    char* name;                 //字符指针,指向一块动态分配的内存,用于存放姓名
public:
    Student(long _id=0, const char* _name=""):id(_id){
        name = new char[128];
        strcpy(name, _name);
    }
    virtual ~Student(){
        delete[] name;          //如果是浅拷贝,会导致通过不同的指针释放同一块内存
    }
    Student(const Student &other):id(other.id){     //深拷贝的拷贝构造函数
        cout << "Copy constructor called.\n";
        name = new char[128];                       //为新的对象分配名字的存储空间
        strcpy(name, other.name);                   //深拷贝,拷贝指针指向的数据
    }
    //a=b的结果是 a自身,所以赋值运算符返回的应该是当前对象自身
    Student& operator=(const Student& other){       //深拷贝的赋值运算符
        cout << "Assign operator called.\n";
        if(this == &other){                         //避免自己给自己赋值
            return * this;
        }
        id = other.id;
        strcpy(name, other.name);                   //深拷贝,拷贝指针指向的数据
        return * this;                              //返回对象自身
    }
    void SetData(long id, const char* name){        //修改当前对象的值
        this->id = id;
        strcpy(this->name, name);
    }
    friend ostream& operator<<(ostream& os, const Student& stu);     //友元
};
ostream& operator<<(ostream& os, const Student& stu){
    os << stu.id << " " << stu.name;
```

```
        return os;                    //返回输出流自身
}
void Print(const Student stu){        //传值,传对象,会调用拷贝构造函数
    cout << stu << endl;
}
int main(int argc, char** argv){
    Student stu1(1, "Tony");
    Student stu2 = stu1;              //调用拷贝构造函数
    stu2.SetData(2, "Adam");
    cout << stu1 << endl;
    cout << stu2 << endl;
    Student stu3;                     //调用默认构造函数
    stu3 = stu1;                      //调用赋值运算符
    stu3.SetData(3, "John");
    cout << stu3 << endl;
    Print(stu3);                      //调用拷贝构造函数
    return 0;
}
```

【代码解读】

Student 类定义了深拷贝的拷贝构造函数。重载赋值运算符的函数也实现了深拷贝的对象整体赋值。考虑到 Student 类未来可能有子类,定义了虚析构函数。虚析构函数的作用,可参考 13.2.3 小节。

如果没有定义深拷贝的拷贝构造函数,就会出现以下问题。

(1) 拷贝构造创建的一个新 Student 对象的 name 指针会与一个已有对象的 name 指针指向同一块内存空间,导致两个 Student 对象只能共用同一个姓名。

(2) 拷贝构造创建的对象(可能不止一个)和原对象在销毁时都会通过自己的 name 指针释放同一块内存空间,导致程序崩溃。

如果 Student 类没有实现深拷贝的赋值运算符,则执行语句"stu3＝stu1;"之后的内存结构如图 18-1 所示。如果没有定义深拷贝的赋值运算符函数,就会出现以下问题。

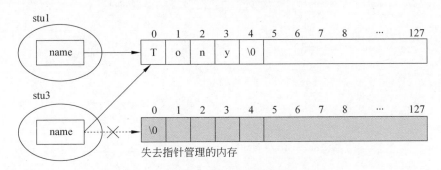

图 18-1　浅拷贝的赋值运算

(1) 执行 Student 对象整体赋值后,被赋值对象的 name 指针与赋值运算符右边对象的 name 指向同一块内存空间,而原来指向的内存失去指针管理,导致无法被释放。

(2) 赋值运算符两侧的 Student 对象在销毁时都会通过自己的 name 指针释放同一块内存空间,导致程序崩溃。

18.7　重载下标运算符

下标运算符"[ ]"通常用于按照给出的下标访问数组中的一个元素。C++规定,下标运算符必须以成员函数的形式进行重载。该重载函数在类中的声明形式如下:

返回类型 & operator[ ](参数);

以及:

const 返回类型 & operator[ ](参数) const;

使用第一种声明形式,[ ]不仅可以读取元素,还可以修改元素。使用第二种声明形式,[ ]只能读取而不能修改元素。在实际开发中,应该同时提供以上两种形式,这样做是为了适应 const 对象。因为通过 const 对象只能调用 const 成员函数,如果不提供第二种形式,将无法访问 const 对象的任何元素。

下标运算符的返回类型应为元素类型的引用。返回的数组中某个元素的引用是一个左值,可以放在赋值表达式的左边,如"a[0]=100;"。此外,如果数组元素是一个对象,返回引用可以避免调用拷贝构造函数创建新的实例。

例 18.6　重载下标运算符。

本例定义了安全数组类 SafeArray,并重载下标运算符检查访问越界。

```cpp
//Subscript.cpp
#include <iostream>
#include <cstring>
using namespace std;
class SafeArray{
    double * data;                    //指向动态分配的数组的指针
    double dull;                      //越界时访问的元素
    int capacity;                     //数组容量
public:
    SafeArray(int _capacity=10):capacity(_capacity),dull(0){
        data = new double[capacity];
        memset(data, 0, sizeof(double) * capacity);             //清零
    }
    ~SafeArray(){
        delete[] data;
    }
    double& operator[](int i){
        if(i<0 || i>=capacity){
            cout << "Array index out of bounds! i=" << i << endl;
            return dull;
        }else{
            return data[i];            //返回某个元素的引用
        }
    }
    const double& operator[](int i) const{
        if(i<0 || i>=capacity){
```

```cpp
            cout << "Array index out of bounds! i=" << i << endl;
            return dull;
        }else{
            return data[i];
        }
    }
};
int main(){
    SafeArray a(10);
    a[0] = 100;
    a[9] = 900;
    cout << a[0] << " " << a[9] << endl;
    a[10] = 1000;              //越界
    const SafeArray b(12);
    cout << b[0] << " " << b[11] << endl;
    return 0;
}
```

【运行结果】

```
100 900
Array index out of bounds! i=10
0 0
```

【代码解读】

安全数组类 SafeArray 重载了下标运算符,以支持对数组空间的安全访问。在使用下标运算符访问数组中的某个元素时,如果给出的下标越界,则会输出一条提示信息,然后返回成员变量 dull 的引用。更合理的做法是,访问越界则抛出异常。

18.8 函 数 对 象

重载函数调用运算符"()"的类,其对象常称为函数对象(Function Object),它们是行为类似函数的对象,又称仿函数。函数对象是一个对象,但允许被当作普通函数来调用。

函数对象与函数指针(11.3 节)相比,有两个优点:

(1) 编译器可以内联执行函数对象的调用(函数需加关键词 inline);

(2) 函数对象内部可以保持状态(有实例变量)。

例 18.7 重载函数调用运算符。

```cpp
//FunctionObject.cpp
#include <iostream>
using namespace std;
struct MyFunc{
    void operator()(){                                   //参数表为空
        cout << "Hello Function Object!\n";
    }
    inline int operator()(int x, int y){                 //两个整数参数的内联函数
        return 2 * x + 3 * y + 5;
    }
    double operator()(double a, double b, double c){    //三个 double 参数
```

```cpp
        return 2 * a + 3 * b + c + 1;
    }
};
void func(MyFunc& f){           //将函数对象传递给函数
    f();
    cout << f(2, 5) << endl;
    cout << f(1.0, 2.0, 3.0) << endl;
}
int main(){
    MyFunc myobj;               //函数对象
    myobj();
    cout << myobj(2, 5) << endl;
    cout << myobj(1.0, 2.0, 3.0) << endl;
    func(myobj);
    return 0;
}
```

【代码解读】

MyFunc 类重载了函数调用运算符"operator()"三次。MyFunc 类的实例是函数对象，可以被当作普通函数来调用。函数对象作为参数传递给另外一个函数时，被调函数形参中是函数对象的引用，这比使用函数指针更直观。

例 18.8　函数对象具有状态。

```cpp
//Accumulator.cpp
#include <iostream>
using namespace std;
class Accumulator{              //累加器
    int value;
public:
    Accumulator(int _value=0) :value(_value){ }
    int operator()(int k){
        return value+=k;
    }
};
int main(){
    Accumulator acc;
    for(int i=0; i<5; i++){     //输出 100 200 300 400 500
        cout << acc(100) << " ";
    }
    return 0;
}
```

【代码解读】

函数对象可以拥有属于自己的实例变量。Accumulator 类的对象 acc 拥有一个属于自己的变量 value，每次调用"acc(100)"时，value 的值增加 100。

18.9　类型转换运算符

类型转换运算符将所在类的对象转换成基本数据类型的数据或其他类的对象。如果没有定义类型转换运算符，直接用强制类型转换是不行的。默认情况下，强制类型转换只能对基本数据类型进行操作，对类类型的操作是没有定义的。类型转换运算符的声明形式为

第 18 章 运算符重载

```
[explicit] operator 类型名();
```

其中，关键词 explicit 是可选的，它用于禁止 C++ 隐式调用类型转换运算符。类型转换运算符没有返回类型，因为类型名就代表了它的返回类型，返回类型是多余的。类型名就是类型转换运算符，就是函数名，就是返回类型。例如：

```
operator double();                    //转换成 double 类型
explicit operator ClassName();        //转换成 ClassName 类的对象,需显式调用
```

与类型转换运算符的作用相反，转换构造函数（ConversionConstructor）的作用是将一个其他类型的数据转换成所在类的对象。在类定义中，可以有转换构造函数，也可以没有转换构造函数，视需要而定。转换构造函数只有一个参数，类型是基本数据类型或其他类类型。转换构造函数不仅可以将一个基本数据类型的数据转换成所在类的对象，也可以将另一个类的对象转换成所在类的对象。例如：

```
explicit RMB(double amount);              //将 double 值转换成 RMB 类的对象,需显式调用
Rectangle(const Point &point);            //将 Point 类的对象转换成 Rectangle 类的对象
```

默认情况下，C++ 会隐式调用类型转换运算符和转换构造函数。如果想禁止 C++ 的隐式调用，则可以在类型转换运算符或转换构造函数的前面加上关键词 explicit（明确的）。

例 18.9 类型转换运算符与转换构造函数。

```cpp
//Conversion.cpp
#include <iostream>
using namespace std;
class RMB{                              //人民币类
    int yuan, jiao, fen;                //元,角,分
public:
    RMB(int y=0, int j=0, int f= 0): yuan(y), jiao(j), fen(f){
        cout << "Constructor called. ";
        cout << yuan << ", " << jiao << ", " << fen << endl;
    }
    /* explicit */ RMB(double rmb){     //转换构造函数 double->RMB
        cout << "Conversion constructor called. ";
        yuan = (int)rmb;
        jiao = (int)(rmb * 10)  % 10;
        fen  = (int)(rmb * 100) % 10;
        cout << yuan << ", " << jiao << ", " << fen << endl;
    }
    /* explicit */ operator double() {  //转换运算符 RMB->double
        double amount = yuan + jiao / 10.0 + fen / 100.0;
        cout << "operator double called. " << amount << endl;
        return amount;
    }
    RMB& operator=(double rmb) {        //赋值运算符,double 值赋值给 RMB 对象
        cout << "Operator assign called. ";
        yuan = (int)rmb;
        jiao = (int)(rmb * 10)   % 10;
        fen =  (int)(rmb * 100) % 10;
```

```
            cout << yuan << ", " << jiao << ", " << fen << endl;
            return *this;           //返回对象自身
        }
    };
    int main(){
        RMB m1(3, 4, 5);
        double y1 = m1;                 //隐式调用 operator double
        double y2 = (double)m1;         //显式调用 operator double
        cout << y1 << " " << y2 << "\n";
        RMB m2 = 5.67;                  //隐式调用转换构造函数
        RMB m3 = (RMB)5.67;             //显式调用转换构造函数
        m2 = 7.89;                      //调用赋值符号,如果赋值运算符不存在则调用转换构造函数
        double y3 = m1 + m2;            //隐式调用 operator double 2 次
        double y4 = (double)m1 + (double)m2;
        cout << y3 << " " << y4 << endl;
        return 0;
    }
```

【代码解读】

人民币类 RMB 定义了 double->RMB 的转换构造函数,这样就可以在定义一个 RMB 对象时使用双精度浮点数初始化这个 RMB 对象。语句"RMB m2＝5.67;"中,等号左边是正在被定义的 RMB 对象 m2,等号右边是 double 常量 5.67。如果开发者觉得这种自然的隐式的转换不合适,则可以在转换构造函数前面加上关键词 explicit 来禁止创建 RMB 对象时隐式从双精度数转换。构造函数前添加关键词 explicit 之后,定义 RMB 对象时只能显式从双精度数转换,如"RMB m3＝(RMB)5.67;"。

人民币类 RMB 实现了类型转换运算符 double,以支持 RMB 对象转换为双精度浮点数。默认情况下,语句"double y1＝m1;"会隐式调用类型转换运算符将 RMB 类的对象 m1 转换成双精度浮点数,然后赋值给变量 y1。如果在类型转换运算符前面加上关键词 explicit,则可以禁止 RMB 对象隐式转换成双精度浮点数,这时表达式"(double)m1"依然可以显式将 RMB 类的对象 m1 转换为双精度浮点数。

转换构造函数和类型转换运算符,还可能被更隐蔽地调用。如果 RMB 类没有重载形参为 double 类型的赋值运算符,则语句"m2＝7.89;"将调用转换构造函数创建一个 RMB 对象,然后调用隐含的默认赋值运算符进行对象整体赋值。语句"double y3＝m1＋m2;"会调用类型转换运算符两次,分别将 m1 和 m2 转换成双精度浮点数,然后再执行加法运算。

习　题

1. 以下程序的功能是将矩形对象的数组按矩形面积降序排列并输出。由于在排序函数中使用大于和小于运算符比较对象的大小,因此需要为 Rect 类重载大于和小于运算符。由于在打印数组的函数中将对象通过流插入运算符进行输出,因此需要为 Rect 类重载流插入运算符。为 Rect 类重载">""<""<<"使得以下程序可以编译运行。

```
#include<iostream>
using namespace std;
```

```cpp
struct Rect{  //矩形类
    int width, height;
    Rect(int w=1, int h=1): width(w), height(h){
    }
};
/*    在此添加代码    */

template <typename T> void print_array(T* data, int n, ostream& os){
    if(data == NULL || n<1) return;
    for(int i=0; i<n-1; i++)
        os << data[i] << ' ';
    os << data[n-1] << endl;
}
template <class T> void sort(T* data, int n, bool desc=false){
    if(NULL == data) return;
    if(n<2) return;
    for(int i=0; i<n-1; i++){
        bool swapped=false;
        for(int j=0; j<n-1-i; j++){
            if(!desc && data[j] > data[j+1] || desc && data[j] < data[j+1]){
                T temp = data[j];
                data[j] = data[j+1];
                data[j+1] = temp;
                swapped = true;
            }
        }
        if(!swapped)   break;
    }
}
int main(int argc, char** argv, char** env){
    //对象数组
    Rect rects[5]={Rect(4,3),Rect(5,2),Rect(5,5),Rect(3,2),Rect(3,3)};
    sort(rects, 5, true);    //将 Rect 对象按面积从大到小排序
    cout << "Rect 降序:\n";
    print_array(rects, 5, cout);
    return 0;
}
```

2. 定义复数类 ComplexNumber 并重载运算符使以下程序可以输出正确的计算结果。
提示：需要为复数类重载加号、乘号、除号以及流插入运算符。

```cpp
ComplexNumber c1(8, 6), c2(4, 3);
ComplexNumber c3 = c1 * c2 / (c1 + c2);
cout << c3 << endl;
```

3. 写出以下程序的运行结果，并为其编写代码讲解（函数对象）。

```cpp
#include <iostream>
using namespace std;
class Average{
public:
```

```
    double operator()(double x, double y, double z){
        return (x + y + z) / 3;
    }
};
int main(){
    Average avg;
    double res = avg(3, 4, 8);
    cout << res << endl;
    return 0;
}
```

4. 在以下程序中,if 语句的圆括号中是一个 PositiveNumber 类的对象,程序为何可以编译通过(类型转换运算符)?

```
#include <iostream>
using namespace std;
class PositiveNumber{
    int value;
public:
    PositiveNumber(int v) : value(v){ }
    operator bool() const{
        return value > 0;
    }
};
int main(){
    PositiveNumber obj(100);
    if(obj){
        cout << "正数\n";
    }
    return 0;
}
```

5. 写出以下程序的运行结果,并为其编写代码讲解(转换构造函数和类型转换运算符)。

```
#include <iostream>
#include <cstring>
using namespace std;
class Numeric{
    double value;
public:
    Numeric(const char * str){
        value = atof(str);
    }
    operator double() const{
        return value;
    }
};
int main(){
    Numeric x = "123.456";      //为何可以如此赋值
    cout << x * 1.7 <<endl;     //为何一个对象可以和浮点数相乘
    return 0;
}
```

第 19 章

输 入 输 出

输入(Input)指的是从输入流提取数据传送给应用程序。输出(Output)指的是应用程序将数据送给输出流。C 语言通过"FILE *"类型的指针操作文件。C++ 则提供了内容丰富的 I/O 流类库,通过流(Stream)和文件交互。文件不仅指磁盘文件,内存空间、键盘、控制台、终端、打印机、通信端口等都可以作为扩展文件。

19.1 C 语言文件函数

C 语言在头文件 stdio.h 中声明了操作文件的系统函数。只要包含 stdio.h,就可以使用里面没有命名空间的函数。C++ 的头文件 cstdio 将这些文件函数重新声明到命名空间 std 里面,包含头文件 cstdio 时使用文件函数需要带上命名空间。例如:

```
std::fprintf(stdout, "Hello File!");        //命名空间和作用域运算符加函数名
```

或者使用关键词 using 将命名空间 std 中的一个函数引到当前作用域。例如:

```
using std::fprintf;                         //引入命名空间内部的函数
```

19.1.1 文件指针

每个打开的文件都会在内存中开辟一个文件信息区,用来存放操作文件的相关信息(如文件名、文件状态、位置指示器等)。这些信息被保存在一个结构变量中,结构变量的类型名是 FILE。结构 FILE 内部的成员仅供系统函数使用,普通开发者不应直接访问结构的成员。不同编译器的 FILE 类型包含的内容可能不同,以下 FILE 类型的定义来自某编译器的头文件 stdio.h。

```
#ifndef _FILE_DEFINED                       //使用编译指令避免重复编译
    struct _iobuf {
        char * _ptr;
        int _cnt;
        char * _base;
        int _flag;
        int _file;
        int _charbuf;
        int _bufsiz;
        char * _tmpfname;
    };
    typedef struct _iobuf FILE;             //FILE 是结构 _iobuf 的别名
    #define _FILE_DEFINED
#endif
```

每当打开一个文件时,系统会自动创建一个 FILE 结构的变量,并填充其中的信息,使用者不必关心 FILE 的实现细节。使用 fopen 函数打开一个文件:

```
FILE * fp = fopen("D:\\moon.txt", "r");    //打开文件并赋值给文件指针变量 fp
```

其中,fp 是一个指向 FILE 结构变量的指针。fopen 函数的作用是打开一个文件,返回值是"FILE *"类型的指针。系统函数通过文件信息区中的信息就能够访问文件的内容。对于普通开发者,只需通过文件指针和系统函数来使用文件。

C 语言预先定义了三个"FILE *"类型的文件指针:stdin、stdout、stderr,这三个文件指针指向的文件会被自动打开。stdin 是标准输入流,它是应用程序默认的数据来源,通常指向键盘;stdout 是标准输出流,它是应用程序默认的输出目的地,通常指向文本控制台;stderr 是标准错误输出流,用于输出错误信息和警告信息,通常也指向文本控制台。

```
FILE * stdin, * stdout, * stderr;    //C语言预先定义的文件指针,会被自动打开
```

19.1.2 文件函数

C 语言编译器提供了丰富的文件函数,主要的文件函数如表 19-1 所示。

表 19-1 主要的文件函数

函 数	说　　明
fopen	打开文件
fclose	关闭文件
fprintf	格式化输出
fscanf	格式化输入
fread	读数据
fwrite	写数据
fgetc	读一个字符
fputc	写一个字符
fgets	读取一行文本,读完 n−1 个字符,遇到换行符,文件结束时,读入结束
fputs	写入一个字符串
fflush	刷新缓冲区,输出流强迫写缓冲区内容到文件,输入流清除缓冲区
fseek	设置位置指示器(读或写的当前位置)
rewind	将位置指示器移到文件的开头
ftell	获得位置指示器距离文件开头的字节数
feof	检测文件流是否已到达文件末尾(检测 eof 旗标),eof=end of file
ferror	检查读写错误旗标是否被设置
clearerr	清除文件流的错误旗标和 eof 旗标

(1) fopen 函数。

```
FILE * fopen(const char * filename, const char * mode);
```

打开一个文件并返回已打开文件的指针。如果打开失败,则返回 NULL。参数 mode 给出打开方式,有效的打开方式如下。
- "r": read,打开文件用于输入操作,文件必须存在。
- "w": write,为输出操作创建并打开一个空的文件。如果同名文件已经存在,则清空已有文件的内容。
- "a": append,打开文件,在文件末尾追加内容。如果文件不存在,则创建这个文件。追加打开模式不支持位置指示器的重定位的操作(fseek、rewind 等)。
- "r+": read/update,打开文件用于输入和输出,文件必须存在。
- "w+": write/update,创建并打开一个空的文件,支持输入和输出。如果同名文件已经存在,则清空已有文件的内容。
- "a+": append/update,打开文件,支持输入和输出,但输出操作仅能在文件末尾进行。如果文件不存在,则创建这个文件。

以上打开方式中,文件均以文本方式打开。以二进制方式打开一个文件时,需要在模式字符串中添加一个字符"b",表示 binary。字符"b"可以加到模式字符串末尾,也可以插到加号的前面。以二进制方式打开文件的模式字符串有:"rb"、"wb"、"ab"、"r+b"、"w+b"、"a+b"、"rb+"、"wb+"、"ab+"。

(2) fclose 函数。

```
int fclose(FILE * stream);
```

关闭文件指针关联的文件并取消关联,操作成功时返回 0。

(3) fprintf 函数。

```
int fprintf(FILE * stream, const char * format [, argument]…);
```

格式化输出多个值到指定的输出流。参数 format 是格式字符串,可包含多个百分号开头的格式符。格式字符串 format 之后的多个实参会按照对应的格式符进行格式化,并替换各自的格式符插到结果字符串中。函数执行成功时返回实际写入的字符数。

(4) fscanf 函数。

```
int fscanf(FILE * stream, const char * format [, argument]…);
```

从输入流中读取格式化数据。fscanf 函数从输入流的当前位置读取数据传送到指定的实参。每个实参都必须是指向变量的指针,变量的类型由格式字符串中对应的类型指示符给出。

(5) fread 函数。

```
size_t fread(void * buf, size_t item_size, size_t n, FILE * stream);
```

从流中读取数据。每个元素的大小是 item_size 字节,期望读取 n 个元素,数据存储位置由指针 buf 给出。fread 函数返回实际读取的元素数量。如果发生错误或已经到达文件末尾,返回值可能小于期望读取的个数 n。

(6) fwrite 函数。

```
size_t fwrite(const void * buf, size_t item_size, size_t n, FILE * stream);
```

向流中写入数据。fwrite 函数从 buf 指针指向的位置提取数据,向输出流中最多写入 n 个元素,每个元素的大小为 item_size 字节。fwrite 函数返回实际写入的元素数量,如果发生错误,返回值可能小于 n。

(7) fgetc 函数。

```
int fgetc(FILE * stream);
```

从流中读取一个字符。fgetc 函数以整数形式返回读取到的字符,如果发生错误或已经到达文件末尾,则返回 EOF。EOF 是 stdio.h 中定义的宏,值为 −1。EOF 的定义如下:

```
#define EOF (-1)
```

(8) fputc 函数。

```
int fputc(int c, FILE * stream);
```

向流中写入一个字符。fputc 函数返回写入的字符,如果发生错误,则返回 EOF。

(9) fgets 函数。

```
char * fgets(char * str, int n, FILE * stream);
```

从流中读取一个字符串。指针 str 给出数据的存储位置,n 是期望读取的最大字符数。fgets 函数返回指针 str,如果发生错误或者到达文件末尾,则返回 NULL。

fgets 函数从流的当前位置开始读取字符,遇到三种情况立即停止读取:①遇到第一个换行符'\n',换行符会被包含在结果字符串中;②到达文件末尾;③已读取了 n−1 个字符。指针 str 指向的读取结果会被追加一个空字符'\0'。

(10) fputs 函数。

```
int fputs(const char * str, FILE * stream);
```

向流中写入一个字符串。返回一个非负整数表示写入成功,返回 EOF 表示写入出错。

(11) feof 函数。

```
int feof(FILE * stream);
```

检查是否已到达文件末尾。如果一个读操作试图读取过了,且超越了文件末尾,则返回非零值,否则返回零。

(12) fflush 函数。

```
int fflush(FILE * stream);
```

刷新一个流。如果是输出流,fflush 函数将缓存中的内容写到输出文件中。如果是输入流,fflush 函数清除缓冲区的内容。fflush 函数操作成功返回 0,失败返回 EOF。

(13) fseek 函数。

```
int fseek(FILE * stream, long offset, int origin);
```

移动位置指示器到指定位置。参数 origin 给出起始位置,参数 offset 给出相对起始位置的偏移量(字节数)。如果操作成功,fseek 函数返回零,否则返回非零值。下一次对文件的读写操作将在新的位置发生。fseek 函数操作成功时,eof 旗标会被清除。传递给起始位置 origin 的实参必须是 stdio.h 中定义的以下常量中的一个。
- SEEK_CUR：当前位置。
- SEEK_SET：文件开始。
- SEEK_END：文件末尾。

(14) rewind 函数。

```
void rewind(FILE * stream);
```

将位置指示器重置到文件开始位置，且流的错误旗标和 eof 旗标会被清除。例如：

```
rewind(stdin)          //清除键盘输入缓冲区
```

(15) ftell 函数。

```
long ftell(FILE * stream);
```

返回位置指示器的当前值。对于二进制文件，返回文件开始到当前位置的字节数。ftell 函数操作失败时返回 −1。

(16) ferror 函数。

```
int ferror(FILE * stream);
```

检查流上是否有读写错误。如果有错误则返回非零值，否则返回零。

(17) clearerr 函数。

```
void clearerr(FILE * stream);
```

清除流的错误旗标和 eof 旗标。只要某次读写操作发生错误，流的错误旗标（Error Indicator）就会被设置。一旦错误旗标被设置，就不会自动消失，流上的各种操作会持续返回错误值。有三个操作可以清除错误旗标：①调用 clearerr 函数；②流被倒回，即调用 rewind 函数；③流被关闭。

19.1.3　C 读写文件实例

本小节给出几个使用 C 语言文件函数读写文件的例子，包括逐行读取文本文件、写入文本文件、复制文件。

例 19.1　逐行读取文本文件。

```
//ReadTextFile.cpp
#include <stdio.h>
#include <stdlib.h>
int main(){
    FILE * fp = fopen("D:\\moon.txt", "r"); //r=read
    if(NULL==fp){
        printf("Unable to open the file.\n");
        return -1;
    }
    char buf[4096];
    while(fgets(buf, sizeof(buf), fp)){     //fgets 返回 NULL 时循环结束
        printf("%s", buf);
```

```
    }
    fclose(fp);
    return 0;
}
```

【代码解读】

程序使用 fopen 函数以只读方式打开一个文本文件。如果由于文件不存在或其他原因导致文件打开失败，程序输出提示信息后提前从主函数返回。

字符数组 buf 用于保存每次读取的字符串。字符数组的长度是 4096 字节，能保存最长 4095 字节的字符串。如果一行文本的长度不超过 4095 字节(含换行符)，则 buf 可保存完整的一行文本。

fgets 函数的返回值是其第一个参数(类型为字符指针)，如果发生错误或者到达文件末尾，则返回 NULL。程序将 fgets 函数的返回值作为 while 语句的循环条件，当返回 NULL 时循环结束。

fgets 函数从流的当前位置开始读取字符，遇到第一个换行符时停止读取，换行符会被包含在结果字符串中。字符数组中的读取结果会被自动追加一个空字符'\0'。如果一行文本过长，含换行符超过 4095 字节，则读取 4095 字节即停止读取，然后下一次读操作会接着停止的位置继续读取这一行。

例 19.2 写入文本文件。

```cpp
//WriteTextFile.cpp
#include <stdio.h>
#include <stdlib.h>
int main(){
    FILE *fp = fopen("D:\\output.txt", "w");   //w=write 如果文件存在,会被覆盖
    if(NULL==fp){
        printf("Unable to create the file\n");
        return -1;
    }
    fputs("Hello World!\n", fp);              //输出一个字符串
    fputc('A', fp);                            //输出一个字符
    fprintf(fp, "%d %.2f %.2lf %X %s\n",       //输出格式化的字符串
            1234, 2.18F, 234.567, 100, "XYZ");
    fflush(fp);        //刷新输出缓冲区:将缓存里的数据写入文件,这行代码不是必需的
    fclose(fp);
    return 0;
}
```

【运行结果】

在 D 盘根目录创建了一个文本文件 output.txt,文件内容如下：

```
Hello World!
A1234 2.18 234.57 64 XYZ
```

【代码解读】

程序使用 fopen 函数以写入模式创建并打开一个文本文件。如果文件已经存在,则清空已有文件的内容。如果打开文件失败,程序输出提示信息后提前从主函数返回。

程序使用 fputs 函数输出一个字符串,使用 fputc 函数输出一个字符,使用 fprintf 函数输出一个格式化的字符串,使用 fflush 函数将缓存内容写入文件,最后使用 fclose 函数关闭文件。关闭文件时也会刷新缓冲区确保缓存内容写入文件。

例 19.3　复制文件。

```cpp
//CopyFile.cpp
#include <stdio.h>
#include <stdlib.h>
int main(int argc, char** argv){
    const char* srcName  = "D:\\lotus.jpg";
    const char* destName = "D:\\flower.jpg";
    FILE *fs, *fd; //fs = source file  fd = destination file
    fs = fopen(srcName, "rb");   //rb = read binary
    if(NULL==fs){
        printf("Unable to open the source file.\n");
        return -1;
    }
    fd = fopen(destName, "wb"); //wb = write binary
    if(NULL==fd){
        printf("Unable to open the destination file.\n");
        fclose(fs);
        return -1;
    }
    unsigned char buf[4096];     //用户缓冲区
    size_t num, total=0;         //num 是每次读取的元素个数
    //fread 函数的返回值是实际读到的元素个数,到达文件末尾时返回值是 0
    while(num = fread(buf, sizeof(unsigned char), sizeof(buf), fs)){
        fwrite(buf, sizeof(unsigned char), num, fd);
        total += num;
        printf("%lu bytes copied.\n", num);
    }
    fclose(fs);
    fclose(fd);
    printf("%lu total bytes copied.\n", total);
    return 0;
}
```

【运行结果】

```
4096 bytes copied.
4096 bytes copied.
4096 bytes copied.
4096 bytes copied.
4096 bytes copied.
4096 bytes copied.
4096 bytes copied.
1545 bytes copied.
30217 total bytes copied.
```

【代码解读】

程序以二进制只读方式打开源文件,以二进制写入方式打开目标文件。只要打开其中

一个文件失败,程序就会提前从主函数返回。

程序中定义了一个无符号字符数组作为每次读取数据的缓冲区。硬盘被格式化时分配的单元大小通常是 512 字节的整数倍,定义长度为 4096 字节的字符数组是期望能整块读取。

while 循环的循环条件是读到的字节数。fread 函数的返回值被赋值给变量 num,变量 num 就是循环条件。fread 函数的返回值是实际读到的元素个数,到达文件末尾时返回 0。本例中,元素类型是 unsigned char,元素大小是 1 字节,元素个数就是字节数。

fwrite 函数将每次读取到的 num 个字节的数据写入目标文件。从运行结果可见,最后一次复制的字节数小于 4096,之前复制的数据均为 4096 字节,文件长度是 30 217 字节。

循环结束后,程序关闭源文件和目标文件。

19.2　C++ 输入输出流

C 语言编译器提供了文件函数,C++ 编译器则提供了面向对象的输入输出流。

19.2.1　输入输出流类库

流是 C++ 输入输出的核心概念,一个流对象是字节的来源地或目的地。流的特征由它所在的类以及定制的流插入运算符或流提取运算符决定。流不仅可以和普通的磁盘文件交互。程序还可以将内存空间、键盘、控制台、终端、打印机、通信端口等作为扩展文件。C++ 提供了面向对象的输入输出流类库,可作为 C 语言文件函数的替代品。C++ 主要的 I/O 流类如表 19-2 所示。

表 19-2　I/O 流类列表

类　　名	说　　明	所在头文件
ios	流基类	ios
istream	通用输入流类	istream
ifstream	文件输入流类	fstream
istringstream	字符串输入流类	sstream
ostream	通用输出流类	ostream
ofstream	文件输出流类	fstream
ostringstream	字符串输出流类	sstream
iostream	通用输入输出流类	istream
fstream	文件输入输出流类	fstream
stringstream	字符串输入输出流类	sstream
streambuffer	流缓冲区基类(抽象类)	streambuf
filebuf	磁盘文件的流缓冲区类	fstream
stringbuf	字符串的流缓冲区类	sstring

1. 输入流(Input Stream)

输入流对象是字节的来源地。C++ 中最重要的三个输入流类是 istream、ifstream、

istringstream。istream 是通用输入流类,ifstream 是文件输入流类,istringstream 是字符串输入流类。

通用输入流类 istream 继承自基类 ios,它包含了基类的全部功能。用户程序中很少直接构造 istream 类的对象。程序中常用的 cin 是预先定义的 istream 类的对象。

ifstream 类支持从文件输入,它是 istream 类的子类。要读取一个文件时,可以构造一个 ifstream 类的对象。用户可以指定文件输入流对象的模式为二进制模式或文本模式。如果在构造函数中给出了文件名,对应的文件将在对象创建时自动打开。此外,也可以在使用默认构造函数创建输入流对象之后,主动调用 open 函数来打开文件。

istringstream 类支持从字符串输入。将一个以空字符'\0'结尾的字符串传递给 istringstream 类的构造函数,就可以构造一个字符串输入流对象。

C++ 为所有标准数据类型实现了流提取运算符(Extraction Operator),使用流提取运算符">>"是从输入流对象中读取数据最容易的方式。

2. 输出流(Output Stream)

输出流对象是字节的目的地。C++ 中最重要的三个输出流类是 ostream、ofstream、ostringstream。ostream 是通用输出流类,ofstream 是文件输出流类,ostringstream 是字符串输出流类。

ostream 类的基类是 basic_ostream。用户程序很少构造 ostream 类的对象。ostream 类的对象是否有缓冲区是可以配置的。如果用户确实要构造一个 ostream 类的对象,则需要为 ostream 类的构造函数提供一个 streambuf 对象。C++ 预定义了以下三个 ostream 类的对象。

- cout:标准输出流。
- cerr:标准错误输出流(无缓冲或有限缓冲)。
- clog:标准日志输出流(全缓冲)。

ofstream 类支持向文件输出,它是 ostream 类的子类。要创建并写入一个文件时,可以构造一个 ofstream 类的对象。用户程序可以在构造函数中或调用成员函数 open 时,指定文件输出流对象的模式为二进制模式或文本模式。如果在构造函数中给出了文件名,对象创建时将自动创建并打开对应的文件。此外,也可以在使用默认构造函数创建输出流对象之后,主动调用 open 函数来打开文件。

ostringstream 类支持格式化输出到内存,且输出结果可转换为一个字符串。构造一个 ostringstream 类的对象,就可以使用输出流的格式化输出功能向其输出,然后调用成员函数 str 可以将输出结果转换成字符串对象。

C++ 为所有标准数据类型实现了流插入运算符(Insertion Operator),可以使用流插入运算符"<<"向输出流对象发送数据。使用预先定义的流操纵子(Manipulators),可以在流插入运算的表达式中控制输出格式。例如:

```
#include <iomanip>   //I/O manipulators
cout << hex << uppercase << setw(4) << setfill('0') << 200; //输出 00C8
```

编译上行代码需要包含流操纵子的头文件 iomanip,其中 io 表示输入输出,manip 是 manipulator(操纵子)的缩写。hex 表示以十六进制格式输出,uppercase 表示用大写字母显示十六进制中的字母,setw(4)设置宽度为 4,setfill('0')设置填充字符为字符'0'。

3. I/O 流类层次关系与文件分布

如图 19-1 所示,C++的 I/O 流类库是有层次的,且分布在多个头文件中。头文件 ios、istream、ostream、streambuf 通常不需要应用程序直接包含。它们是类层次中的基类,被派生类的头文件所包含,用户程序通过包含派生类的头文件会间接包含多个基类。头文件 iostream 中声明了预定义的对象:cin、cout、cerr、clog。头文件 fstream 中定义了文件流相关的类。头文件 sstream 中定义了操作字符串的流。

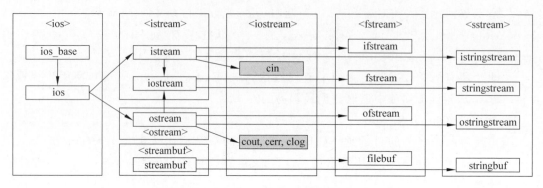

图 19-1 I/O 流类层次关系及文件分布

19.2.2 操作流的函数

C++文件输入流(ifstream 类)常用的成员函数如表 19-3 所示,其中包括继承自 istream 类和 ios 类的成员函数。

表 19-3 输入流(ifstream 类)常用的成员函数

函 数 名	说　　明
open	打开文件
is_open	检测文件是否已打开
close	关闭文件
operator >>	流提取运算符,以空白字符作为定界符,提取格式化数据
operator bool	将流对象转换成 bool 值,流有效时返回真
operator !	将流对象转换成 bool 值,流无效时返回真
eof	检测 eof 旗标是否被设置
get	读取一个字符
getline	读取一行文本
read	读取一块数据
gcount	返回最后一次未格式化的输入操作读到的字节数
seekg	移动正在读取的文件的位置指示器
tellg	获得正在读取的文件的位置指示器的值
rdbuf	获取流的输入缓冲区
sync	同步输入缓冲区和文件

C++文件输出流(ofstream 类)常用的成员函数如表 19-4 所示,其中包括继承自 ostream 类和 ios 类的成员函数。

表 19-4 输出流(ofstream 类)常用的成员函数

函 数 名	说 明
open	打开文件
is_open	检测文件是否已打开
close	关闭文件
operator <<	流插入运算符,支持格式化输出
put	写入一个字符
write	写入一块数据
seekp	移动正在写入的文件的位置指示器
tellp	获得正在写入的文件的位置指示器的值
flush	刷新输出缓冲区,强迫写缓冲区内容到文件

1. 读取一行文本的函数

下面介绍读取一行文本的两个 getline 函数:全局函数 getline 和成员函数 getline。全局函数 getline 是一个函数模板,它不是 istream 类的成员,生成的模板函数如下。

```
istream& getline(istream &is, string &str);
istream& getline(istream &is, string &str, char delim);
```

getline 函数从输入流中读取一行字符串,读到的字符串中不含定界符。参数 is 是输入流,从这个输入流中提取字符串。参数 str 是字符串对象,从流中读到的字符串保存在这个字符串对象中。参数 delim 是行定界符(delimiter),默认的定界符是换行符'\n'。返回值是输入流自身,即返回 is。字符串提取会在以下几种情况停止:

(1) 遇到定界符。定界符既不会被放回输入流,也不会被添加到字符序列的末尾。

(2) 已到达文件末尾,这次读取并不会立即设置 eof 旗标。下一次读取才会设置 eof 旗标和 fail 旗标。

(3) 已经读取了 str.max_size()个字符,此时 fail 旗标被设置。编译成 64 位应用,str.max_size()的值是 $2^{63}-1$;编译成 32 位应用,str.max_size()的值是 $2^{31}-1$。

(4) 发生了其他错误,此时 bad 旗标被设置。

istream 类的成员函数 getline 声明如下:

```
istream& getline(char * s, streamsize n);
istream& getline(char * s, streamsize n, char delim);
```

成员函数 getline 从输入流中读取至多 n−1 个字符保存在指针 s 指向的数组中。即使还没读够 n−1 个字符,如果遇到定界符 delim,则停止读取。默认的定界符是换行符'\n'。定界符会被读取,但是不会被保存进指针 s 指向的数组中。

2. 二进制读写的成员函数

下面介绍二进制读写的成员函数 read、gcount、write。

(1) read 函数。

```
istream& read(char * s, streamsize n);
```

read 函数从输入流中读取 n 个字节的数据,保存在 s 指向的数组中,返回值是流自身。如果在读到 n 个字节之前到达文件末尾,则提前停止读取并立即设置 eof 旗标和 fail 旗标。

(2) gcount 函数。

```
streamsize gcount() const;
```

返回最后一次未格式化的输入操作读到的字节数。

(3) write 函数。

```
ostream& write(const char * s, streamsize n);
```

将 s 指向的数组中的前 n 个字节写入输出流。

19.2.3 C++ 读写文件实例

本小节给出几个使用 C++ 输入输出流读写文件的例子,包括逐行读取文本文件、流提取运算符的例子、写入文本文件、复制文件、格式化输出成字符串对象。

例 19.4 逐行读取文本文件。

```cpp
//ReadTextPlus.cpp
#include <iostream>
#include <fstream>   //文件流头文件
using namespace std;
int main(int argc, char** argv){
    ifstream infile; //ifstream 是类, infile 是对象
    infile.open("D:\\moon.txt");
    if(!infile.is_open()){
        cerr << "Unable to open the file\n";
        return -1;
    }
    char buf[4096];
    //成员函数 getline 的返回值是流自身,读到文件末尾时循环结束
    while(infile.getline(buf, sizeof(buf))){
        cout << buf << endl;
    }
    infile.close();
    return 0;
}
```

【代码解读】

ifstream 类的成员函数 getline 默认将换行符'\n'作为定界符,遇到换行符时停止读取。getline 函数的第二个参数传递用户缓冲区 buf 的长度 4096,则在读取 4095 个字符之后停止读取。到达文件结尾时,getline 函数停止读取,读到最后一行。getline 函数会在读取结果的末尾,添加一个字符串结束符'\0'。到达文件末尾后,再次调用 getline 函数,则设置文件的 eof 旗标和 fail 旗标。

getline 函数的返回值是输入流自身,其类型为"istream&"。输入流类定义了类型转换运算符 bool,如果流的 fail 旗标或 bad 旗标被设置,则返回假。输入流对象可以隐式转换为

布尔值。所以，在 while 循环的圆括号中调用 getline 函数，将返回值作为循环条件，恰好可以循环读取文本文件的每一行。

需要注意的是，getline 函数读取到最后一行文本时并不会立即设置 eof 旗标和 fail 旗标，而是再次读取时才设置。所以，将对 getline 函数的调用放在 while 循环的圆括号中，读取到最后一行时依然可以进入循环体处理最后一行文本。

此外，程序还可以改成使用全局函数 getline 和 string 对象进行逐行读取。

```cpp
string s;
while(getline(infile, s)){
    cout << s << endl;
}
```

例 19.5 使用流提取运算符从文件流读取格式化数据。

要读取的数据文件"D:\data.txt"的内容如下，数据之间使用空格和换行符分隔。

```
2023001 Tony 85
2023002 Lisa 92
2023003 John 96
```

```cpp
//Extractor.cpp
#include <iostream>
#include <fstream>
using namespace std;
int main(int argc, char** argv){
    ifstream infile("D:\\data.txt");        //ifstream 是类，infile 是对象
    if(!infile.is_open()){
        cerr << "Unable to open the file\n";
        return -1;
    }
    long id;
    char name[128];
    double score;
    while(true){
        infile >> id >> name >> score;      //>> 流提取运算符
        if(!infile) break;                  //调用运算符 operator!
        cout << id << " " << name << " " << score << endl;
    }
    infile.close();
    return 0;
}
```

【代码解读】

在定义 ifstream 类的对象时，在构造函数中给出了文件名，系统会以只读方式自动打开实参给出的文本文件。

C++ 为所有标准数据类型实现了流提取运算符，甚至包括字符数组。下面一行代码提取数据到三个不同类型的变量中。

```cpp
infile >> id >> name >> score;
```

其中，id 是 long 类型的变量，流提取运算将输入流中的一个字符串转换成整数并赋值给变量 id。变量 name 是一个字符数组，流提取运算将输入流中的一个字符串复制到字符数组中，并添加字符串结束符'\0'。score 是 double 类型的变量，流提取运算将输入流中的一个字符串转换成双精度浮点数并赋值给变量 score。

流提取运算的定界符是空白字符：空格、制表符、换行符。需要注意的是，空格属于定界符，字符数组 name 中读到字符串不会包含空格。

程序连续使用流提取运算符读取数据，读取第一个 long 类型的数据就可能因为字符串无法转换成 long 而失败。语句"if(!infile) break;"调用输入流对象的"operator!"来判断输入流的 fail 旗标或 eof 旗标是否被设置，如果设置了，则退出循环。

例 19.6 写入文本文件。

```
//WriteTextPlus.cpp
#include <iostream>
#include <fstream>
#include <iomanip>
using namespace std;
int main(int argc, char** argv){
    ofstream outfile;                          //ofstream 是类名，outfile 是对象名
    outfile.open("D:\\outplus.txt");
    if(!outfile.is_open()){
        cerr << "Unable to open the file\n";
        return 1;
    }
    outfile << "Hello World!\n";               //<< 流插入运算符
    outfile << 100 << " " << 2.18 << endl;
    outfile << hex << uppercase << setw(4) << setfill('0') << 200; //00C8
    outfile.close();
    return 0;
}
```

【运行结果】
在 D 盘根目录创建了一个文本文件 outplus.txt，文件内容如下。

```
Hello World!
100 2.18
00C8
```

【代码解读】
程序使用流插入运算符和流操纵子向文件输出流写入了字符串、整数、双精度浮点数、十六进制数。

例 19.7 复制文件。

```
//CopyPlus.cpp
#include <iostream>
#include <fstream>
using namespace std;
int main(int argc, char** argv){
    ifstream infile("D:\\lotus.jpg", ios::binary);
```

```cpp
    if(!infile.is_open()){
        cerr << "Unable to open the source file.\n";
        return -1;
    }
    ofstream outfile("D:\\flower2.jpg", ios::binary);
    if(!outfile.is_open()){
        cerr << "Unable to open the destination file.\n";
        return -1;
    }
    char buf[4096];
    streamsize num, total=0;              //num 是每次读取的字节数
    while(infile){
        infile.read(buf, sizeof(buf));    //最后一次读到数据时会返回无效流
        num = infile.gcount();            //读到的字节数
        if(num>0){
            outfile.write(buf, num);
            cout << num << " bytes copied.\n";
            total += num;
        }
    }
    infile.close();
    outfile.close();
    cout << total << " total bytes copied.\n";
    return 0;
}
```

【代码解读】

成员函数 read 的返回值也是输入流自身。但与 getline 函数不同，read 函数最后一次读到数据时，会立即设置 eof 旗标和 fail 旗标。如果将对 read 函数的调用放在 while 循环的圆括号中，就会导致最后一次读取的数据无法被处理。

成员函数 gcount 返回最后一次未格式化的输入操作读到的字节数。程序将每次读到的实际字节数写入输出流。循环结束最后，程序关闭输入文件和输出文件。

实际上，使用 C++ 输入输出流复制一个文件用一行代码就可以实现。

```cpp
outfile << infile.rdbuf();              //从输入流缓冲区直接读取数据传送给输出流对象
cout << outfile.tellp() << " total bytes copied.\n";
```

其中，成员函数 rdbuf 返回输入流对象内部的 filebuf 对象的指针，而输出流对象的流插入运算符可以直接接收"filebuf *"类型的参数。输出流对象的 tellp 函数返回输出流位置指示器的当前值，本例中即文件长度。

例 19.8 格式化输出成字符串对象。

```cpp
//sstream_demo.cpp
#include <iostream>
#include <iomanip>
#include <string>
#include <sstream>              //字符串流
using namespace std;
int main(){
```

```
    ostringstream os;
    os << "Hello World!\n";
    os << 100 << " " << 2.18 << endl;
    os << hex << uppercase << setw(4) << setfill('0') << 200;  //00C8
    string result = os.str();        //输出流对象转换成字符串对象
    cout << result << endl;
    return 0;
}
```

【代码解读】

程序定义了一个字符串输出流类 ostringstream 类的对象 os，并使用流插入运算符和多个流操纵子向其写入了字符串、整数、双精度浮点数、十六进制数。输出完成后，程序调用成员函数 str 将输出流对象转换成了字符串对象。

习 题

1. 什么是流？流的提取和插入操作是指什么？

2. cout、cerr 和 clog 是 C++ 中的预定义输出流对象，它们有何区别？

3. 文本文件 score.csv 的部分内容如下，各列的含义是：学号、姓名、数学成绩、语文成绩、英语成绩。要求读取这个数据文件，计算每位同学的总成绩并将增加了总成绩列的成绩数据写入一个新的文本文件。

```
StuNum,Name,Math,Language,English
2024001,Tony,86,88,80
2024002,Linda,98,90,82
...
```

4. 将一个对象数组写入二进制文件，然后再读取出来。

第 20 章 异常处理

异常在 C++ 中用于错误处理。C 语言使用返回值表示错误，C++ 对错误处理进行了扩展，支持使用异常机制来处理程序中发生的错误。

C++ 的异常处理包括两部分：抛出异常和捕获异常。如果抛出的异常被捕获，则处理完之后程序会继续运行；如果抛出的异常未被捕获，则会导致程序终止。

20.1 异常的抛出与捕获

异常是面向对象程序设计语言常用的一种处理错误的方式。当一个函数发现自己无法处理的错误时就可以抛出异常，让函数直接或间接的调用者来处理这个错误。C++ 异常处理的关键词有 try、catch、throw 和 noexcept。

- try：在 try 语句块中放置可能抛出异常的代码，则该语句块在执行时将进行异常检测，在 try 语句块后面跟上一个或多个 catch 语句来捕获异常。
- catch：针对 try 语句块中可能发生的某种异常，可以使用对应的 catch 语句来捕获该异常，并在 catch 语句块中给出处理该异常的代码。
- throw：当程序出现问题时，可以使用 throw 关键词抛出异常。throw 的第二种用法是在函数声明（或函数定义）中给出函数可能抛出的异常类型。
- noexcept：声明函数是否抛出异常，用来替代 throw 关键词的第二种用法。

C++ 中的异常既可以是基本数据类型的数据，也可以是类类型的对象。throw 作为抛出异常的关键词，用法如下：

```
throw 异常对象(参数列表);        //参数列表要与异常类的某个构造函数匹配
```

捕获异常需使用 try…catch 语句，用法如下：

```
try{
    //可能抛出异常的代码
}catch(异常类型1 变量1){
    //处理异常类型1的代码
}catch(异常类型2 变量2){
    //处理异常类型2的代码
    throw 变量2;    //可继续向上一层抛出
}catch(…){
    //捕获任意类型的异常,但不知道异常值
}
```

如果try语句块中的代码发生异常，则try语句块中的后续语句不再继续执行，程序流程转去下面的catch语句进行异常类型匹配。一旦遇到某个catch语句的异常类型和抛出的异常对象的类型匹配，则执行对应的catch语句块的内容，然后继续执行try…catch之后的代码。捕获异常后，如果在当前位置无法处理，则可以继续抛出异常。

例20.1 抛出异常和捕获异常。

```cpp
//ExceptionDemo.cpp
#include <iostream>
using namespace std;
void func(int n) noexcept(false){      //旧标准写 throw(int,short,char)
    if(n<0){
        throw -1;                       //-1类型为int
    }else if(0==n){
        throw (short)0;
    }else if(n>80){
        throw (char)0;
    }
    for(int i=0; i<n; i++){
        cout << '*';
    }
}
int main(){
    int num;
    cout << "Input num: ";
    cin >> num;
    try{
        func(num);
    }catch(int e){
        cerr << "Exception int: " << e << endl;
    }catch(short e){
        cerr << "Exception short: " << e << endl;
    }catch(…){
        cerr << "Any type of exception.\n";
    }
    return 0;
}
```

【运行结果】

```
Input num: 8            //第1次运行
********
Input num: -8           //第2次运行
Exception int: -1
Input num: 0            //第3次运行
Exception short: 0
Input num: 81           //第4次运行
Any type of exception.
```

【代码解读】

在C++中，任何类型的数据都可以作为异常抛出。在func函数的参数表后面，

"noexcept(false)"指明这个函数可以抛出异常。func函数可能抛出int、short、char三种类型的异常。当参数n在1～80时，函数正常工作，打印n个星号。当n小于零时，函数抛出int类型的异常值-1；当n等于零时，函数抛出short类型的异常值0；当n大于80时，函数抛出char类型的异常值0。一旦抛出异常，函数中的后续语句将不再执行，func函数会立即返回。

main函数中，程序在try语句块中调用func函数，将用户输入的整型变量num传递给func函数。如果用户输入1～80的整数，则会打印若干个星号。如果用户输入负数，则func函数抛出整数-1，执行流程立即转到catch语句进行异常类型匹配，整数-1会被第一个catch语句捕获；如果用户输入0，则func函数抛出short类型的0，而短整数0会被第二个catch语句捕获。第三个catch语句的圆括号中是三个句点，可捕获任意类型的异常。

跨函数处理异常

如果当前函数栈中没有匹配的catch语句则退出当前函数栈，继续在上一个调用函数栈中查找匹配的catch语句。找到匹配的catch语句处理完成后，会接着catch语句后面继续执行，而不会跳回到原来抛出异常的地方。如果异常到达main函数的函数栈，依旧没有找到匹配的catch语句，即异常未被捕获，则终止程序。

例20.2 跨函数处理异常。

```cpp
//ExceptionStack.cpp
#include <iostream>
#include <iomanip>
using namespace std;
void f1(int n) noexcept;                  //不抛出异常
void f2(int n) noexcept;
void f3(int n) noexcept(false);           //可抛出异常
void f4(int n) noexcept(false);
int main( ){
    int num;
    cout << "Input num: ";
    cin >> num;
    f1(num);
    cout << boolalpha;                    //以字母形式输出bool值
    cout << noexcept(f1(num)) << endl;    //true
    cout << noexcept(f2(num)) << endl;    //true
    cout << noexcept(f3(num)) << endl;    //false
    cout << noexcept(f4(num)) << endl;    //false
    return 0;
}
void f1(int n) noexcept{
    cout << "f1() begin\n";
    f2(n);                                //调用f2()无异常
    cout << "f1() end\n";
}
void f2(int n) noexcept{
    cout << "f2() begin\n";
    try{
        f3(n);
```

```cpp
        }catch(int e){
            cout << "Exception catched " << e << endl;
        }
        cout << "f2() end\n";
    }
    void f3(int n){              //未捕获f4()抛出的异常
        cout << "f3() begin\n";
        f4(n);
        cout << "f3() end\n";
    }
    void f4(int n){
        cout << "f4() begin\n";
        if(n<=0){
            throw n;
        }
        for(int i=0; i<n; i++){
            cout << '*';
        }
        cout << "\nf4() end\n";
    }
```

【运行结果】

```
Input num: -8
f1() begin
f2() begin
f3() begin
f4() begin
Exception catched -8
f2() end
f1() end
```

【代码解读】

　　f1 函数调用 f2 函数，f2 函数调用 f3 函数，f3 函数调用 f4 函数。f4 函数是异常的源头，当形参 n 小于或等于零时，f4 函数抛出值为 n 的整数类型的异常。f4 函数正常执行时，打印 n 个星号。f3 函数没有捕获 f4 函数抛出的异常，异常会继续往外抛。在 f2 函数中，使用 try…catch 语句捕获了异常，且 f2 函数对外声明，自己不对外抛出异常。在 f1 函数中调用 f2 函数时，是不会发生异常的。在 main 函数中调用 f1 函数时，也是不会发生异常的。

　　从运行结果可见，当用户输入 -8 时，发生了异常。f4 函数抛出异常时，后续语句不再继续执行，因此没有输出"f4() end"。在 f3 函数中，调用 f4 函数时发生了异常，f3 函数不再继续执行后续语句，因此没有输出"f3() end"。f3 函数将异常继续往外抛，抛给了 f2 函数。f2 函数捕获了异常，在 catch 语句块中输出"Exception catched -8"。异常处理完成后，程序接着执行 f2 函数中的后续语句，输出"f2() end"。f2 函数不对外抛出异常，f1 函数调用 f2 函数不会发生异常。f1 函数也不对外抛出异常，main 函数调用 f1 函数不会发生异常。

　　各个函数的调用关系如图 20-1 所示，当 f4 函数抛出异常时，图中虚线部分不再执行，执行流程直接跳到 f2 函数中的 catch 语句，异常由 f2 函数捕获并处理。

　　关键词 noexcept 是一个一元运算符，它的返回值是一个 bool 类型的右值常量表达式，

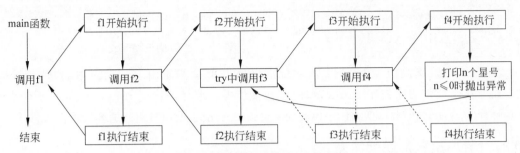

图 20-1　各个函数的调用关系

用于判断给定的表达式是否会抛出异常。例如：

```
noexcept(f1(num))          //true,调用 f1 函数不会发生异常
noexcept(f2(num))          //true,调用 f2 函数不会发生异常
noexcept(f3(num))          //false,调用 f3 函数可能发生异常
noexcept(f4(num))          //false,调用 f4 函数可能发生异常
```

20.2　异 常 规 范

20.2.1　声明函数抛出异常

预先知道函数不会抛出异常有助于简化调用该函数的代码,而且编译器确认函数不会抛出异常就能执行某些特殊的优化操作。C++使用关键词 noexcept 声明函数无异常。

在引入关键词 noexcept 之前,使用关键词 throw 来声明函数抛出哪些异常。关键词 throw 有两个作用：①抛出异常；②声明函数抛出异常。在 C++14 和更早版本中,使用关键词 throw 在函数声明中给出可能抛出的异常类型。

```
void func();                        //该函数可能抛出任何异常
void func() throw();                //该函数不抛出任何异常
void func() throw(char, int);       //该函数可能抛出 char 和 int 型异常
```

关键词 noexcept 是为了替代函数声明中的 throw 而引入的一个新的关键词,含义是明确告诉编译器该函数不会抛出异常。从 C++17 起,noexcept 关键词作为函数声明的一部分出现。noexcept 可以接受一个可选的实参,该参数必须能转换为 bool 类型。声明函数是否抛出异常的语法为

```
返回类型 函数名(形参列表) noexcept(true or false);
```

例如：

```
void func(int x) noexcept(true);      //不抛出异常
void func(int x) noexcept;            //同 noexcept(true),不抛出异常
void func(int x) noexcept(false);     //可抛出异常
void func(int x);                     //可抛出异常
```

关键词 noexcept 还是一个一元运算符,它的返回值是一个 bool 类型的右值常量表达式,用于表示给定的表达式是否会抛出异常。

```
noexcept(f());      //如果f()不抛出异常则结果为true,否则为false
noexcept(e);        //当e调用的所有函数都做出了不抛出异常说明且e本身
                    //不含throw语句时,返回true,否则返回false
```

在C++17或更高版本中,C++语法标准已经不再推荐使用throw来声明函数抛出异常。如果在函数声明中使用throw,编译器会报警告。编译器接受throw(types)的语法,但将其解释为noexcept(false),而throw()和noexcept、noexcept(true)是等效的。

20.2.2 异常捕获的匹配原则

（1）异常是通过抛出对象而引发的,该对象的类型决定了应该激活哪个catch的处理代码。如果抛出的异常对象没有被捕获,或是没有匹配类型的捕获,那么程序会终止执行。

（2）被选中的处理代码(catch语句块)是调用链中与该对象类型匹配且离抛出异常位置最近的那一个。

（3）抛出异常对象后,会生成一个异常对象的复制。因为抛出的异常对象可能是一个临时对象,所以会生成一个复制对象,这个复制的临时对象会在被catch之后销毁。

（4）catch(…)可以捕获任意类型的异常,但捕获后无法知道异常类型是什么,也无法获取异常值。

（5）捕获和抛出的异常类型并不一定要完全匹配,可以抛出派生类对象,使用基类进行捕获,这在实际开发中非常有用。

20.2.3 异常安全

（1）构造函数用于完成对象的构造和初始化,最好不要在构造函数中抛出异常,否则会导致对象构造不完整或没有完全初始化。

（2）析构函数用于完成对象资源的清理,最好不要在析构函数中抛出异常,否则可能导致资源泄露。

（3）C++异常容易导致资源泄露问题,可以使用RAII方式来处理。RAII的全称是Resource Acquisition is Initialization,直译过来就是"资源获取即初始化",也就是说在构造函数中申请资源,在析构函数中释放资源。

20.3 预定义异常

C++标准库中的异常是一个基础体系,其中exception类是各个异常类的基类,开发者可以在程序中使用这些标准的异常,它们之间的继承关系如图20-2所示。

标准C++异常是在多个不同的头文件中定义的,下面分文件介绍各个异常类。

头文件<exception>

exception：标准异常类,是所有标准C++异常的父类。

bad_exception：意外的处理程序引发的异常,即无法预期的异常。

头文件<stdexcept>

logic_error：逻辑错误异常类,它是以下四个异常类的父类。

- domain_error：领域错误异常类。

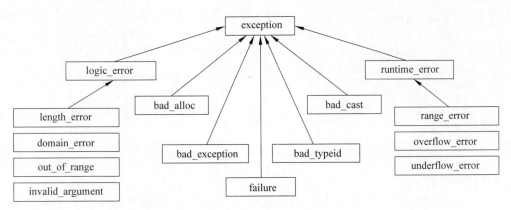

图 20-2 预定义异常

- invalid_argument：无效实参异常类。
- length_error：长度错误异常类。
- out_of_range：超出范围异常类。

runtime_error：运行时错误异常类，它是以下三个异常类的父类。

- range_error：范围错误异常类。
- overflow_error：上溢异常类。
- underflow_error：下溢异常类。

头文件<new>

bad_alloc：分配内存失败时抛出的异常。

头文件<ios>

ios_base::failure：流异常类的基类。

头文件<typeinfo>

bad_cast：动态映射失败时抛出的异常。

bad_typeid：空指针上应用 typeid 抛出的异常。

例 20.3　使用预定义异常。

```
//StdException.cpp
#include <stdexcept>
#include <limits>
#include <cstdio>
#include <iostream>
using namespace std;
void func(int c) throw(invalid_argument){
    if(c > numeric_limits<unsigned char>::max()){
        char buf[64];
        sprintf(buf, "%d 超出了 unsigned char 的表示范围", c);
        throw invalid_argument(buf);
    }
    cout << "c=" << c << endl;
}
int main(){
    try{
```

```
        func(256);
    }catch(invalid_argument &e){
        cerr << e.what() << endl;
    }
    return 0;
}
```

【运行结果】

256超出了unsigned char的表示范围

【代码解读】

func函数接收int类型的参数c，当c大于unsigned char能表示的最大整数时，抛出invalid_argument类型的异常。unsigned char是一个字节的无符号整数，能表示的最大整数是255。numeric_limits<unsigned char>::max()可以获得类型unsigned char的最大值，即255。

main函数中，在try语句块中调用func函数时传递的实参是256，超出了无符号字符型所能表示的最大整数，导致func函数抛出invalid_argument类型的异常。what函数是exception类提供的获取错误描述的函数，返回值类型是"const char *"。

20.4 自定义异常

在C++项目开发中，可以设计一个异常的框架。通常的做法是定义一个最基础的异常类作为异常基类，项目中其他异常类都是该类的直接子类或间接子类。

异常基类通常包含错误代码和错误描述两个成员变量。异常基类一般还会提供两个成员函数，分别用来获取错误代码和错误描述。

例20.4 自定义异常。

```
//CustomException.cpp
#include <cstring>
#include <iostream>
using namespace std;
class Exception{
protected:
    char msg[256];
public:
    Exception(const char * message=""){
        strcpy(msg, message);
    }
    const char * GetMessage() const{
        return msg;
    }
};

class ZeroException: public Exception{
public:
    ZeroException(const char * message="零异常")
                :Exception(message){
    }
```

```cpp
};

class NegativeException: public Exception{
public:
    NegativeException(const char * message="负数异常")
                :Exception(message){
    }
};

void MyFunc(int n) noexcept(false){
    if(0==n){
        throw ZeroException("参数不能为零");
    }else if(n<0){
        throw NegativeException("参数不能为负数");
    }
    for(int i=0; i<n; i++){
        cout << '*';
    }
}

int main(){
    int num;
    cout << "Input num: ";
    cin >> num;
    try{
        MyFunc(num);
    }catch(ZeroException &e){
        cerr << e.GetMessage() << endl;
    }catch(NegativeException &e){
        cerr << e.GetMessage() << endl;
    }
    return 0;
}
```

【运行结果】

```
Input num: 5          //第 1 次运行
*****
Input num: 0          //第 2 次运行
参数不能为零
Input num: -5         //第 3 次运行
参数不能为负数
```

【代码解读】

Exception 类是自定义的异常基类，另外两个异常类 NegativeException 和 ZeroException 是 Exception 类的派生类。Exception 类使用字符数组 msg 存储错误描述，提供常成员函数 GetMessage 来获取错误描述。Exception 类也可以加入错误代码和获取错误代码的成员函数。

MyFunc 函数的参数表后跟"noexcept(false)"，表示函数可能抛出异常。函数可能抛出异常也可以写成以下几种形式：

```
void MyFunc(int n)                                           //可抛出各种异常
void MyFunc(int n) throw(ZeroException, NegativeException)   //可抛出两种异常
void MyFunc(int n) throw(…)                                  //可各种抛出异常
```

当参数 n>0 时，MyFunc 函数打印 n 个星号；当参数 n 等于 0 时，函数抛出 ZeroException；当参数 n<0 时，函数抛出 NegativeException。

在 main 函数中，将用户输入的整型变量 num 传递给 MyFunc 函数。对 MyFunc 函数的调用放在了 try 语句块中，后跟两个 catch 语句块分别捕获 ZeroException 和 NegativeException。

当输入正数 5 时，函数正常执行，打印 5 个星号。当输入 0 时，MyFunc 函数抛出 ZeroException，被第一个 catch 语句捕获；当输入 -5 时，MyFunc 函数抛出 NegativeException，被第二个 catch 语句捕获。

20.5　异常的优缺点

返回错误码有个很大的问题：在函数调用链中，深层的函数返回的错误需要层层返回错误码，最终最外层函数才能拿到错误码。相比错误码的方式，异常可以更清晰准确地展示出错误的各种信息，这样可以更好地定位程序 bug。

异常处理会有一些性能开销，但是在现代硬件速度很快的情况下，这个影响可以忽略不计。C++ 没有垃圾回收机制，资源需要自己管理，使用异常容易导致内存泄漏、死锁等异常安全问题。C++ 标准库的异常体系定义得不够完善，导致大家各自定义自己的异常体系，非常混乱。随意抛异常，也会让外层捕获的用户苦不堪言。异常接口声明不是强制的，无法预知一个函数是否会抛出异常。

习　题

1. 什么是异常？什么是异常处理？C++ 异常处理机制有何优缺点？

2. 编写一个计算三角形面积的函数，参数为三边边长，如果任意一边边长小于或等于零或者任意两边之和小于或等于第三边，则抛出 invalid_argument 异常。

3. 以下程序中定义了一个安全数组类，写出程序的运行结果并编写代码讲解。

```
#include <iostream>
#include <string>
using namespace std;
class SafeArray{
    double * data;
    int capacity;
public:
    SafeArray(int _capacity=20): capacity(_capacity){
        data = new double[capacity];
        memset(data, 0, sizeof(double) * capacity);
    }
    virtual ~SafeArray(){
```

```
            delete[] data;
        }
        double& operator[](int i) throw(overflow_error){
            if(i<0 || i>=capacity){
                string errmsg("Array index out of bounds: ");
                errmsg += i;
                throw overflow_error(errmsg);
            }else{
                return data[i];
            }
        }
        const double& operator[](int i) const noexcept(false){
            if(i<0 || i>=capacity){
                string errmsg("Array index out of bounds: ");
                errmsg += i;
                throw overflow_error(errmsg);
            }else{
                return data[i];
            }
        }
};
int main(int argc, char** argv, char** env){
    SafeArray a(10);
    for(int i=0; i<10; i++){
        a[i] = i * 10;
    }
    for(int i=0; i<=10; i++){
        cout << a[i] << endl;
    }
    return 0;
}
```

4. 求一元二次方程 $ax^2+bx+c=0$ 的实数根,如果方程没有实数根,则抛出一个自定义异常。自定义异常类的名称为 ArithmeticException,它继承自异常类 Exception。

图书资源支持

感谢您一直以来对清华版图书的支持和爱护。为了配合本书的使用,本书提供配套的资源,有需求的读者请扫描下方的"书圈"微信公众号二维码,在图书专区下载,也可以拨打电话或发送电子邮件咨询。

如果您在使用本书的过程中遇到了什么问题,或者有相关图书出版计划,也请您发邮件告诉我们,以便我们更好地为您服务。

我们的联系方式:

清华大学出版社计算机与信息分社网站:https://www.shuimushuhui.com/

地　　址:北京市海淀区双清路学研大厦 A 座 714

邮　　编:100084

电　　话:010-83470236　010-83470237

客服邮箱:2301891038@qq.com

QQ:2301891038(请写明您的单位和姓名)

资源下载: 关注公众号"书圈"下载配套资源。

书圈
(资源下载、样书申请)

清华计算机学堂
(图书案例)

观看课程直播